郭子瑞　著

活性污泥合成聚羟基脂肪酸酯工艺技术

化学工业出版社
·北京·

内容简介

聚羟基脂肪酸酯（PHA）是新一代污水处理概念中非常有发展前途的生物质基化学产品，本书系统性地介绍了利用活性污泥混合菌群合成PHA的技术，包括基于活性污泥定向产酸技术的碳源制备、半连续流定向产酸过程、活性污泥合成PHA的充盈-匮乏模式；重点介绍了基于物理-生态双选择压力的动态间歇排水瞬时补料（ADD）模式，在该模式下建立人工神经网络参数优化模型与微生物新陈代谢模型，并拓展活性污泥在ADD模式下利用混合碳源及餐厨垃圾合成PHA的应用领域。

本书可供高等院校市政工程、环境工程及相关专业的师生以及从事相关专业的科研人员、工程师阅读和参考。

图书在版编目（CIP）数据

活性污泥合成聚羟基脂肪酸酯工艺技术/郭子瑞著．—北京：化学工业出版社，2022.10

ISBN 978-7-122-41942-2

Ⅰ.①活…　Ⅱ.①郭…　Ⅲ.①活性污泥处理-研究　Ⅳ.①X703

中国版本图书馆CIP数据核字（2022）第137035号

责任编辑：陈景薇　辛　田　　文字编辑：冯国庆

责任校对：杜杏然　　装帧设计：张　辉

出版发行：化学工业出版社（北京市东城区青年湖南街13号　邮政编码100011）

印　　装：北京建宏印刷有限公司

710mm×1000mm　1/16　印张15¾　字数305千字　2022年10月北京第1版第1次印刷

购书咨询：010-64518888　　售后服务：010-64518899

网　　址：http：//www.cip.com.cn

凡购买本书，如有缺损质量问题，本社销售中心负责调换。

定　　价：98.00元

版权所有　违者必究

·前　言·

塑料污染已经成为全球面临的主要环境问题之一，石油基塑料对地球生物圈的影响会愈演愈烈，寻找对策已刻不容缓。《中华人民共和国固体废弃污染环境防治法》对不可降解塑料袋等一次性塑料制品的生产和使用等进行了限制，并推广应用可循环并可降解的替代产品。2020年底国家发展和改革委员会及生态环境部印发《关于进一步加强塑料污染治理的意见》，按照“禁限一批、替代循环一批、规范一批”的原则，至2022年我国一次性塑料制品的消费量要明显减少，替代产品得到推广。

聚羟基脂肪酸酯（PHA）是新一代污水处理概念中最具发展前途的生物质基化学产品，其良好的生物可降解性使其有望替代传统塑料。目前，生物合成PHA的商业推广以纯菌发酵为主，但是相对较高的碳源费用、消毒灭菌成本及微生物分离纯化费用限制了PHA的规模化应用，混菌产PHA工艺则无需底物灭菌并可利用废弃碳源，可省去纯培养所必需的灭菌环节。针对污泥定向产酸困难、产PHA菌富集系统评价体系及稳定调控对策缺失、混菌生产PHA合成能力低等关键问题，本书介绍了污泥产酸代谢定向调控、产PHA菌富集系统微生物的动态监控、产PHA菌富集系统评价体系的构建及PHA合成能力的提高等方面的研究。利用物理和生态双重选择压力联合作为PHA合成菌富集模式的核心工艺，针对餐厨垃圾在厌氧产甲烷过程中产生的小分子有机酸作为混合菌种PHA合成的良好底物，开展餐厨垃圾产酸代谢定向调控及物理和生态双重选择压力联合富集工艺优化与量化模拟等方面的研究。旨在明确物理与生态选择压力在PHA合成菌富集过程中的协作制约关系，构建PHA合成菌种高效稳定富集体系。

本书作者在开展国家自然科学基金面上项目《基于污泥定向产酸及产PHA菌富集系统评价的利用污泥碳源合成生物可降解塑料》的研究过程中提出：物理选择压力对第二段产PHA菌富集阶段的促进作用，明确偶合充盈-匮乏生态选择压力协同作用可快速提升PHA含量，此工艺根据其运行特点被命名为动态间歇排水瞬时补料（Aerobic Dynamic Discharge，ADD）模式。该模式在产PHA

菌富集初期驯化阶段的快速启动和产 PHA 菌富集成熟期含量提升做出了一定突破，为进一步提升利用剩余污泥碳源合成 PHA 的工艺效能提供了新的思路。基于此，我们开展了“活性污泥合成聚羟基脂肪酸酯快速富集工艺及应用”的研究。相关研究成果将为废弃碳源资源化和 PHA 合成工艺的低成本应用提供理论和调控关键技术支撑。

全书共分为 9 章，包括绪论、基于活性污泥定向产酸技术的碳源制备技术、半连续流定向产酸及合成 PHA 研究、活性污泥合成 PHA 的充盈-匮乏模式研究、基于物理-生态双选择压力的动态间歇排水瞬时补料新工艺（ADD）、ADD 工艺下活性污泥 ANN 参数优化与代谢模型、活性污泥在 ADD 工艺下利用混合碳源合成 PHA 的研究、餐厨垃圾产酸——生物合成 PHA 技术研究、实际餐厨垃圾厌氧产酸及合成 PHA 研究。

特别感谢黑龙江省普通本科高等学校青年创新人才培养计划“秸秆碳源基于 ADD 新模式下合成 PHA 工艺的优化控制与机理”（项目号：UNPYSCT-20200214）以及哈尔滨商业大学博士启动基金“基于动态间歇排水瞬时补料模式下产 PHA 富集新工艺的优化控制与机理研究”（项目号：2019DS071）对本书的资助。

本书由郭子瑞执笔撰写全文书稿，池日光（哈尔滨商业大学）对第 5 章及第 6 章的撰写提供了帮助，孙勇（黑龙江科技大学）负责全书的数据整理，杨晓晓（哈尔滨商业大学）负责文字校订工作。参与本书内容实验研究的有黄龙（郑州大学）、熊丹丹（武汉市自来水有限公司）、郝亚茹（河北省文物与古建筑保护研究院）等。感谢哈尔滨工业大学陈志强教授和温沁雪教授为本书提供的研究条件及技术支持。

本书作者在以混合菌群合成聚羟基脂肪酸酯的研究领域开展了一定的基础性研究，在推动可降解生物塑料进入现代循环经济体系方面虽尽了绵薄之力，但对于生物降解塑料制品的加工、开发、应用等环节仍存在技术壁垒，书中存在不足之处，敬请专家、同行及读者批评指正。

著者

·目　录·

第1章 绪论

1.1 聚羟基脂肪酸酯概述

聚羟基脂肪酸酯（Polyhydroxyalkanoate，PHA）是微生物体内的线型聚酯，它可以由很多种微生物合成，以细胞内碳源和能源的形式储存，其结构如图1.1所示。其相对分子质量多为5×10^{3}～2×10^{7}不等。1926年，法国学者Lemoigne首次在巨大芽孢菌（*Bacillus megaterium*）中发现了聚羟基丁酸酯（PHB）成分，在巴黎的研究所首次对其分离并定性，此后一直用于学术研究而并未考虑过其商业用途。50年后，相继发现其他的PHA成员，如聚-3-羟基戊酸［Poly-3-hydroxyvalerate（PHA）］、聚-3-羟基己酸［Poly-3-hydroxyhexanoate（PHHx）］、聚-3-羟基癸酸［Poly-3-hydroxydacnotae/P(3HD)］等。侧链为甲基的聚-3-羟基丁酸（PHB）是最常见且被研究最多的PHA，不同PHA的主要区别在于C_3位的侧链基团不同，其中，当侧链为乙基时，单体为3-羟基戊酸（PHV）。聚合物的单体组成，以及主链和支链的长度，均可以影响聚合物的性质。通常一种微生物只合成上述一种类型的PHA，因为PHA聚合酶只偏好scl-羟酰基辅酶A和mcl-羟酰基辅酶A中的一种作为底物。但也有研究发现一些PHA聚合酶可以同时接受两种羟酰基辅酶A作为底物合成scl-mcl PHA。PHA的相对分子质量为1000～1000000，玻璃态温度为－60～60℃，其熔点为40～190℃，它对水蒸气和空气中大多数气体的阻隔性能类似于聚对苯二甲酸乙二醇酯（PET）。聚羟基脂肪酸在淡水中稳定，但可以在海水或者土壤中完全生物降

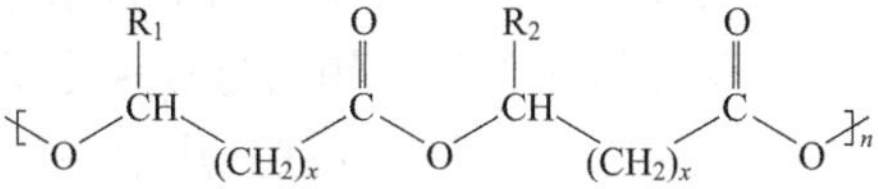

图1.1 PHA结构

解，并且降解速度较其他生物材料快，对环境也没有二次污染，因此可以代替诸多一次性产品的石油塑料作为大多数物品的包装材料。

PHA是微生物在生长条件不平衡时的产物，其生理功能首先是作为细胞内碳源和能源的储存物质。当微生物的生长环境中缺乏某些生长必需的营养物质，如氮、磷、镁等，又恰好有过量的碳源存在时，微生物体内氧化还原失衡。能量和还原当量过剩，微生物需要把多余的能量以某种形式进行存储；而PHA这种高分子物质具有惰性渗透压，也就是在细胞内的大量积累不会影响细胞内的渗透压，故成为理想的存储物质。当环境中缺乏碳源且其他营养物质充足时，PHA即可作为碳源被微生物利用，提高了微生物在逆境中存活的能力。

1.2 PHA的组成、特性及分类

根据单体的碳原子数，将PHA大体分为两种：一种是短链PHA，其单体由3～5个碳原子组成，如聚羟基丁酸酯（Polyhydroxybutyrate，PHB）、聚羟基戊酸酯（Polyhydroxyvlerate，PHV）等；另一种是中长链PHA，其单体由6～14个碳原子组成，如聚羟基己酸酯（Polyhydroxyhexnoate，PHHx）、聚羟基辛酸酯（Polyhydroxyoctanoate，PHO）等，其中碳原子数目为偶数时合成PHB，为奇数时合成PHV。目前各类PHA中，已经实现半商业化规模生产的只有聚*R*-3-羟基丁酸酯（PHB）、*R*-3-羟基丁酸与*R*-3-羟基戊酸共聚酯（PHBV）等4种相对较为成熟的发酵生产工艺，且大多数微生物只能进行一类PHA的合成。

热学性质是影响聚合物应用的一个至关重要的因素。单体结构不同的PHA有完全不同的热学性质。例如，PHB的熔化温度（178℃）和分解温度（200℃）十分相近，导致后续加工过程的难度上升。P(3HP)的玻璃化转变温度（−20℃）和熔化温度（80℃）差异较大，其在加工过程中能保持稳定。几种由短链PHA单体构成的共聚PHA也表现出不同的热学性质，例如P(3HB-20％3HV)、P(3HB-75％4HB)和P(3HP-67％4HB)的熔化温度分别为145℃、51℃和64.8℃。共聚物的热学性质优于短链均聚PHAs，因此可向PHB聚合物中添加共聚单体（如3HV或3HP）来改进PHB的热学特性。随着P(3HB-3HP)中3HP的比例从0增加到67％（摩尔分数），共聚物的熔化温度（T_m）从175℃逐渐降低到50℃。中长链PHAs的结晶度通常低于40％，玻璃化转变温度（T_g）为−50～−25℃，熔化温度为38～80℃。由于中长链PHA的玻璃化转变温度（T_g）低于室温，其在一定的温度下表现出类似于天然橡胶的弹性体性能。在温度接近或高于熔化温度时，中长链PHA会表现出无定形和黏性。低熔点温度和低结晶速率对聚合物加工和利用会造成一定的限制，可通过将中长链PHA和其他聚合物交联、共混或接枝以改进其热学特性。

PHA的力学特性也具有多样性。PHB具有60％～80％的结晶度、43MPa

的拉伸强度和3.5GPa的杨式模量，和常见的聚丙烯和聚乙烯相似。PHB老化后会变得脆、硬，为了增加PHB的弹性和韧性，许多不同的单体被引入PHB中形成共聚物，例如P(3HB-3HV)、P(3HB-4HB)、P(3HB-3HP) 和P(3HB-3HHx)，成功地改善了聚合物的结晶度、刚度和老化问题。P(3HP) 具有0.3GPa的杨氏模量、27MPa的拉伸强度和600%的断裂伸长率。P(4HB) 是具有强弹性的热塑性材料，杨氏模量为180MPa，断裂伸长率为1000%。具有4HB单体的共聚PHA的韧性会得到提高，随着4HB的比例的提高，P(3HB-4HB) 共聚物会从刚性材料转变为具有高韧性的弹性材料。中长链PHA是弹性体，具有低的结晶度（<40%）、低的拉伸强度和高的断裂伸长率。根据单体结构和组成的不同，中长链PHA会呈现出柔软、有弹性甚至黏性。少量的中长链PHA单体（<5%，摩尔分数）加入P(3HB) 等短链PHA中形成的共聚物，在常规的热塑加工过程中表现出更好的柔韧性和热稳定性。

通常认为，PHA单体的碳原子数不同是由于PHA合成酶的碳源特异性所决定的。目前，PHA生物合成的主要途径为：由两分子乙酰辅酶A，经过β-酮基硫解酶(β-Ketothiolase)，NADPH依赖的乙酰乙酰辅酶A还原酶（Acetoacetyl-CoA Reductase）和PHB合成酶（PHB Synthase）催化，最后合成PHB（图1.2）。

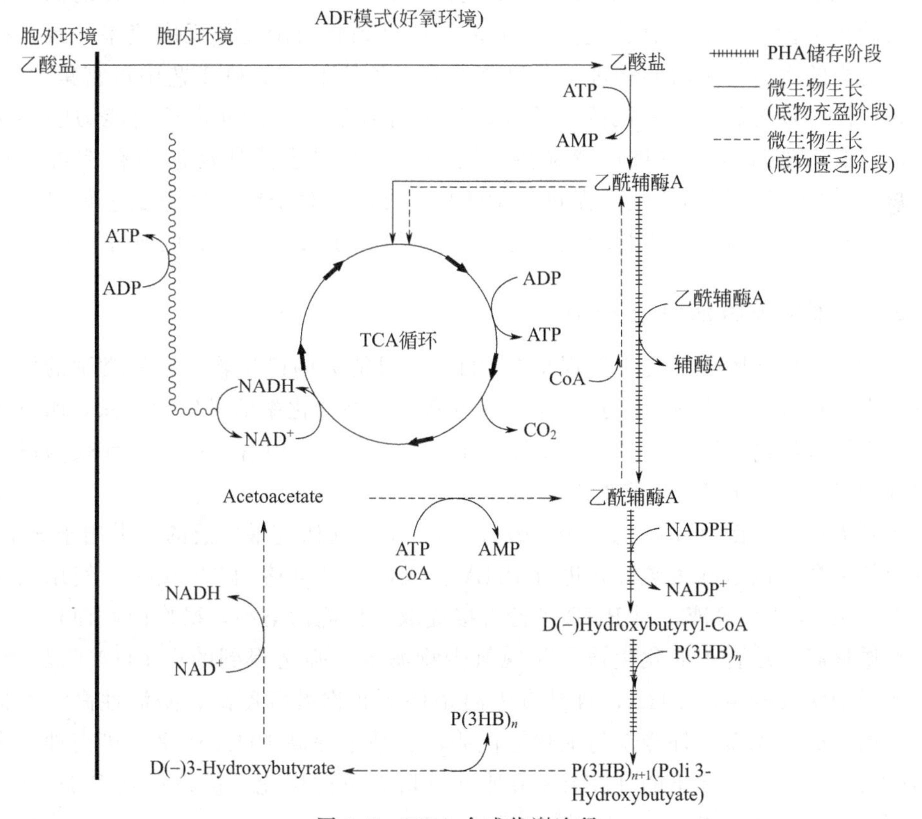

图1.2 PHA合成代谢途径

1.3 PHA的常见合成途径

PHA作为一种细胞储存物，其合成途径主要包括混合菌群法（如活性污泥混合菌群）、细菌发酵法、基因工程法和化学合成法，具体如下。

1.3.1 活性污泥合成PHA

活性污泥主要被用于在城市污水处理厂中进行污水的生物处理工艺，微生物将污水中的有害物质、富营养成分吸收到细胞内之后，污泥自身便成为不再重复利用的废弃物。例如A/O工艺是一种典型的强化生物除磷（EBPR）工艺，在厌氧/好氧交替运行条件下，电子供体（碳源）和电子受体（O_2）交替存在，活性污泥中的聚磷菌（PAO）被选择并生长为优势种群。在活性污泥系统中，有一种特殊的细菌——反硝化聚磷菌（DPB），它具有除磷和脱氮双重作用。由于DPB的存在，研究人员开发出了反硝化除磷工艺，该工艺中的DPB可以利用O_2或NO_3^-作为电子受体，通过PHA的“一碳两用”的方式完成脱氮和除磷作用。在PHA的降解速率比溶解性基质低的情况下，有学者开发了颗粒污泥的同步硝化反硝化工艺（SND），该工艺几乎可以保证反硝化与硝化的反应速率一致。在提供适当的水力停留时间和进水磷负荷的前提条件下，A/O工艺中可富集PAO颗粒污泥，该污泥因具有沉降性能强、生物持有量高和抗冲击负荷能力强等优点，在废水处理领域中被广泛应用。因此，在发现了活性污泥中存在可合成PHA的菌种后，利用活性污泥进行PHA合成，相对于纯菌发酵工艺可以有效降低成本同时又解决了废物利用问题，因此成为PHA合成领域的研究热点。

1.3.2 细菌发酵法合成PHA

最早人们在野外环境中发现具有PHA合成能力的微生物，率先尝试的便是将这类菌种分离出来进行单独培养，获得高产、高转化率的微生物菌株，所以从环境中筛选出高产野生菌株仍是PHA合成的主要研究内容之一。目前较为成熟的纯菌发酵合成PHA工艺如下。

真养产碱杆菌（*Alcaligenes eutropbus*）是目前研究最广泛的一类用于PHA合成的菌种，以丁酸为碳源，进行PHA合成，产量可达到2.72g/L。使用表面活性剂-络合剂水溶液，对PHB进行直接提取，环境污染小，操作简便而且最终产物质量高，适合工业化生产。从脱氮生物滤塔中筛选得到的产PHA嗜热菌，可实现中温发酵生产PHA，且具有中温条件下底物溶解度高、酶活性高，可抑制杂菌生成，无需额外冷却与加热等优势，有助于提高PHA产率。华南理工大学的研究人员对筛选出的TAD1S菌种进行培养条件优化，最终得到PHB含量最高为80.8%的菌株。采用圆褐固氮菌（*Azotobacter chroococcum*）G-3菌株与巨大芽孢杆菌（*Bacillus megaterium*）G-6菌株混合培养，PHA产量可达42.4g/L。采用嗜盐古菌XMQ19合成PHA，发酵72h，微生物细胞内PHA含量可达70%。Charalampia Dimou首次提出将葡萄酒糟作为碳源的综合生物精炼工艺，利用钩虫贪铜菌（*Cupriavidus necator* DSM 7237）合成PHA。精炼工艺中首先用过滤方法将酒糟中的液体和固体分离，液体通过蒸馏分离出乙醇（剩余液体用酵母细菌进行酶法水解），固体则用抗氧化剂和酒石酸萃取，再进行一连串复杂工艺后，进行纯菌发酵合成PHA，最终达到75.4%的PHA含量。

1.3.3 基因工程法合成PHA

微生物发酵法产PHA过程中能源消耗的费用占总成本的30%，其中主要集中于无菌化处理过程，如设备灭菌、培养基灭菌等的蒸汽消耗。因此有研究者提出“下一代工业生物技术（Next-generation Industrial Biotechnology, NGIB）”，即一种开放式连续发酵生物工业技术。目前NGIB中成功用于PHA生产的*Halomonas sp.* TD01是清华大学陈国强团队从艾丁湖筛选获得的耐盐耐碱菌株，在高盐高碱的环境下可以保持PHA的高效合成。盐单胞菌TD01已经实现了中试级别的开放式补料分批发酵和连续发酵，这一过程中发酵物料、设备以及补料无需进行灭菌操作，大大减少了灭菌过程的能源消耗。另一株嗜盐菌（*H. campaniensis* LS21）以按照厨余垃圾和海水成分配制的模拟培养基（其中NaCl浓度为27g/L，pH值为10）实现了连续65天的开放式发酵，经基因工程改造后的重组*H. campaniensis* LS21在同样条件下实现了生物量70%的PHB积累，这为未来直接利用厨余垃圾和海水进行开放式无灭菌发酵提供了可能性。研究团队发现发酵过程及下游分离提取过程中产生的高盐废水在无需预处理的情况下可以再次实现4批次的PHA发酵，这不但减少了新水及NaCl的使用量，而且解决了高盐高碱发酵废水的处理排放问题。

基于合成生物学的新方法与新技术，可以从基因表达层面改变细菌生长的模式、条件以及形态，从而提高PHA产量，降低PHA生产成本。同时，利用基因工程，也可以得到不同种类的重组菌株，根据PHA性能要求进行对基因的“定制”。促进PHA合成产量提高的基因工程实现途径主要有：对细胞进行代谢途径组装、大片段基因DNA克隆以及基因组改造，例如对厌氧条件下培养的大肠杆菌进行基因改造后，PHB产量从0.55mg PHB/g葡萄糖提高到5.34mg PHB/g葡萄糖；通过控制基因的定向表达，得到具有不同功能特性的PHA材料；通过增大细胞体积，增大PHA合成菌的PHA产量等。

利用基因工程，还可以将PHA的合成途径引入植物，使得植物细胞可利用CO_2为碳源，太阳能为能源进行PHA的合成，即可大幅降低生产成本。与细菌发酵系统相比，采用植物合成PHA具有碳源丰富且无需购买的优势，而且节省了昂贵的底物发酵工艺环节。目前，通常通过转基因植物合成聚-β-D-羟基丁酸酯，利用植物本体形成“生物反应器”，如对烟草进行转基因处理，利用植物体内脂肪酸代谢中的*R*-羟酰辅酶A为碳源进行PHA的合成。

1.3.4 化学合成PHA

由于PHA的化学成分已知，可以通过化学方法合成PHA材料。由此方法制备的PHA膜已经用于农业、航海等领域的包装材料，以及医学上的人造骨骼等材料。Christophe等利用热熔挤压技术制备PHA膜，用于航海包装，可达到在40天内最少降解70%，且力学性能与传统聚乙烯塑料相似。

1.3.5 利用极端微生物生产PHA

研究发现，在许多极端环境下生存的极端微生物中也存在PHA颗粒。极端微生物所要求的特殊环境条件（高盐、高温、低温、极端pH值等）天然地避免了杂菌的干扰，这种优势能够显著减低生产成本。应用嗜盐微生物合成PHA的研究报道较多（表1.1）。采用嗜盐菌合成PHA具有一些特有的优势：不需持菌环境；低品质物料发酵产酸，使用碱调节pH值后产生大量的盐，嗜盐菌能够很好适应高盐环境；嗜盐菌在低渗环境中易于破裂，通过简单离心和沉淀操作分离PHA颗粒，可简化PHA的回收过程。在合成PHA的几种极端微生物中，Haloferax mediterranei的研究最为广泛，因为其可合成P(3HV-3HB）而无需补充结构相关的前体（如戊酸等）。Ghosh等使用海藻水解液作为Haloferax mediterranei的底物合成PHA，利用含有25%（体积分数）海藻水解液的物料，可达到最好的PHA合成效果，PHA平均体积生物量生产率为（0.052±0.008）g/(L·h)，细胞中PHA含量最高为55%（质量分数）。所得产物为P(3HV-3HB)，3HV∶3HB为8%∶92%（摩尔分数）。Stanley等以葡萄糖作为底物，利用Halomonas venusta KT832796分别在批次（Batch）、批次投料（Fed-Batch）和高浓度单次脉冲进料（High concentration single pulse）三种发酵方式下合成PHA，结果表明在高浓度单次脉冲进料的发酵方式下，Halomonas venusta KT832796的PHA合成效率最高，PHA的产率为0.248g/(L·h)，细胞中PHA的含量为19.4%（质量分数）。合成生物学和代谢工程技术也已用于改造极端微生物以合成功能性的PHA。Yu等敲除*Halomonas bluephagenesis*的本源PhaC基因，表达来自Aeromonas hydrophila 4AK4的PHA合酶（PhaC）和烯酰辅酶A水合酶（PhaJ），以合成P(3HB-3HHx)、P(3HB-3HHxE）和P(3HB-3HHx-3HHxE)。优化了本源酰基辅酶A合成酶（FadD）的表达框架和核糖体结合位点，重组的Halomonas bluephagenesis TDR4能利用葡糖糖和5-己酸的混合物合成含有35%（摩尔分数）3HHxE的PHBHHx，PHBHHx的生产效率为0.1g/(L·h)。

表1.1 嗜盐菌合成PHA

极端菌 (Extreme microorganism)	碳源 (Cabon source)	PHA	生产规模和PHA产率 (Production scale and PHA yield)
Haloferax medierranei	海藻水解液 (Seaweed hycdrolysate)	P(HB-HV)	40.4L连续驯化；0.052g/(L·h)
Haloferax mediterranei	葡萄糖 Glucose	P(HB-HV)	2L批次实验；0.248g/(L·h)
Haloferax mediterranei	橄榄油工业废水 (Olive oil industrial waste water)	P(HB-HV)	摇瓶实验；0.2g/L PHA
Haloferax bluephagenesis TDR 4	葡萄糖，5-己酸 (Glucose，5-caproic acid)	P(3HB-*co*-22.75% 3HHxE)	7L两段式补料；0.1g/(L·h)
Halomonas TD01	葡萄糖(Glucose)	PHB	连续驯化；64g/L PHA
Halomonas campamiensis LS 21	人工合成碳源 (Synthetic cabon source)	PHB	26% CDW(野生菌) 70% CDW(工程菌)
Natinemz palldum JCM 8980	淀粉 (Starch)	P(HB-HV)	摇瓶实验；53.14% CDW
Halogeomebicum boninquense strain E 3	含25%甘蔗水解液的NaCl合成基质 (NaCl synthetic matrix containing 25%)	P(HB-HV)	摇瓶实验；3mg/(g·h)
Baiusme gaterium uyuni S29	葡萄糖 (Sugarcane hydrolysate)	PHB	摇瓶实验；2.2g/L PHB

1.4 活性污泥合成PHA的原理概述

1.4.1 市政污泥的资源化利用

活性污泥法是目前应用最广泛的污水生物处理技术，但其缺点是产生大量的剩余活性污泥亟待处理。随着城市化进程的加快，人口的增加使居民的每日用水量逐渐增加，污水处理行业发展迅速，带来了污水处理厂剩余污泥的产量也日益增多的后果。污泥的主要成分是以微生物菌体存在形式的蛋白质、多糖等有机物，同时还含有大量的病原体微生物、病虫卵、重金属等成分。如果污泥不能得到合理的处理与处置，有机物的腐败变质将产生难闻的气味，病菌的传播会诱发严重的疾病，重金属的转移将危害人类生存的环境，因此如何采用合理的方式实现污泥的稳定化、减量化、无害化、资源化成为城市污水处理厂面临的重点问题。

《“十三五”全国城镇污水处理及再生利用设施建设规划》（以下简称《规划》）中的数据显示，截至2015年底，我国污水处理能力达2.17亿立方米/天，约产生污泥13万吨/天，而污泥无害化处置规模仅为3.74万吨/天。因此《规划》中特别强调，“十三五”期间国家“鼓励采用能源化、资源化技术手段，尽可能回收利用污泥中的能源和资源”。Wallen等首次报道活性污泥中的微生物可以积累PHA，揭开了利用剩余活性污泥这种废弃物资源合成PHA的序幕。Van等撰文指出了未来的污水处理厂利用剩余活性污泥菌群合成PHA的重要意义。Pittmann等通过论证在德国或欧洲其他国家的污水处理厂进行PHA生产的可行性，认为全欧洲的污水处理厂可以生产出全球目前生物聚合物产量1.15倍的产品，因此利用污水处理活性污泥规模化生产PHA的潜力巨大。Valentino等提出可以将利用活性污泥生产PHA与污水处理过程结合，生产PHA的同时可以减少活性污泥的产量，这一过程主要是通过将有机固体转化为挥发性脂肪酸（VFA）来实现，而VFA可以作为PHA的合成原料。

目前，污泥的资源化利用已经在社会上引起了广泛关注。所谓污泥的资源化利用，就是保证在安全、经济、环保的前提下，通过采用不同的处理工艺和处理手段，回收污泥中的能源与资源物质，达到高效污泥资源化再利用的目的。污泥的厌氧消化处理是研究最多，也是最常见和最重要的污泥生物处理方法之一。在厌氧的环境下，污泥中的厌氧微生物、兼性厌氧微生物能够利用和降解污泥中的蛋白质、多糖、脂肪等有机物，转化为VFA、甲烷、氢气、二氧化碳等物质。利用污泥厌氧消化的手段，把污泥这样一种廉价的废弃物质转化为可再生的清洁能源成为实现污泥资源化利用的重点研究内容。

利用污泥厌氧发酵的方式产生VFA是目前研究较多的一种污泥资源化利用途径。VFA包括乙酸、丙酸、异丁酸、正丁酸、异戊酸、正戊酸共六种短链脂肪酸，这些短链脂肪酸应用范围非常广泛，可以作为合成生物塑料聚羟基脂肪酸酯（PHA）的底物，也可被微生物利用合成甲烷、氢气等能源物质，还可以作为碳源增强污水处理脱氮除磷效果。利用VFA合成可生物降解塑料PHA，既实现了资源重新利用，又降低了PHA的生产成本。研究表明，污泥厌氧发酵产生的挥发酸还可以用来强化污水处理厂的脱氮除磷工艺的运行效果。在利用传统的A-A-O工艺处理城市污水的过程中，脱氮除磷是处理污水的一个重要目的，脱氮过程与除磷过程分别是由反硝化细菌与嗜磷菌起主要作用，而两种菌群在生长的过程中对污水中的既存碳源存在竞争。然而，城市生活污水的C/N普遍较低，在污水处理厂脱氮除磷的过程中经常会因为因碳源不足而导致脱氮除磷效果差。研究表明，向污水中投加污泥厌氧发酵产生的短链脂肪酸能显著提高生物的脱氮除磷效果。

1.4.2 活性污泥合成 PHA 的主要工艺运行策略

PHA 的生产成本集中在发酵物料的消耗和灭菌过程的能源消耗上，其中前者占成本的 50%，后者占 30%。基于此，研究者希望通过降低发酵物料成本和灭菌过程能源消耗成本来降低 PHA 的生产成本。例如提高菌株产率、利用廉价物料以及开发开放式发酵技术等。在早期的活性污泥污水处理工艺中，针对混合菌群合成 PHA 的研究主要是作为污水处理过程中一个指标，而非其潜在的合成能力。起初，研究人员利用污水处理厂的剩余污泥直接以小分子有机酸为碳源合成 PHA，由于缺少富集过程，污泥菌群没有筛选，所以合成 PHA 能力较低，仅仅为细胞干重的 6.0%～29.5%。PHA 合成的工艺运行策略，目前以三段式合成工艺为主流。这种三段式混合菌群合成 PHA 工艺主要分以下三步（图 1.3）。

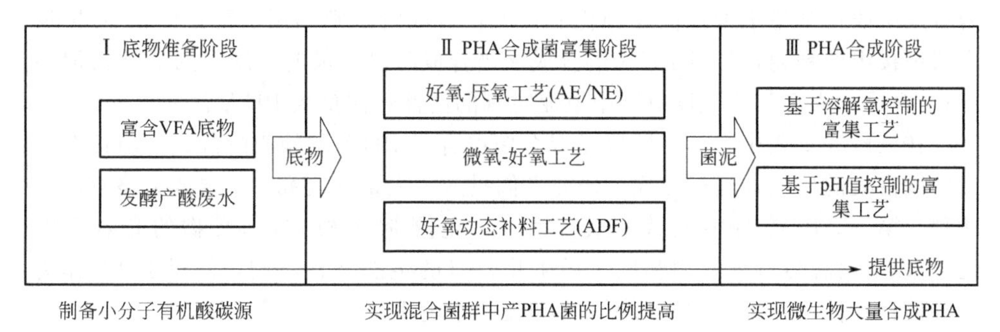

图 1.3 PHA 合成工艺整体布局（三段式）

（1）底物准备阶段

为三段式工艺的第一段。利用实际废物/废水作为微生物的碳源合成 PHA 可降低成本并实现废物资源化，具有光明的前景。但工业、农业中的实际废物/废水中大多含有较多的大分子有机物，不利于活性污泥混合菌群的吸收，可生化性较弱。因此，需要在底物准备阶段进行有机碳源的水解/发酵产酸，将实际废水中的大分子有机物转换成便于活性污泥吸收利用的小分子 VFA，一般是具有 1～6 个碳原子碳链的有机酸，包括乙酸、丙酸、异丁酸、戊酸、异戊酸、正丁酸等，便于活性污泥对其吸收利用。

（2）PHA 合成菌富集阶段

为三段式工艺的第二段，本书简称为富集阶段。用于污水处理的活性污泥混合菌群中，只有一部分菌种具有明显的 PHA 合成能力（称其为 PHA 合成菌），因此需要使活性污泥混合菌群经过富集阶段，实现 PHA 合成菌的富集，即 PHA 合成菌在混合菌群中所占比例提高。在富集阶段，通常将活性污泥投入序批式反应器（SBR）中，通过 PHA 定量检测，在反应器运行过程中，混合菌群的 PHA 含量提高，PHA 合成菌逐渐占据主导地位的过程，称为活性污泥合成 PHA 工艺中的驯化过程。

(3) PHA 合成阶段

为三段式工艺的第三段，本书简称为合成阶段。由于 PHA 合成菌具有相似的特征，即在不均衡营养物质条件下，微生物会调节代谢机制，倾向于将从环境中吸收的大部分碳源物质转化为 PHA 存储在细胞中，而非用于细胞的增殖分裂。利用这种特性，为了达到大批量从活性污泥混合菌群中提取 PHA 材料的目的，在 PHA 合成阶段给活性污泥混合菌群投加高浓度的不均衡营养物质（通常是限制氮源和磷源，只提供碳源），使微生物在一段较长时间内持续处于碳源过量环境中，PHA 含量随时间逐渐提高直至平稳，微生物达到细胞存储 PHA 的最大量，可用于 PHA 产物的粗提。

在三段式工艺中，底物准备阶段为富集阶段和合成阶段提供碳源，富集阶段为合成阶段持续稳定地提供经驯化的种泥，合成阶段则利用从富集阶段 SBR 反应器中接出的种泥，进行 PHA 的合成。当合成阶段完成时，测得的活性污泥中 PHA 含量，为富集阶段反应器中取泥时刻的活性污泥最大 PHA 含量。

在三段式工艺中，第二阶段是混合菌群合成 PHA 的核心阶段。目前针对第二阶段富集的反应器运行方式，研究者们投入了大量的研究，主要的策略有以下两种：第一，厌氧-好氧交替模式；第二，充盈-匮乏模式（即底物的充盈和匮乏）。以上两种运行方式均利用了微生物自身的生态选择法则，使得 PHA 作为一种储存物储藏在细胞中经历不断的动态变化过程，具体如下。

(1) 厌氧-好氧工艺活性污泥合成 PHA 的厌氧-好氧工艺

最早始于 20 世纪 70 年代的污水处理工程强化生物除磷（Enhanced Biological Phosphate Removal，EBPR）工艺，使人们开始意识到活性污泥中的微生物也具有合成 PHA 的能力。在 EBPR 工艺环境下，微生物能够进行 PHA 的合成，原理是：在废水处理工艺中，有两种能合成 PHA 的菌群，分别为聚磷菌（PAO）和聚糖菌（GAO），而 EBPR 工艺的运行特点是存在厌氧/好氧的交替运行。碳源在厌氧阶段加入反应器。在厌氧阶段，微生物由于没有氧气作为最终电子受体，其无法生长，通过降解体内储存的糖原和多聚葡萄糖为微生物提供能量和还原力，在废水环境中吸收短链脂肪酸等有机碳源，并以 PHA 的形式在细胞内存储碳源；在好氧阶段，碳源已经耗尽，聚磷菌和聚糖菌利用内部储存的 PHA 以供菌群生长，补充糖原/多聚葡萄糖和多聚磷酸盐。此过程不断重复循环，在每个周期的最后都会有一部分微生物被淘汰掉，对于微生物施加了很强的生态筛选，能够适应此模式的微生物存活下来，如聚磷酸和聚糖菌。Chua 对厌氧-好氧工艺模型进行改进，实现反应器在污水处理与 PHA 合成两个方面都取得了长足的进步，但 PHA 含量为 31%左右，仍有很大提升空间。此后，经过 Serafim、Takabaka 与 Satoh 等的改进，发现微生物在厌氧-好氧交替模式下的代谢具有多样性，且当微生物在厌氧阶段处于休眠状态，在好氧阶段初期开始吸收碳源并完成PHA存储后，再分解PHA进行磷元素吸收时，PHA最大积累量显著提高，可以达到62%。郑裕东等发现，用于污水处理工艺的活性污泥中PHA含量很少，环境中的多数有机物都被微生物转化成了糖原和聚磷酸酯等，若在反应器中通入少量氧气形成微氧环境，则PHA累积效果显著增强。因此，在厌氧-好氧工艺的基础上，又形成了微氧-好氧工艺，通过控制给氧量来促进PHA的大量富集。

（2）ADF工艺

通常，利用SBR反应器对微生物进行PHA合成的驯化，此工艺由Majone等在1996年首次提出，即使微生物在完全好氧条件下合成PHA，称为好氧瞬时补料（Aerobic Dynamic Feeding）工艺。底物（包括碳源及氮、磷等其他营养物质）在好氧阶段加入反应器中，在好氧条件下，底物充盈微生物在反应器中生长并储存PHA。在好氧阶段结束后，也就是匮乏阶段，此时微生物已再无碳源摄取，此时微生物利用之前存储的PHA作为碳源可以继续生长存活，而在充盈阶段没有储存碳源的微生物则无法生存，即被淘汰。经过不断反复以上工艺，每个充盈-匮乏周期结束后均有不适应此模式的微生物被淘汰出局，而具有PHA储存能力的微生物因其在整个系统中具有竞争优势存活下来，即具有PHA合成能力的菌群可以在底物充盈时快速摄取碳源并将之存于细胞内，在碳源缺乏时释放以保持生长或维持自需。在充盈-匮乏运行模式下，有PHA合成能力的菌群快速消耗碳源并以PHA形式储存，它们获得了大部分碳源以备后续产生最大的生物量。因此，在此种筛选模式下，对于PHA合成菌筛选成功与否通常基于碳源吸收速率的快慢而非生物增长率。

ADF工艺具有细胞代谢路径明确，SBR反应器参数容易控制，可以根据不同的碳源、补料方式、运行周期、环境温度等做出一系列调整的特点，在近年来取得快速发展，是混合菌群合成PHA领域中非常热门的研究工艺之一。目前的大量文献研究成果表明，在ADF工艺中，底物浓度、碳氮比、底物充盈与匮乏阶段持续时间之比（Feast phase/Famine phase，F/F）、污泥停留时间（SRT）、环境温度、反应器内pH值、溶解氧含量等均可以成为活性污泥PHA合成菌群富集优化的控制参数。Serafim等对瞬态进料方法进行改进，使得PHA含量增加到78.5%；蔡萌萌等使用中温厌氧产酸的出水作为碳源，进行剩余污泥的PHA合成实验，通过ADF工艺，实现了56.5%的PHA积累，PHA产率达到310mg/(g·h)。Dionisi等对采用动态补料过程的活性污泥微生物群落进行了DGGE分析，发现在混合菌群中的优势菌种为甲基杆菌科（*Methylobacteriaceae*）、黄杆菌（*Flavobacterium sp.*）、假丝酵母菌（*Meganemaperideroedes*）、陶厄菌（*Thauera sp.* Dionisi），还对不同周期条件下反应器富集PHA的效果进行了研究，结果表明相对较长的周期，对PHA的富集更有利，但不宜超过12h。清华大学王慧教授课题组提出，采用人工模拟污泥发酵液作为碳源，无需对活性污泥进行限氮、限磷，用控制底物浓度的方法实现反应器内底物充盈和匮乏的交替，认为当底物浓度为初始投加底物浓度的25%时，为进入底物匮乏阶段的标准，且保持在每个周期通过人工对底物浓度的监测，保证底物匮乏阶段的时长是底物充盈阶段的3倍。在每个周期末排水后，用离心机进一步完成泥水分离，做到将本周期内的剩余底物完全排净后，再重新注入底物。如此反复，直至连续3个周期的底物充盈阶段时间长度、污泥浓度和剩余底物浓度保持稳定，则反应器达到稳定状态，活性污泥可以用于PHA的合成。在这种工艺中，特点是周期不再是具体时间，而用底物浓度变化状态的相对倍数表示，使得污泥会经历长达200h的底物匮乏阶段，实现对微生物的“过度匮乏”，并最终实现了62.43%的PHA最大含量。

目前活性污泥混合菌群合成PHA可实现的最高PHA含量为89%，几乎达到纯菌发酵工艺的水平。但相关研究大多处于实验室研究阶段，中试以上规模的研究成果较少有报道。Tamis等利用工业废水为碳源，采用工作容积达200L的SBR反应器，进行活性污泥的PHA合成菌群富集，在PHA合成阶段，又将混合菌群投入200L的合成反应器中进行PHA含量最大化，最终每克混合菌群的PHA产量为(0.70±0.05)g。虽然低于实验室实验的PHA含量，但对于实现利用混合菌群合成PHA的产业化仍非常重要。

关于三段式PHA合成工艺的第三段，合成阶段的PHA最终产量关系到PHA合成工艺是否更具竞争力。目前实验室规模的实验主要是间歇补料工艺(Pulse Feeding Rgime)和连续补料工艺(Continous Feeding Regime)，具体如下。

(1) 间歇补料工艺

目前，利用间歇补料工艺进行活性污泥的PHA合成是使微生物细胞内PHA存储最大化的常用方法。间歇补料工艺通过不断为微生物提供高底物浓度的碳源，保证微生物始终处在碳源充足的环境中，以令细胞内达到PHA含量的极限。Katırcıoglu等通过关注氮源和溶解氧指标，在微生物生长阶段不限制底物营养成分，在PHA合成阶段限氮，得到的最大生物增长速率为$0.265h^{-1}$。Johnson从已经稳定运行长达2年的SBR反应器中取泥，在比富集阶段反应器中底物浓度高5.5倍的环境下，持续进行间歇补料实验12h，得到PHA最大含量为89%，表明活性污泥混合菌群合成PHA已接近纯菌发酵生产PHA的水平。

(2) 连续补料工艺

Albuquerque等认为，间歇补料工艺在反应器运行过程中，在溶解氧发生突跃后，需要中断反应，沉淀再补料，这个过程会导致微生物在细胞内富集PHA的过程发生间歇中断并发生已富集PHA的消耗，于是尝试在PHA积累阶段进行连续补料工艺。通过对比工艺，结果显示，PHA富集阶段，由于在连续补料模式下，微生物始终处于碳源丰富环境，碳源吸收速率以及PHA比合成速率均要比间歇补料实验条件下要高。且经过6h实验后，同等条件下，采用连续补料工艺的反应器内污泥PHA含量可达70%，而采用间歇补料工艺的反应器内污泥含量仅为65%。然而，Serafim等对连续补料工艺有不同的结论，Serafim将浓度为180mmol/L的乙酸作为碳源，分别用于连续补料和间歇补料两种PHA合成工艺中。采用间歇补料工艺时，将乙酸按60mmol/L浓度分3次加入，控制点由溶解氧指标进行指示，在碳源被耗尽时，对活性污泥中微生物的PHA含量进行监测，结果表明，连续补料工艺的PHA含量为56.2%，而间歇补料工艺的PHA含量为78.5%。因此，Serafim认为通过合理的溶解氧控制，碳源的分批次加入方法，可在一定程度上消除高底物浓度带来的对PHA合成的抑制作用，可以显著提高PHA含量。

现有PHA合成阶段采用的批次给料工艺，虽然实现了在活性污泥微生物细胞内合成的PHA含量较高，但是此工艺的碳源利用效率，即微生物实际摄取碳源的量与供给反应器的总碳源量偏低，使得在PHA合成阶段造成了一定规模的碳源资源浪费。另外在微生物利用小分子有机酸合成PHA过程中，由于摄取游离的酸分子时引起反应器环境内水解平衡向氢氧根方向移动，从而对环境内pH值产生一定影响，对PHA合成是否会有影响，还有待进一步的研究。本课题组采用改进的连续补料工艺，直接使用pH值未调节的废糖蜜酸酵解产物进行补料，在较低的生物量负荷（Biomass Loading Rate，BLR）条件下，反应器内环境达到酸碱自平衡状态，PHA合成量达到70.4%，同时又大幅度提升了PHA合成工艺的碳源利用效率，在碳源制备和运行效率上均具备成本优势。

1.4.3 活性污泥产PHA菌群富集过程的影响因素

（1）碳源种类

目前，在利用活性污泥合成PHA的研究工作中，乙酸是最常用的单一碳源。也有一些研究利用混合碳源来合成PHA，如由丙酸、丁酸、乳酸、葡萄糖组成的混合底物，以及有大量文献报道对于各种利用农业、工业、生活废物发酵液作为碳源的研究。利用活性污泥混合菌群处理实际废水并同时合成PHA是目前的趋势所在，其中废水包括将碳水化合物经过混合菌种厌氧发酵而产生的小分子有机酸和乙醇等，均是合成PHA的理想碳源。

① 糖蜜等轻工业废水。Albuquerque和Bengtsson分别利用糖蜜废水合成PHA，前者通过调节产酸阶段pH值，使其主要发酵产物为乙酸和丙酸，其PHA转化率为0.59mmol C-PHA/mmol C-VFA，后者利用聚糖菌合成PHA，其产量为0.47～0.66mmol C-PHA/mmol C-VFA。Bengtsson和Jiang分别在2008年和2012年对利用造纸废水合成PHA的能力进行了考察，前者利用造纸废水发酵产物中74%的可溶性COD作为碳源进行PHA合成，其含量占污泥干

重的48%，PHA产率为0.11kg PHA/kg COD。后者同样利用农工业的造纸废水，在其第三阶段PHA合成过程中5h内即可达到占污泥干重的77%。而橄榄油和棕榈油废水的相关研究工作自2009年起也已展开，其中橄榄油废水合成PHA含量只占细胞干重的39%，而在近期Lee对于棕榈油废水的研究中合成PHA含量可以达到64%。用花生渣厌氧发酵产生VFA可作为活性污泥的碳源合成PHA。花生渣厌氧产生的发酵液取自课题组CSTR厌氧发酵反应器的出水——利用花生渣厌氧发酵产酸的研究，由于花生渣厌氧产生的发酵液中含有大量的氨氮和磷，为了增加底物中的碳氮比，促使活性污泥合成更多的PHA，需要进一步去除发酵液中的氨氮，以及回收磷酸盐。MAP沉淀法是指通过向发酵液中投加Mg^{2+}、PO_4^{3-}与发酵液中的NH_4^+形成鸟粪石（$MgNH_4PO_4$）结晶沉淀，通过沉淀分离的方式来去除NH_4^+的方法，可以有效去除发酵液中过量的氮磷。利用花生渣厌氧发酵产生的偶数型VFA合成PHA，其最大含量为污泥干重的34.87%。PHA的单体主要由PHB和PHV构成，其中PHB占比65%，PHV占比35%。在合成PHA的过程中，乙酸相较于正丁酸更容易被活性污泥吸收，这可能是因为短链的VFA更容易被活性污泥吸收利用。

② 乳清废水。乳清是在奶酪加工过程中通过沉淀和移除乳酪蛋白后得到的副产物。国外有文献报道，每年产生的大量乳清中，约15%被用作动物饲料，其余的废弃物没有得到有效利用。这些废弃物不仅增加了对环境的负担，同时也提高了处理成本。乳清含有较高的有机成分，包括乳糖、脂肪、矿物盐、蛋白等，其中乳糖可以作为PHA合成的碳源底物。当前对于利用乳清合成PHA的研究主要集中在以下几个方面，其合成产物的产量及产物类型如表1.2所示。

表1.2　利用乳清合成PHA的产量和产物类型

菌种	碳源	PHA产量/(g/L)	PHA产量(占CDW的比例)/%	产物类型
Caulobacter segnis DSM 29236	乳清	1.5 9.3	31.5 37	PHB
Alculigenes latus	乳清	1.28	84.77	PHB
Haloferax mediterranei	乳清粉(水解处理)	4.0	53	P(3HB-*co*-3HV)
Haloferax mediterranei	乳清(水解处理)	5.5	50	P(3HB-*co*-3HV)
Bacillus megaterium NCIM 5472	奶酪乳清(超滤处理)	7.34	—	PHB
	奶酪乳清	2.31	—	PHB
Cupriavidus necator mRePT	水解乳清渗透液	2.4	30	PHB
	非水解乳清渗透液	1.32	22	PHB

一些微生物可以直接利用乳清进行PHA的生产，如*Caulobacter segnis* DSM 29236中含有半乳糖苷酶和PHA合成相关酶可以利用乳清进行PHA的生产，其产物聚3-羟基丁酸酯（PHB）含量可以达到31.5%，利用分批补料培养可以达到37%。大肠杆菌含有降解乳糖的酶基因，利用基因编辑技术，将PHA合成相关酶基因整合到大肠杆菌中，构建的重组大肠杆菌能够将乳清转化为PHA。Povolo等将大肠杆菌的lacZ、lacI和lacO基因重组到*Cupriavidus necator* DSM 545的解聚酶基因phaZ1中，使解聚酶基因失活，同时又使其获得一定的乳清代谢能力，重组菌株利用水解处理的乳清渗透液和未处理的乳清渗透液，培养48h后，分别合成了大约8g/L和6g/L的CDW，其中PHA含量达到30%和22%。

③ 餐厨垃圾副产物（菜籽油和粗甘油等）。近年来，关于微生物利用餐厨垃圾副产物合成PHA的研究大多数是利用单一组分的油为底物，而利用混合废油（煎、炸、炒、蒸、煮等餐厨混合废油）为底物的研究较少。Obruca等以废弃菜籽油为底物，利用*Cupriavidus necator* H16生产PHB，通过连续培养，72h之后PHB产量可达105g/L，并且发现1%（体积分数）丙醇可以显著促进PHA和生物量的累积。Obruca等还发现利用煎炸废油为碳源，蛋白酶水解的乳清为氮源，*Cupriavidus necator* H16在70h可合成14.5g PHB。与其他氮源相比，利用水解乳清为氮源，PHB的累积量提高了3.5倍以上。Verlinden等同样利用*Cupriavidus necator*为实验菌种，以煎炸废油为底物生产PHA，72h产量可达1.2g/L。种宇轩等以煎炸废油作为发酵过程中的碳源，对*Cupriavidus necator*合成PHA过程进行了条件优化，结果表明当初使pH值为7.5、装液量为100mL/250mL、培养温度为28℃、接种量为3%、转速为160r/min、废油添加量为25mL/L进行发酵培养时，PHA的产量可达到6.63g/L，约占细胞干重的83%。根据文献报道，菌种*Cupriavidus necator*已成为利用小分子脂肪酸类底物生产PHA的常用菌株，并且有研究者尝试用其以混合的餐厨废油为底物合成PHB，结果显示其对PHB的积累在2天之内可以达到细胞干重的63%左右。Cruz等通过溶氧控制补料模式以及氢氧化铵同时作为pH调节剂和氮源的方式，使得菌株*Cupriavidus necator* DSM 428利用餐厨废油合成PHB的效率达到12.6g/(L·天)。另一种常用的以油脂为底物合成PHA的菌种为真氧产碱杆菌（*Ralstonia eutropha*）。Kahar等利用*Ralstonia eutropha* H16为实验菌种，以廉价大豆油为碳源生产PHA，产物含量可达细胞干重的72%～76%（质量分数）。Park等研究菌株*Ralstonia eutropha* KCTC 2662以及大豆油合成PHA的能力时发现，以大豆油为单一碳源合成的PHA可占菌体细胞干重的70%～83%，产率为0.80～0.82g PHA/g油。另外，一些假单胞菌和伯克霍尔德菌也可将餐厨废油转化为PHA。Fernandez等通过*Pseudomonas aeruginosa* 42A2利用餐厨废油和其他废油生产PHA，该菌株可以积累54.6%的PHA。菌株

Burkholderia thailandensis 最早是从泰国中部某稻田土壤样品中分离得到的。Kourmentza等首次报道通过 *B. thailandensis* 利用餐厨废油合成PHA，并发现合成的PHA是PHB均聚物。利用废油脂合成PHA，一方面可以为废油资源化利用开辟新的途径；另一方面合成的环境友好型材料可替代传统塑料，减轻环境污染。已有的相关研究大多数还处在实验室规模的实验阶段，距离真正实现废油脂合成PHA的商业化程度还有很大差距，需要进行大量的研发，并且需要考虑如下几个问题：

a. 餐厨废油成分复杂，其中不可避免含有对发酵微生物生长不利的物质，导致PHA的合成效率较低，因此需要考虑如何提高微生物利用废油脂合成PHA的效率；

b. 复杂的成分会导致合成的PHA为多种单体的混合物，此情况是否会影响PHA的物理化学性质；

c. 如何将不同的PHA单体有效分离或是能通过什么方式使其仅合成一种单体，这都将是有待解决的重要问题。

另外，在实验室层次的研究，对于PHA的提取大多使用的是有机溶剂提取法，扩大生产之后使用此方法则将消耗大量的有机溶剂，对环境造成威胁，进而违背可持续发展的初衷。因此，还需大力开发有效、经济且环保的PHA提取方法，从多方面控制PHA的生产成本、消耗和排放。

甘油作为基质富集的混培物对基质的利用具有广谱性，乙酸和乳酸作为基质合成PHA时，PHA的产量较高，但是乙酸与乳酸合成PHA时均只产生PHB聚体，而PHB聚体脆性高、延展性差，在实际应用中受到很大制约，PHB与PHV的共聚物（HB-*co*-HV）可极大改善其力学性能。对生物柴油的副产物（粗甘油）进行前处理。当发酵的细胞长期暴露于甘油中时，甘油可以作为生物合成PHB的末端基团，导致聚合物的平均分子量降低，与其他碳源相比，利用甘油合成PHA的生产效率和产率降低；此外，一些生物柴油的副产物，除了含有甘油、生物柴油、脂肪酸、水等物质外，还含有有毒的副产物，如甲醇，利用这些副产物之前，需要对其进行脱甲烷化处理，去除影响PHA合成的物质。Ntaikou等对副产物甘油先进行厌氧发酵，产生 H_2、短链脂肪酸、1,3-丁二醇，再经过离心、澄清、酸化等步骤，得到的碳源可以用来合成PHA，与没有处理的粗甘油作为碳源相比，合成的PHA产量有所提高，达到40.6%，且合成的产物为特性更好的P(3HB-*co*-3HV)。另外，还可以通过真空脱水、蒸馏或相分离技术去除水分，来提高粗甘油中的甘油浓度，提高PHA的产量。以粗甘油为碳源，通过基因工程技术得到的菌株进行PHA生产的研究较少。Poblete-Castro等对 *P. putida* 菌株进行研究，同时对比原菌株和敲除解聚酶基因的菌株，发现基因工程技术改造的菌株生产的PHA含量较高，约为47%，详见表1.3。

表 1.3 利用粗甘油合成 PHA 的产量和产物类型

菌种	碳源	PHA 产量/(g/L)	PHA 含量(占 CDW 的比例)/%	产物类型
Aeromonas sp. AC 01		0.098 0.089	3.6 3.8	
Aeromona ssp. AC 02	粗甘油	0.056 0.360	2.8 13.6	PHB
Aeromona ssp. AC 03		0.144 0.686	5.6 22.1	
Haloferaxmediterranei	粗甘油	16.2	—	P(3HB-*co*-3HV)
MMC	废弃物甘油	—	24.2±2	PHB
	废弃物甘油(酸化处理)	—	40.6±3.2	P(3HB-*co*-3HV)
MMC	粗甘油	137.27mmol C/L	47	PHB
P. pwtida KT2440		1.46±0.21	34.5	
P. pwtida KT2442		0.91±0.13	26.5	
P. putida F1	粗甘油	0.36±0.01	10.3	mcl-PHA(C_6~C_{14})
P. putida S12		0.40±0.05	12.6	
P. putida KT2440ΔphaZ		1.94±0.17	46.8	

④ 其他低成本碳源。还有一些廉价废弃物碳源被用来进行 PHA 的合成，如木制纤维素、废植物油（玉米油、菜籽油、棕榈油）、果蔬渣（杏果渣、葡萄果渣）、糖蜜等，这些低成本碳源不受季节限制且产量充足，其合成 PHA 的产量及产物类型见表 1.4。木质纤维素是丰富的可再生材料，对木质素进行液化，液化后的产物可以进行 PHA 的合成，但液化后的产物包含一些有毒物质，不利于微生物的生长和 PHA 的合成，可采用酶催化技术对木质素进行处理，去除有毒物质，提高 PHA 的合成产量，但处理成本较高；为了解决这一问题，Silva 等采用活性炭处理技术，利用 *Burkholderia cepacia* IPT 048 和 *Burkholderia sacchari* IPT 101，将甘蔗渣水解液转化为 PHA。Lopes 等从夏威夷的土壤中分离了 *Burkholderia* sp. F24，该菌株可直接利用甘蔗渣进行 PHA 的合成，省去有毒物质去除过程，降低处理成本，用其合成的 PHA 含量为 48%。Follonier 等发现 *P. resinovorans* 可利用杏渣和葡萄渣进行 PHA 的合成，水解的果渣包含大量的葡萄糖，其中葡萄果渣含量最高，但杏渣水解物中含有最少的微生物生长抑制物质，最终利用葡萄果渣和杏渣水解物分别得到约 1.42g/L 和 1.26g/L 的 mcl-PHA。来自食品工厂的废植物油也是 PHA 合成的良好的碳源；Verlinden 等以废煎炸油为原料，利用 Cupriavidus necator 在分批补料的条件下合成 PHA，

PHA的含量达到40%。此外，利用菜籽油合成mcl-PHA，可改善PHA合成产物的性能。橄榄油在生产时也会产生废弃物，以橄榄油厂废水为碳源，利用*Haloferax mediterranei*合成0.2g/L的P(3HB-*co*-3HV)，含量达到43%。Cruz等以废菜籽油为原料，利用*Cupriavidus necator*在分批补料的条件下合成PHA，PHA的含量达到40%。*Pseudomonas sp.*是利用废植物油合成PHA的良好菌株；利用*Pseudomonas sp.* G101和G106，通过废菜籽油可以合成含量约为21%的mcl-PHA，产物类型包括3-羟基己酸（3HHx）、3HO、3HD单体。采用分批补料培养，以皂化的棕榈油为碳源，可以生产高达43%的mcl-PHA。

表1.4 利用其他低成本碳源合成PHA的产量和产物类型

菌种	碳源	PHA产量/(g/L)	PHA产量(占CDW的比例)/%	产物类型
Burkholderia cepacia IPT048	甘蔗渣水解液	2.73	62	PHB
Burkholderia cepacia IPT 101		2.33	53	PHB
Burkholderia sp. f 24	甘蔗渣	3.26	48	PHB
P. resinovorans	杏渣	1.26	12.4	mcl-PHA
	葡萄渣	1.42	23.3	mcl-PHA
Cupriavidus necator	废煎炸油	1.2	40	PHB
Haloferax mediterranei	橄榄油厂废水	0.2	43	P(3HB-*co*-3HV)
P. resinoporans	橄榄油馏出物	4.7±0.3	36.0±0.3	mcl-PHA(C_6~C_{12})
Pseudomonas strains G101	菜籽油废弃物	1.16	21	P(3HO-*n*-3HD)
Pseudomonas strains G106	菜籽油废弃物	0.93	19.3	P(3HHx)
Pseudomonas strains G101	棕榈油废弃物	1.63	43	mcl-PHA

（2）生物固体停留时间

生物固体停留时间又称污泥龄（Sludge Retention Time，SRT），可以控制富集反应器内微生物的世代周期长度，若设置值较小，则每个周期内排出的污泥量就多，反应器中微生物世代更迭快活性高，即SRT与反应器中的污泥浓度关系密切，在进水底物相同的条件下，反应器内的充盈和匮乏阶段时间会发生改变，PHA菌的富集过程也会随着反应体系的SRT而改变充盈和匮乏的时长，最后关系到PHA最终含量。

Doinisi等采用混合底物驯化PHA合成菌，进水负荷设为20g COD/(L·天)，SRT为1天，最大PHA比合成速率为0.25mg COD PHA/(mg X·h)，X代表生物量。Albuquerque等的SRT设置为10天，在PHA合成阶段的间歇补料工艺中得到的PHA含量为74.6%。研究人员还利用糖蜜废水发酵液进行PHA合成菌群的驯化富集，并保持进水的底物有机负荷为2.2g COD/(L·天)。Chua等考察不同SRT条件下活性污泥混合菌群合成PHA的表现，结果表明当SRT为3天时PHA含量为31%，而当设置SRT为10天时PHA含量仅为21%。由此可见，关于SRT的设置，不同的研究团队得到的结论并不一致，未能给出SRT的最佳值。

（3）底物浓度

在活性污泥混合菌群合成PHA工艺的富集阶段，富集反应器的进水底物有机负荷通常是影响富集阶段运行效果的一个重要因素，较低的有机负荷可以使混合菌群有较低的F/F（底物充盈时间/底物匮乏时间）值，从而使混合菌群经历较长的底物匮乏期。对于PHA合成菌群而言，由于其自身代谢机制，可以在底物匮乏期间为分解细胞内的PHA提供能量，持续生长和增殖，以在混合菌群中逐渐取得优势。Doinisi等以混合酸为碳源，研究底物有机负荷在8.5～31.25g COD/(L·天）范围内，活性污泥混合菌群合成PHA的表现。实验表明，当底物有机负荷选为20g COD/(L·天）时，得到最佳富集效果。但同时说明，有机负荷较高可能会造成混合菌群富集PHA系统的不稳定。Albuquerque等对在2.2～4.4g COD VFA/(L·天）的底物有机负荷进行实验研究，并在2.2g COD VFA/(L·天）条件下得到了最佳的富集效果。

邓毅选择酸化蔗糖废水作为进水碳源，考察不同底物浓度对活性污泥混合菌群合成PHA过程的稳定性影响。结果表明，当底物浓度较高，达到1680mg COD/L时，会导致污泥沉降性变差，在排水过程中有污泥流失，并由于污泥浓度的迅速下降而导致富集系统崩溃；而当底物浓度为560mg COD/L时，则混合菌群富集阶段的生物量增长缓慢，在保持SRT为10天的条件下，难以保证向PHA合成阶段持续供给足够菌泥，且合成表现也不理想。

（4）运行周期

Dionisi等研究在相同的底物浓度以及其他反应器运行参数条件下，不同周期对活性污泥混合菌群PHA富集与积累过程的影响。设置周期为1～8h，通过考察PHA的合成速率与产量以及生物量增长来对富集效果进行评价。实验表明，周期为1h或8h时，可以促进混合菌群提高生长速率，保持反应器稳定，而周期为2h或4h时，PHA的合成速率较高但反应器不稳定，得到的最高PHA合成速率为500～600mg COD/(g COD·h)，PHA产率为0.45～0.55 COD/COD。

（5）温度

Krishna等研究在15℃、20℃、25℃、30℃和35℃条件下，活性污泥混合菌群富集阶段SBR反应器中污泥吸收底物合成PHB的情况。实验表明，随着温度升高，PHB的生成速率反而降低，这可能是由于微生物的同化速率随着温度的升高而升高造成的。Chinwetkitvanich等对10℃、20℃和30℃三个温度梯度下PHA合成情况进行研究，结果表明温度为10℃时合成PHA含量为52%，而在20℃和30℃时，活性污泥的PHA含量没有明显差别，分别为45%和47%。

(6) 不同磁场强度的响应分析

适当强度的磁场对PHA合成酶有促进作用。陈红等通过实验发现，在磁场强度从1mT步增加到30mT的过程中，活性污泥中PHB和HV的含量开始随着磁场强度的增加而增加，到达某个点后又会随着磁场强度的增加而降低。活性污泥中PHB含量在磁场强度为7mT时达到最高（33%）；活性污泥中PHV含量在磁场强度为21mT时达到最高（12%）；当磁场强度为11mT时，活性污泥中PHA含量最高（40%）。吴海云的实验表明，不加磁场条件下最终得到的转化率为20.5%；7mT磁场条件下得到的转化率为23.2%，与21mT场条件下接近。同时有研究建议控制pH值在较高水平（8.5～9.5），并且当磁场强度为21mT、SRT为5天时，活性污泥合成PHA的能力均较大。

(7) 溶解氧（DO）

活性污泥中合成PHA的菌群有厌氧菌群和好氧菌群。有研究表明：以乙酸钠为碳源培养的活性污泥低DO浓度和高DO浓度均会较大程度影响PHA的降解速率。以葡萄糖为碳源培养的活性污泥PHA受DO影响不大。蔡萌萌等研究表明，采取微氧/好氧工艺能有效解决厌氧/好氧工艺中PHA产量低的问题。原因是PAO/GAO菌群会在厌氧条件下并非全部碳源转化为PHA，而是把部分碳源转化成肝糖原。代谢途径复杂化会降低PHA的合成效率，而微氧时菌群摄取外界碳源，产生较少量的PHA。好氧时菌群快速降解外界碳源，同时合成大量PHA，比相同情况下厌氧/好氧工艺的PHA产量多40%。

1.4.4 PHA合成过程的代谢模型研究进展

活性污泥法动态模型主要有三种：机理模型、时间序列模型和语言模型。语言模型的研究尚处在初始阶段；时间序列模型又称辨识模型，对检测控制系统有较高的要求；目前对活性污泥法动态模拟的研究主要集中于机理模型的研究。机理模型中主要有三种：Andrew模型、WRc模型、IAWQ模型。1985年IAWQ推出了活性污泥法1号模型（Activated Sludge Model No. 1，ASM1），ASM1包含13种组分，8种反应过程，此模型的先进之处在于它不仅描述了碳氧化过程，还包括含氮物质的硝化与反硝化，以矩阵的形式描述了污水在好氧、缺氧条件下所发生的水解、微生物生长、衰减等反应过程，ASM1的内容不仅仅是模型本身，还提出了污水特性的描述方法，但它的缺陷是未包含磷的去除。1995年，IAWQ专家组又推出ASM2，它不仅包含了生物除磷的过程，还增加了厌氧水解、酵解及与聚磷菌有关的反应过程。ASM2包含19种物质，19种反应，22个化学计量系数及42个动力学参数。但是至今对生物除磷的机理还未完全明了，所以ASM2还不能说是一个成熟的模型，它的应用还有一些限制。1999年推出的ASM2D则完善了ASM2中的问题，包含了反硝化聚磷菌，对脱氮除磷系统有了较好的模拟作用。IAWQ专家组于1998年推出了ASM3，所涉及的主要反应过程和 ASM1 相同，但是 ASM3 改变了 ASM1 中 COD 流向非常复杂、异养菌死亡-再生循环理论和硝化菌衰减过程的相互干扰，将两组菌体的全部转换过程分开，引进了有机物在微生物体内的储藏及内源呼吸，强调细胞内部的活动过程。微生物的衰减采用了微生物内部呼吸理论，允许衰减过程更适应环境条件，重点由水解转到了有机物的胞内储存。ASM3 中包括 12 种生化反应过程、13 个组分、6 个化学计量常数和 21 个动力学参数，可以模拟除碳、脱氮的动态过程，不包括除磷。

近年来，诞生了多种用于定量描述活性污泥代谢反应过程的数学模型，其中 ASM3 应用最为广泛，成为目前用于定量描述污泥活性代谢过程的主要模型之一，其以化学需氧量（COD）为单位，包括活性污泥的碳氧化过程、硝化、反硝化过程，但不包括生物除磷，且具有模拟微生物进行有机物储存的功能，因此也有文献将 ASM3 模型应用于微生物吸收碳源并在细胞内合成 PHA 的过程。Van 于 1997 年发表了第一个专门用于描述微生物在底物充盈-底物匮乏交替环境下的新陈代谢模型，后经研究人员的不断完善，该模型已经可以模拟混合碳源吸收、PHA 合成与降解、生物量在底物充盈和匮乏阶段的变化趋势、细胞的呼吸作用等多种典型过程，成为对微生物代谢定量分析和各组分随时间变化规律预测的主要工具。其中，动力学参数一方面可用于对产 PHA 混合菌群基本性质的定量描述，另一方面可以用于对反应器的运行参数进行优化调控。Reis 课题组从代谢模型的角度，探讨了 VFA 的成分和富集阶段持续时长对微生物 PHA 存储效率的影响，提出代谢通量分析和通量平衡分析方法，结果表明缩短三羧酸循环的通量可以对微生物菌群代谢机制产生较大的影响，并据此实现了 PHA 合成量的最大化。

活性污泥动力学模型中，最有代表性的活性污泥动力学模型是 Enkenfelder、Grau、Lawrence-McCarty 和 Mckinney 模型，它们都源自 Monod 提出的以米-门公式为基础的 Monod 方程，主要包括以下三方面的内容：底物降解动力学，涉及底物降解与底物浓度、生物量等因素的关系；微生物增长动力学，涉及微生物增长与底物浓度、生物量、增长常数等因素之间的关系；底物降解与生物量增长、底物降解与需氧、营养要求等关系。Monod 方程类似于以酶促反应为基础的米-门关系式。在废水处理工程中，目前运用最多的就是 Monod 方程，被广泛用来描述微生物的生长特性，但是它依然是一个对微生物生长过程过分简化的模式，是一个纯经验的表达式，是在单一微生物对单一基质、微生物处于平衡生长状态且无毒性存在的条件下得出的结论。后来的研究人员在针对多基质并存的现象提出了微生物在混合基质条件下生长的综合模型，并根据实际中存在的有毒物质和微生物生长状况受到抑制的情况提出了 Monod 方程的修正式。1970 年，Lawrence-McCarty 以微生物增殖和对有机底物的利用为基础，建立了活性污泥的 Lawrence-McCarty 模型。McCarty 在模型中，对污泥龄这一参数提出了新的概念，即单位质量的微生物在活性污泥系统中的平均停留时间，还提出了“单位底物利用率”这一概念，即单位微生物量的底物利用率为一个常数。该模型就是以生物固体停留时间和比单位底物利用率为基本参数，并以活性污泥生物的增殖方程和底物利用两个基本方程来表达的。Lawrence-McCarty 模型的第一基本方程是在表示微生物净增殖速率与底物被活性污泥微生物利用速率之间的关系的基础上建立的，表示了生物固体停留时间与污泥产率、单位底物利用率以及活性污泥微生物衰减常数（内源代谢自身氧化率）之间的关系；第二个基本方程是在 Monod 方程基础上建立的，认为底物的降解速率等于其被活性污泥微生物利用的速率，所表示的是底物的利用率（降解率）与反应器中微生物浓度及微生物周围有机底物浓度之间的关系。Lawrence-McCarty 关系式的重点在于强调生物固体平均停留时间（污泥龄）对有机物降解的重要性。

在利用活性污泥混合菌群富集并合成 PHA 的过程中，为了对富集与合成过程进行机理研究和精确控制，往往需要运用数学模型手段，通过对污泥指标的监测，实现对污泥状态以及反应器参数的识别和评估，从而实现对混合菌群富集 PHA 过程的模拟和预测，以利于反应器运行工艺优化，提高 PHA 合成产量。基于微生物菌群的数学模型研究，提出了描述微生物合成 PHA 过程的关键性状指标，为利用现代传感器系统实现反应器运行过程的实时监测与自动控制提供了先决条件，进一步可通过自控系统，对活性污泥富集 PHA 工艺进行合理优化。Serafim 等利用 Labview 软件，对 DO 进行在线监测，建立 SBR 反应器的智能补料系统，实现底物匮乏持续时间的稳定，使得污泥在富集阶段达到 65% 的 PHA 含量；Tsuge 等解决了反应器在微生物进行碳源消耗过程中，随着有机酸和氨氮浓度的降低，以及在细胞呼吸作用下产生二氧化碳部分合成碳酸氢盐，导致在反应器运行过程中 pH 值发生不稳定变化的问题。

在现有的活性污泥合成 PHA 模型的基础上，可利用计算机技术进行大量模拟仿真实验，研究混合碳源中各组分对 PHA 合成的影响及底物充盈-匮乏循环过程中的周期、pH 值、温度等参数，并对 PHA 含量的发展规律和敏感性进行分析，这已经成为目前的研究热点之一。尤其近年来产生了更加便携、方便的荧光光谱设备，将实现生物量、微生物 PHA 含量的实时在线监测，为建立 PHA 富集过程全参数化自动控制系统提供了坚实的基础。近年来，随着人工智能领域的迅速发展，以人工神经网络技术与机器学习技术为代表的智能算法，逐渐开始应用于市政与环境工程领域的建模分析、参数优化与模式判断等，如利用神经网络技术建立废水生物处理反应器出水的近红外光谱分析模型。Suraj Sharma 等利用遗传算法开发程序，并与多层人工神经网络进行对比研究，实现对 PHA 合成工业的预测分析。Dias 等以活性污泥混合菌群合成 PHA 过程的混合代谢模型为基础，利用人工神经网络技术，建立混合动态半参数模型，模型的计算精度在实验中得到验证，成为生物控制系统的新方式。

第2章 基于活性污泥定向产酸技术的碳源制备技术

聚羟基脂肪酸酯（Polyhydroxyalkanoates，PHA）是一种性质优良的可生物降解的塑料产品，在自然界中能够被微生物完全降解。目前工业化生产PHA的方式主要是纯菌培养，与传统石油生产的塑料相比生产成本很高，是传统塑料生产价格的8～10倍。所以，PHA生产的高成本问题成为PHA代替传统塑料大规模生产和出售的限制性因素。因此，大范围推广PHA产品使其得到商业化应用的关键在于开发高效能的生产工艺和方式，降低PHA的生产成本。污泥、粗甘油等废弃碳源的资源化利用是目前研究的热点问题，以共发酵方式研究废弃碳源定向产酸，不仅能够实现废弃碳源的资源化利用，对可生物降解塑料PHA的合成也具有重要意义。

2.1 低成本碳源合成PHA研究现状

2.1.1 污泥发酵液合成PHA的应用

PHA是一种在微生物体内形成的线型聚酯，微生物在不平衡的生长条件下，以碳源和能源的形式储存在微生物细胞内储存PHA。当微生物的生长环境中有丰富的碳源，同时缺乏某些必备的营养物质，如氮、磷等物质时，PHA便在微生物体内大量合成。研究表明，以混菌利用废弃碳源（如剩余污泥、餐厨垃圾、城市生活垃圾等废弃物）生产PHA，PHA的生产成本可以降低50%左右。但是将剩余污泥直接用来作为合成PHA的底物基本是不可行的，需要经过厌氧发酵，以产生的富含VFA的发酵液为底物合成PHA，这样既能实现剩余污泥的资源化，又可以得到PHA产物，同时大幅降低PHA的合成成本。

2.1.2 污泥-粗甘油共发酵产酸可行性分析

随着全球经济的增长与人口数量的增加，人们对化石能源的开采与利用程度逐渐加深，而化石能源的有限性与不可再生性已成为全社会担忧的问题。过去的几十年里，作为化石能源的替代物，生物柴油因其环保清洁性、无毒无害性、可再生性能而受到广泛的关注。粗甘油是生产生物柴油的过程中产生的主要副产物，通常条件下，每生产10kg的生物柴油便伴随着1kg粗甘油的生成。从2006年开始，全球粗甘油的年产量迅速增加，直接导致过剩的粗甘油价格大幅度下降。在医药、化妆品、食品加工等许多行业内，常使用精甘油作为生产原料，如果使用粗甘油，必须经过粗甘油的纯化预处理。然而，由于市场中粗甘油过剩，价格大幅度下降，因此纯化后的甘油价格是化工生产精制甘油价格的10倍。由于缺乏经济有效的纯化粗甘油工艺，过剩的粗甘油通常作为废弃物排放而并非作为生物柴油的副产物被利用，这就使得粗甘油的处置成为一个环境问题，对于粗甘油的处置方法也引起了人们的广泛关注。

粗甘油是一种含有机成分非常多的混合物，主要由甘油、乙醇、盐、重金属等成分组成，其中甘油的含量占50%～60%。目前，粗甘油的主要处理方法包括燃烧、共烧、堆肥、饲料、生物转化等方式。为了能够经济有效地利用粗甘油中的有机物成分，许多研究将关注点放在厌氧发酵处理粗甘油方面，因为它是一种易于生物降解的物质，能够为厌氧过程和有各种微生物提供丰富的碳源。然而，由于粗甘油中缺乏厌氧发酵微生物生长所必需的营养物质（如氮），因此将甘油单独进行厌氧消化是不合实际的。目前，大多数研究将甘油与城市生活垃圾、粪便和能源作物、城市污水污泥等有机废物共消化来增加沼气的产气量，以实现资源化生产与利用。另外，粗甘油的高碳含量能够增加共发酵混合物的碳氮比，避免由于过多的氮对产甲烷细菌的功能产生抑制作用，因此，将粗甘油与其他有机废物混合共发酵成为研究的热点。

通常情况下，污水处理厂产生的污泥C/N一般在（6/1）～(7/1)，污泥中氮源含量丰富而碳源含量较低。研究表明，污泥最适发酵C/N在（20/1）～(30/1)。当发酵C/N较低时，厌氧产酸微生物的生长与增殖受到限制，发酵产酸效率较低，因此将污泥与废弃的碳源共发酵成为强化污泥厌氧发酵产酸的重要方式。而粗甘油是一种碳源含量极其丰富的废弃物，且单独发酵时存在氮、磷等多种营养元素的限制，因此将污泥-甘油共发酵，既能够解决污泥厌氧发酵产酸效率低的问题，又可以实现粗甘油的资源化利用。

2.1.3 污泥发酵产酸

目前，关于污泥厌氧发酵产酸的大多数研究，主要关注如何提高VFA总产量，在厌氧发酵过程中，pH值、SRT、C/N、温度以及外源添加物质对厌氧发酵产酸的效果有重要的影响。

(1) pH 值

污泥厌氧发酵过程中的 pH 值是影响产酸效果的一个重要因素。pH 值能够影响厌氧产酸微生物菌群的生命代谢过程，因为不同的 pH 值能够影响微生物细胞内酶的活性，强碱 pH 值条件还能改变细胞膜的通透性。因此，在污泥厌氧发酵产酸的过程中，pH 值是一个不容忽视的因素。Emine Ubay Cokgor 研究了不同 pH 值与温度对污泥厌氧发酵生成产物 VFA 的影响，发现在实验温度 22℃稳定不变时，pH 值在 5.5～7.5 的范围内，随着 pH 值升高，乙酸在 VFA 中的比例下降，相应地丙酸及 C_4～C_5 酸在 VFA 中的比例有所上升。当控制实验温度分别为 10℃、15℃、20℃时，产物 VFA 中乙酸比例从 80%下降到大约 50%，丙酸在 VFA 中比例从 10%提高到 35%左右。Albuquerque 在混合菌群利用发酵糖蜜废水合成 PHA 的研究中，为使合成 PHA 中的单体比例可调控，通过调节产酸反应器（CSTR）的运行 pH 值来控制酸化出水中各种挥发酸组分的比例。研究表明，碱性 pH 值能够促进污泥中有机物质的水解，对于污泥厌氧发酵产酸具有重大影响，碱性条件下污泥厌氧发酵产生的 VFA 能提高 3～4 倍。因此，在发酵过程中保持合适的 pH 值，为实现 VFA 的最大化产量及 VFA 组分的定向产酸提供可能。

(2) SRT

在连续流、半连续流反应器中，SRT 是影响污泥厌氧发酵产酸的重要因素。当厌氧发酵的 SRT 小于 8 天时，系统主要进行污泥的水解与产酸阶段，而延长 SRT 至 20 天左右时，反应器中的 VFA 便容易被产甲烷菌消耗生成甲烷，因此以产酸为目的的污泥厌氧发酵 SRT 一般在 8～10 天。Q. Yuan 使用半连续反应器在室温下研究 SRT 对污泥发酵产酸影响时发现，保持污泥浓度不变时，随着 SRT 从 5 天到 10 天延长，产物 VFA 的总产量以及反应体系的酸化率在 SRT 为 10 天时达到最大，VFA 中乙酸所占比例减少了 17%，丙酸比例基本保持稳定不变，C_4～C_8 脂肪酸在 VFA 中的比例相应升高。因此，在进行连续流产酸实验时，控制反应的 SRT，对实现污泥厌氧发酵定向产酸具有不可忽视的作用。

(3) C/N

Hema Rughoonundun 研究了污泥与甘蔗渣共发酵产酸，通过改变污泥与甘蔗渣不同比例的投加量，反应体系的 C/N 也随之变化。相较于污泥单独发酵而言，VFA 产量最高提升了 1.5 倍，VFA 组分中各酸的比例也随共发酵比例的不同而相应改变，这为强化污泥发酵产酸提供了另一方向。浙江大学的学者在利用餐厨垃圾厌氧发酵产生的挥发酸合成 PHA 过程中，发现餐厨垃圾的成分（%，VS）、有机负荷率与 pH 值均对 VFA 中奇数碳原子与偶数碳原子的酸比例有不同程度的影响，并且比例受 pH 值影响最大。有研究表明，C/N 是影响污泥产酸组分的重要因素，通过调节不同的发酵初始 C/N 能得到不同的厌氧产酸发酵类型。陈银广在研究污泥厌氧发酵时投加大米提高厌氧发酵系统的C/N，发现污泥与大米共发酵具有协同作用，同时投加的碳水化合物提高了发酵体系的C/N，促进污泥发酵过程中蛋白质的水解与转化，产物VFA中丙酸的比例上升，这为实现污泥的定向产酸提供了依据。

(4) 温度

微生物的生长与正常的生理代谢活动需要适宜温度的保证，水解产酸细菌在低温、中温以及高温条件下都能保持很好的活性。Huoqing Ge研究高温-中温预处理对污泥厌氧消化的影响时发现，高温条件主要是通过促进污泥中有机物质的水解提高生物气的产气量，因而可以将高温作为污泥厌氧消化的预处理强化手段。温度不仅影响污泥的水解过程，VFA的产量也与厌氧发酵采取的温度有关。Maharaj在研究污泥与淀粉废水共发酵时发现，相较于中温25℃，低温8～16℃发酵时VFA的产量下降了60%。

(5) 外源强化物质

有研究者利用腐殖质蒽醌-2,6-二磺酸钠（AQDS）提高污泥厌氧产酸能力，研究结果表明，AQDS的投加能够有效促进VFA中乙酸的积累。Su Jiang等研究十二烷基苯磺酸钠（SDBS）对污泥发酵产酸的影响时表明，与污泥空白发酵相对比，投加0.02g SDBS/g TSS后VFA产量提高了近8倍，SDBS主要通过增溶污泥中的有机物质、抑制产甲烷菌的活性来达到提高VFA的目的，生成的VFA中乙酸、丙酸、异戊酸为主要成分。除此以外，投加其他表面活性剂如鼠李糖脂、脂肽、皂素等对VFA产量与组分均有不同程度的影响。污泥厌氧发酵过程中水解是限速步骤，目前，污泥厌氧发酵产酸的相关研究技术日益丰富，并且大多数研究内容都主要集中于研究影响发酵产酸工艺的条件、如何获得最大挥发酸产量、工艺类型以及如何提高污泥发酵产酸效率的途径。然而，尽管强化污泥发酵产酸的技术日益丰富，但重点关注污泥定向产酸，实现总VFA中各种酸比例可以调控的研究少见报道。当前研究污泥厌氧发酵产生的VFA中，乙酸所占的比例最大，丙酸其次，丁酸与戊酸的含量最少。控制产生的VFA中各种酸的比例，对于合成生物塑料PHA有重要意义。

混合菌群在利用污泥发酵液中的VFA合成PHA的过程中，以奇数碳VFA合成聚羟基丁酸酯（PHB），PHB具有热塑性；而偶数碳VFA主要用于合成聚羟基戊酸酯（PHV），PHV在PHA中的含量决定了可生物降解塑料的韧性。PHB与PHV在PHA中的相对比例，取决于合成的可生物降解塑料的用途。比如，当PHA用于生产柔软的塑料袋等制品时，PHV的相对含量要求较高；而当PHA用于生产塑性、硬度较高的产品，如一次性饭盒、塑料水瓶时，则需要PHB的含量较高。因此，PHA中PHB与PHV的相对比例需要根据用途而定，VFA中奇数碳VFA、偶数碳VFA的比例也随之确定。所以本次研究中“定向”的含义并非是确定产某种酸，而是能够控制VFA中奇数碳VFA、偶数碳VFA

的比例在一定范围内可以调控。

2.2　污泥发酵液合成 PHA 工艺原理及试验装置

PHA 的物理性能及用途取决于 PHA 的组成，即 PHA 中 PHB 与 PHV 的比例。PHB 均聚物具有热塑性、耐水性、生物降解性，而 PHV 则决定了 PHA 的弹性与柔韧性。合成 PHA 的混合菌群在摄入 VFA 合成 PHA 的过程中，PHA 的组成与所利用底物中 VFA 的组成有关，偶数碳原子 VFA——乙酸、丁酸主要用于合成 PHB，奇数碳 VFA——丙酸、戊酸主要用于合成 PHV。为控制 PHA 的物理性质，需要调控 PHB 与 PHV 的比例，即调控产生 VFA 中的奇数碳 VFA 与偶数碳 VFA 的比例。因此，在研究污泥厌氧发酵产酸时，不仅要得到较高的 VFA 产率，还要关注所产生的 VFA 中奇数碳 VFA 与偶数碳 VFA 的比例，实现污泥的定向产酸。

2.2.1　污泥厌氧发酵产酸原理

污泥完全厌氧消化的过程主要分为复杂有机化合物的水解、产酸发酵、产氢产乙酸、产甲烷四个阶段，如图 2.1 所示。在第一阶段，污泥中的蛋白质、多糖、脂肪等复杂的非溶解性的有机化合物在胞外水解酶的作用下被分解为氨基酸、单糖、二糖、长链脂肪酸等小分子化合物，通常来讲，这一水解阶段比较缓慢，是污泥厌氧消化的限速步骤。在第二阶段，污泥中的产酸菌群能够利用混合液中的水解产物生长和增殖，同时产生乙醇、乙酸、丙酸等代谢产物。第三阶段，产酸产乙酸菌与同型产乙酸菌将发酵产酸阶段生成的丙酸、丁酸、戊酸等物质转化为乙酸、氢气和二氧化碳，同时合成新的细胞物质。第四阶段

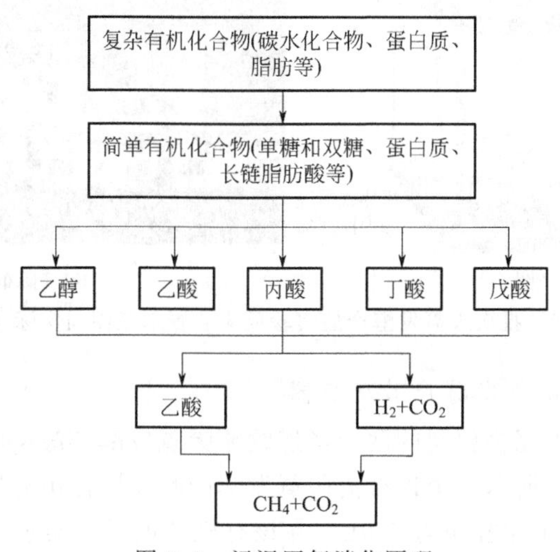

图 2.1　污泥厌氧消化原理

是产甲烷阶段，由专性厌氧的产甲烷细菌将发酵液中的乙酸、氢气和二氧化碳转化为生物气甲烷，这是污泥完全厌氧消化的最终步骤。在以回收利用污泥厌氧发酵的中间产物——挥发性脂肪酸为目的的污泥厌氧发酵过程中，要以挥发酸的最大积累量为出发点，采用强化污泥水解、限制 VFA 消耗生成甲烷的手段来增加 VFA 的产量，这通常是通过控制污泥厌氧发酵过程中的 pH 值、温度、C/N 等条件来实现的。

2.2.2 实验装置

根据实验研究目的，课题研究总体可分为批次厌氧发酵实验和半连续流厌氧产酸实验两个实验阶段，根据不同的实验方案设计，分别采用不同的实验装置。

(1) 批次厌氧发酵产酸反应器

如图 2.2 所示为批次厌氧发酵产酸实验反应装置示意图与实际布置。反应器由有机玻璃制成，总体积 700mL，有效工作容积 500mL。在反应器封盖上留有开孔，分别用于 pH 计探头的插入来测定发酵过程中的 pH 值、集气袋的连接防止密闭反应器中气体压强过大、碱液的人工加入控制反应过程的 pH 值，并留有孔用于批次实验进料与排料。在实验过程中，实验期间将该有机玻璃反应器密封后放入一集热式恒温磁力搅拌器中，水浴保证厌氧发酵过程中的温度稳定在 (35±1)℃，使用磁力搅拌来确保反应器中的工作液处于完全混合的状态。

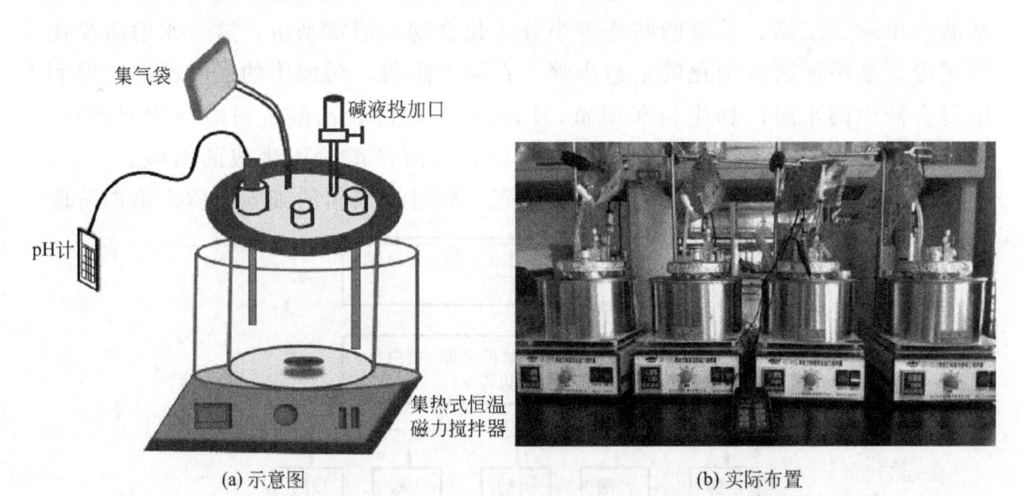

图 2.2 批次厌氧发酵产酸实验反应装置示意图与实际布置

(2) 半连续流厌氧发酵产酸反应器

本次研究建立了完全相同的两套半连续流厌氧发酵产酸反应器，其示意图与装置布置，如图 2.3 所示。半连续流厌氧发酵产酸反应器由有机玻璃制成，其总体积为 5.5L，有效工作容积为 5.0L。在该有机玻璃反应器表面包裹一层硅胶材质的带有温控仪的电热加热带，控制反应器中的混合液温度在（35±1）℃。半连续流厌氧发酵产酸装置配备 pH 自控仪，发酵过程中由于挥发性脂肪酸的生成带来反应器中混合液 pH 值的下降，由 pH 自控仪与加碱泵连接，自动向反应器中投加 3mol/L 的 NaOH 碱液以保证实验时该反应器中的 pH 值恒定。在反应器运行中，采用蠕动泵实现自动进料和排料。反应器封盖中心与搅拌桨连接处设置水封，以隔绝外界空气，保证反应器中的厌氧环境。在半连续流反应器上连接集气袋，一方面用于收集反应器运行中产生的少量气体；另一方面用于平衡反应器中的气体压力，以防进料时带来的气压过大导致反应器爆裂，或排料时带来的气压过小以致水封处清水倒吸漏气。

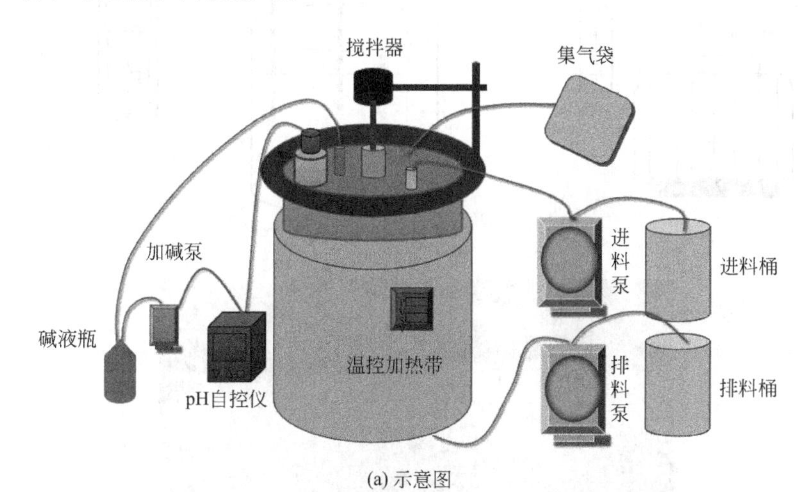

(a) 示意图

(b) 实际布置

图 2.3　半连续流厌氧发酵产酸实验装置示意图与实际布置

(3) 污泥发酵液合成 PHA 反应器

利用污泥发酵液合成 PHA 实验采用批次实验的形式，其实验装置示意图与实际布置如图 2.4 所示。以两个 500mL 的玻璃烧杯为合成 PHA 批次实验的反应器，反应器放在磁力搅拌器上，通过磁力搅拌保证合成 PHA 过程中混合液混合均匀。通过曝气泵向反应器中提供溶解氧，并利用溶解氧仪与 pH 计人工检测合成 PHA 过程中反应器中的 DO 与 pH 值变化。

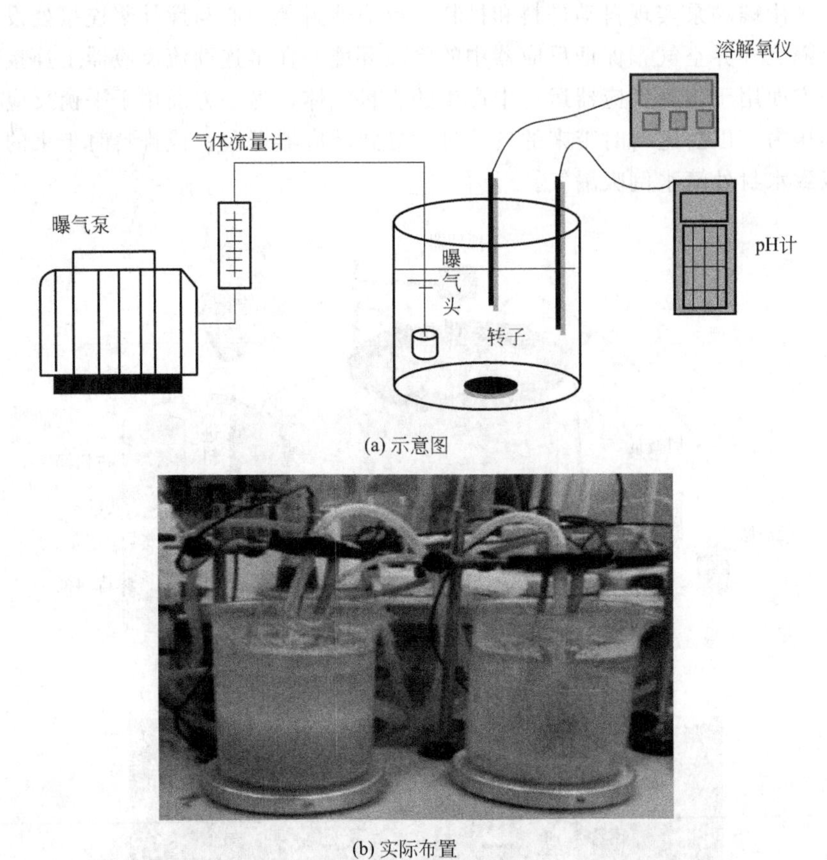

(a) 示意图

(b) 实际布置

图 2.4 PHA 合成实验反应器示意图与实际布置

① 污泥-甘油共发酵实验设计。本实验以污泥单独发酵为空白对照，研究不同污泥-甘油共发酵比例（以发酵 C/N 表示）对 VFA 产量及 VFA 组分的影响。污泥-甘油共发酵实验使用的反应器如图 2.2 所示（本次研究以精制甘油模拟粗甘油与污泥进行共发酵）。在三个有机玻璃反应器中分别加入 500mL 的剩余污泥，分别编号 1～3，其中 1 号反应器作为污泥厌氧发酵空白对照，然后投加不同量的甘油控制污泥-甘油共发酵的比例，以 C/N 表示最终的共发酵比例结果，2 号、3 号反应器的发酵 C/N 分别为 10/1、20/1，实验所用污泥取自哈尔滨某污水处理厂的二沉池剩余污泥，表 2.1 为实验中污泥的初始特征，表 2.2 为污泥-甘油共发酵的实验设计数据。

表 2.1 实验中污泥的初始特征

项目名称	单位	数值
SCOD	mg/L	490.96±38.42
TSS	mg/L	15011.76±130.96
VSS	mg/L	7979.01±149.28
溶解性多糖	mg/L	48.55±1.36
溶解性蛋白质	mg/L	172.61±9.35
NH_4^+-N	mg/L	30.75±1.47
VFA	mg COD/L	95.92±18.71
初始 C/N	—	6.36

表 2.2 污泥-甘油共发酵的实验设计数据

项目	1号反应器	2号反应器	3号反应器
C/N	6.36/1	10/1	20/1
污泥投加量/mL	500	500	500
甘油投加量/g	0	2.95	10.33

在每个反应器进料完成后，向反应器中通入 N_2 约 3min 以排出空气，保证厌氧发酵过程反应器中的厌氧环境。将反应器密封、遮光后放入集热式恒温磁力搅拌器的水浴锅内，在 35℃下搅拌均匀进行厌氧发酵 11 天，每天取样 10mL，在 10000r/min 下离心 15min，上清液用来测定 SCOD、VFA、氨氮、溶解性蛋白质等指标，底部污泥用于微生物群落结构 T-RFLP 分析。实验过程中用 pH 计测量反应器中的 pH 值，根据每个反应器中 pH 值的下降情况，用人工投加 3mol/L NaOH 溶液的方式调节 pH 值，控制反应器中的 pH 值稳定在 9.0±0.3。实验过程中，所用污泥的初始性质如表 2.1 所示。

② 污泥-甘油/污泥-淀粉共发酵实验设计。本实验在前期研究污泥-甘油共发酵的基础上，考察其他类型的废弃碳源与污泥共发酵是否均有产酸调控的效果，因此选取常见的废弃碳源-淀粉废水与污泥共发酵。污泥-甘油/污泥-淀粉共发酵实验的反应器装置如图 2.2 所示（以市售精制淀粉模拟淀粉废水）。在三个有机玻璃反应器中分别加入 500mL 的剩余污泥，分别编号 4～6，其中 4 号反应器作为污泥厌氧发酵空白对照，然后分别在 5 号、6 号反应器中投加甘油、淀粉，使得两个反应器中污泥-甘油共发酵比例、污泥-淀粉共发酵比例相同，最终比例结果以发酵 C/N 表示，则 5 号、6 号两个反应器的发酵 C/N 均为 20/1。进料完成后各个反应器的后续操作与污泥-甘油共发酵实验相同。污泥-甘油/污泥-淀粉共发酵实验所用污泥的初始特征如表 2.3 所示，实验所用甘油、淀粉设计数据如表 2.4 所示。

表 2.3 污泥-甘油/污泥-淀粉共发酵实验所用污泥的初始特征

项目名称	单位	数值
SCOD	mg/L	340.40±5.9
TSS	mg/L	15105.67±220.39
VSS	mg/L	7488.57±48.10
溶解性多糖	mg/L	29.51±3.22
溶解性蛋白质	mg/L	154.26±20.36
NH_4^+-N	mg/L	17.73±1.51
VFA	mg COD/L	136.06±21.55
初始 C/N	—	6.83

表 2.4 实验所用甘油、淀粉设计数据

项目	4 号反应器	5 号反应器	6 号反应器
C/N	6.83/1	20/1	20/1
污泥投加量/mL	500	500	500
甘油投加量/g	0	12.41	0
淀粉投加量/g	0	0	12.15

③ β-环糊精强化污泥产酸实验设计。β-环糊精是一种能够促进污泥水解的表面活性剂，针对污泥水解不充分的限制性问题，本研究采用投加 β-环糊精促进污泥中有机物质的水解与转化。投加 β-环糊精强化污泥厌氧发酵产酸的实验装置仍如图 2.2 所示。在四个有机玻璃反应器中分别加入 500mL 的剩余污泥，编号 7～10，其中 7 号反应器作为污泥厌氧发酵空白对照组，然后根据实验所用污泥的初始性质，按照污泥的 TSS 投加 β-环糊精的用量，8～10 三个反应器中 β-环糊精的投加量分别为 0.1g/g TSS、0.2g/g TSS、0.3g/g TSS。进料完成后，各个反应器的后续操作同污泥-甘油共发酵实验。投加 β-环糊精强化污泥发酵产酸实验所用污泥的初始特征如表 2.5 所示。

表 2.5 投加 β-环糊精强化污泥发酵产酸实验所用污泥的初始特征

项目名称	单位	数值
SCOD	mg/L	280.00±12.58
TSS	mg/L	11552.4±65.45
VSS	mg/L	7175.20±28.66
溶解性多糖	mg/L	14.47±1.06
溶解性蛋白质	mg/L	45.95±5.76
NH_4^+-N	mg/L	41.17±7.79
VFA	mg/L	157.02±20.09
初始 C/N	—	6.82

④ 响应曲面批次实验优化产酸工艺条件实验设计。本课题在研究污泥-甘油共发酵、投加β-环糊精强化污泥水解发酵的基础上，以碱性 pH 值、β-环糊精投加量与共发酵比例（以发酵 C/N 表示）三因素为变量，以响应曲面的设计实验思路，研究不同组合的污泥-甘油共发酵定向产酸效果。实验所用污泥取自哈尔滨某污水处理厂二沉池污泥，重力浓缩 3h 后，将污泥分装存入冰箱冰冻，接种污泥取自本课题组的一个稳定运行超过 100 天的污泥厌氧消化反应器。实验装置如图 2.2 所示，进料、取样等操作同污泥-甘油共发酵实验。实验中使用软件 Design-Expert 8.0.6 进行三因素五水平的中心复合响应曲面设计，在中温 35℃条件下厌氧发酵，以奇数碳 VFA 在总 VFA 中比例为响应值，研究定向产酸的实现条件。响应曲面实验所用污泥的初始特征如表 2.6 所示，响应曲面因素与变化水平表、实际实验设计分别如表 2.7 和表 2.8 所示。

表 2.6　响应曲面实验所用污泥的初始特征

项目名称	单位	数值
SCOD	mg/L	1123.39±44.18
TSS	mg/L	20532.46±795.80
VSS	mg/L	12806.30±336.70
溶解性多糖	mg/L	52.37±3.91
溶解性蛋白质	mg/L	89.07±11.32
NH_4^+-N	mg/L	105.41±16.98
VFA	mg COD/L	330.35±31.06
初始 C/N	—	6.83

表 2.7　响应曲面因素与变化水平

因素	名称	变化水平		
		−1	0	1
A	pH 值	8.0	9.0	10.0
B	β-环糊精/(g/g TSS)	0.10	0.20	0.30
C	C/N	10	15	20

表 2.8　实际实验设计

序号	水平代码			实际水平		
	A	B	C	pH	β-环糊精投加量/(g/g TSS)	共发酵比例(C/N)
1	−1	1	1	8.0	0.30	20
2	0	0	0	9.0	0.20	15
3	1.682	0	0	10.68	0.20	15
4	0	0	0	9.0	0.20	15

续表

序号	水平代码			实际水平		
	A	B	C	pH	β-环糊精投加量/(g/g TSS)	共发酵比例(C/N)
5	0	0	0	9.0	0.20	15
6	0	0	1.682	9.0	0.20	23.41
7	−1	−1	1	8.0	0.10	20
8	−1	−1	−1	8.0	0.10	10
9	−1.682	0	0	7.32	0.20	15
10	0	0	0	9.0	0.20	15
11	0	1.682	0	9.0	0.37	15
12	0	−1.682	0	9.0	0.03	15
13	1	1	−1	10.0	0.30	10
14	0	0	−1.682	9.0	0.20	6.59
15	−1	1	−1	8.0	0.30	10
16	1	−1	1	10.0	0.10	20
17	1	−1	−1	10.0	0.10	10
18	1	1	1	10.0	0.30	20
19	0	0	0	9.0	0.20	15
20	0	0	0	9.0	0.20	15

⑤ 半连续实验设计。当发酵产酸 VFA 中奇数碳 VFA 比例大于 50%时，该发酵为奇数碳 VFA 型发酵；当偶数碳 VFA 比例大于 50%时，称其为偶数碳 VFA 型发酵。利用前期响应曲面实验结果，选取 pH 值、β-环糊精投加量、C/N 三因素联合作用的三种不同工况，工况一（奇数碳 VFA 型发酵）、工况二（偶数碳 VFA 型发酵）、工况三（偶数碳 VFA 型发酵），奇数碳 VFA 的比例在三种工况下的预测值分别为 57.6%、39.18%、31.71%。在三种工况条件下运行半连续流反应器，进行不同奇数碳 VFA 比例的半连续流污泥定向产酸实验。反应器运行工艺如图 2.3 所示，1# 反应器以工况一条件下启动并稳定运行，2# 反应器在工况二条件下启动，当稳定运行后运行条件改为工况三，以研究是否能够实现不同奇数碳 VFA 比例发酵的转换。半连续流发酵产酸实验所用污泥的初始特征如表 2.9 所示。

表 2.9 半连续流发酵产酸实验所用污泥的初始特征

项目名称	单位	数值
SCOD	mg/L	368.27±21.09
TSS	mg/L	11202.26±173.78
VSS	mg/L	6840.26±107.41

续表

项目名称	单位	数值
溶解性多糖	mg/L	16.32±2.01
溶解性蛋白质	mg/L	20.13±3.86
NH_4^+-N	mg/L	65.39±5.77
VFA	mg COD/L	153.10±13.88
初始 C/N	—	6.80

2.2.3 PHA合成工艺设计

合成PHA的反应装置如图2.4所示。PHA混合菌群来源于本课题组内的一个驯化后稳定运行超过100天的产PHA混合菌群驯化反应器，相关驯化参数如表2.10所示。在两个合成PHA的玻璃烧杯反应器中，均接种200mL同样的产PHA混合菌群污泥，分别标号$1^{\#}$、$2^{\#}$。合成PHA采用好氧瞬时供料(Aerobic Dynamic Feeding，ADF)工艺，运行分为进水、曝气、沉淀、排水四个阶段。每次进水200mL，与200mL的接种污泥一起构成400mL的产PHA体系，曝气阶段调节流量计使两个反应器的曝气量保持一致，实时监测两个反应器中pH值、DO。反应器共运行6个周期，每个周期沿程从混合液中取样，离心后上清液用以测定COD、VFA、氨氮指标，底部污泥用于PHA的测定。

表2.10 PHA混合菌群驯化反应器驯化参数

参数	单位	数值
碳源组分(VFA∶蛋白质∶多糖)	SCOD计	70∶20∶10
VFA组分(乙酸∶丙酸∶丁酸∶戊酸)	Mole计	20∶60∶10∶10
进水底物浓度	mg COD/L	1600
SCOD∶NH_4^+-N∶TP	质量比	100∶6∶1.5
SRT	天	10
HRT	天	1
周期	h	12

2.3 参数计算方法

2.3.1 VFA总产率

VFA总产率是指产生的VFA总量与厌氧发酵体系中有机物的比值，用以下公式计算。

污泥单独发酵时（单位：mg COD/g VSS）

$$\text{VFA 总产率} = \frac{\text{VFA 总量(mg COD/L)}}{\text{污泥 VSS(g/L)}} \tag{2.1}$$

污泥-甘油共发酵时，由于实验所用甘油为纯有机物质，相当于同等质量的VSS，因此 VFA 总产率见式(2.2)，单位为 mg COD/g VSS。

$$\text{VFA 总产率} = \frac{\text{VFA 总量(mg COD/L)}}{\text{污泥 VSS(g/L)} + \text{甘油投加量(g/L)}} \tag{2.2}$$

污泥-淀粉共发酵时，实验所用淀粉均为 VSS，因此用式(2.3) 计算，单位：mg COD/g VSS。

$$\text{VFA 总产率} = \frac{\text{VFA 总量(mg COD/L)}}{\text{污泥 VSS(g/L)} + \text{淀粉投加量(g/L)}} \tag{2.3}$$

2.3.2 发酵液酸化率

由于在利用污泥发酵液合成 PHA 的过程中，发酵液中存在的某些杂质会影响混合菌群合成 PHA 的能力，因此将污泥发酵液经过膜组件的过滤。发酵液的酸化率则是指将发酵液上清液通过 0.45μm 过滤器过滤后，溶液中 VFA 总量与可溶性有机物的比值，单位为%。

$$\text{发酵液酸化率} = \frac{\text{VFA 总量(mg COD/L)}}{\text{发酵液 SCOD(mg/L)}} \times 100\% \tag{2.4}$$

2.3.3 PHA 产率

PHA 产率代表微生物利用污泥发酵液合成 PHA 的能力，单位为%。

$$\text{PHA 产率} = \frac{\text{PHA 产量(mg/L)}}{\text{混合液 TSS(mg/L)}} \times 100\% \tag{2.5}$$

2.3.4 PHB、PHV 相对含量

PHB、PHV 相对含量即 PHB、PHV 单体在 PHA 总量中的质量分数，反映了 PHA 的构成，单位为%。

$$\text{PHB/PHV 相对含量} = \frac{\text{PHB/PHV 产量(mg/L)}}{\text{PHA 产量(mg/L)}} \times 100\% \tag{2.6}$$

2.4 废弃碳源共发酵产酸效率与底物降解规律分析

2.4.1 污泥-甘油共发酵的产酸效果

如图 2.5 所示为污泥-甘油共发酵 VFA 总产率变化规律。由图 2.5 可以看出，在 11 天的发酵时间内，随着发酵时间的变化，各个反应器中 VFA 总产率均呈现出先增加，然后逐渐稳定的趋势。污泥空白对照实验组的反应器内产生的

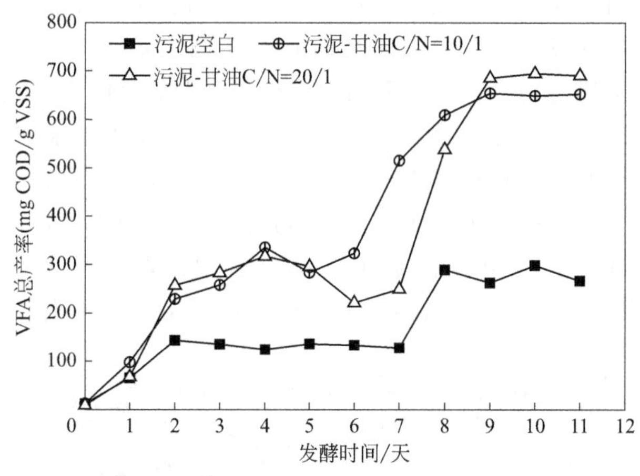

图 2.5　污泥-甘油共发酵 VFA 总产率变化规律

VFA 总产率在发酵第 10 天时达到最大为 298.14mg COD/g VSS。污泥-甘油共发酵 C/N 为 10/1 的反应器中，在初期发酵 0～6 天内，反应器中的 VFA 总产率缓慢增加到 283.42mg COD/g VSS，从发酵第 7 天开始 VFA 产量大幅度上升，在第 9 天达到 VFA 总产率最大为 654.08mg COD/g VSS，是同期污泥单独发酵空白对照实验的 2.49 倍。污泥-甘油共发酵 C/N 为 20/1 的反应器 VFA 总产率与污泥空白反应器有相似的变化规律，在发酵前 7 天内 VFA 总产率缓慢增加，在第 8 天时有明显的突越上升并在发酵第 10 天达到最大为 694.87mg COD/g VSS，是同期污泥单独发酵的 2.33 倍。

产生突越现象的原因可能是因为在发酵前期，VFA 的产生主要来源于原有产酸微生物菌群的代谢活动，原有的产酸微生物利用反应器中的甘油、溶解性蛋白质、溶解性多糖等有机物进行生长增殖和生理代谢并产生 VFA。随着发酵时间的延长，污泥-甘油共发酵的反应器中，产酸菌群在充分碳源及适合其生长的 C/N 条件下大量增殖，并适应反应器中现有的环境条件，因此发酵末期污泥-甘油共发酵反应器中的产酸菌群微生物数量庞大，出现 VFA 总产率大幅度提升的现象。

冯雷宇在研究污泥与大米共发酵产酸时，利用大米将共发酵体系的发酵 C/N 调节在 20/1，分别在 pH 值为 4.0～11.0 时研究共发酵的产酸效果。当 pH＝9.0 时，其 VFA 总产率为 500mg COD/g VSS 左右。本研究将污泥-甘油共发酵，同样在发酵 C/N 为 20/1、pH＝9.0 条件下，VFA 总产率最大为 694.87mg COD/g VSS，总产率提高了将近 200mg COD/g VSS，这可能是由于冯雷宇在研究时采用 20～22℃低温发酵，而本研究是在中温 35℃条件下发酵引起的，且研究表明较高的发酵温度能够提高 VFA 产量。

不同比例的污泥-甘油共发酵实验中污泥发酵液酸化率的变化如图 2.6 所示。

数据显示污泥空白反应器中，酸化率在发酵第2天时出现峰点50.17%，2天后酸化率逐渐下降，在发酵第8天时则突越上升到73.19%，8天以后污泥空白反应器中的酸率基本保持稳定。酸化率出现这种变化趋势是因为在发酵前2天，污泥单独发酵反应器中的污泥水解不充分，SCOD比较低，而VFA则是此时SCOD的主要贡献者，因此发酵初期污泥单独发酵反应器中的酸化率较高。随着厌氧发酵的进行，污泥中的蛋白质、多糖等有机物质不断水解，发酵液中SCOD增加，因此酸化率下降，到发酵后期，反应器中产酸菌群的生长达到饱和，VFA又开始累积，因此酸化率有所上升并最终稳定在75%左右。

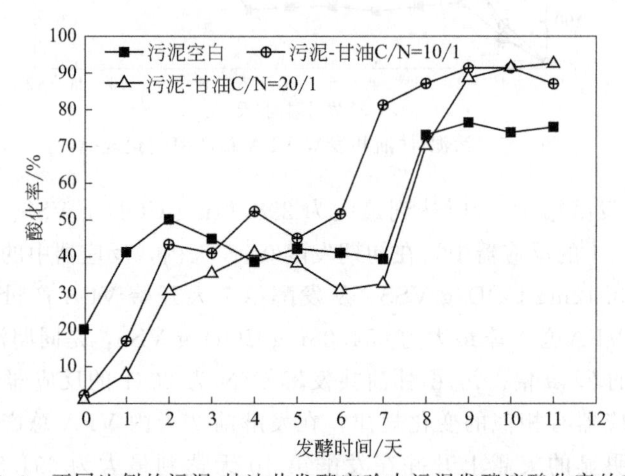

图2.6 不同比例的污泥-甘油共发酵实验中污泥发酵液酸化率的变化

与污泥空白反应器不同的是，污泥-甘油共发酵C/N分别为10/1、20/1的两个反应器在发酵初期的酸化率很低，主要是由于此时反应器中VFA量很少，而甘油是反应器中SCOD的主要贡献者，在整个发酵过程中SCOD基本保持不变，因此污泥-甘油共发酵的两个反应器中酸化率随VFA产量的增加而不断上升，在发酵末期，产酸菌群达到一定的生物量，VFA大量积累，污泥-甘油共发酵C/N分别为10/1、20/1的两个反应器分别在发酵第10天、第11天的时候达到最大的酸化率91.43%、92.59%。综上所述，与污泥单独发酵相比，污泥-甘油共发酵的VFA总产率有大幅度提升，且在最终的发酵液中VFA占SCOD的90%左右，更有利于后续利用发酵液进行PHA的合成。

2.4.2 污泥-甘油/污泥-淀粉共发酵的产酸效果

在研究污泥-甘油共发酵的基础上，笔者开展了污泥-甘油/污泥-淀粉共发酵的对比研究，旨在考察不同废弃碳源与污泥共发酵是否均有增强VFA总产率及调控发酵液中奇数碳VFA与偶数碳VFA比例的作用。如图2.7所示为污泥-甘油/污泥-淀粉共发酵实验VFA总产率的变化。在11天的发酵时间内，污泥空白

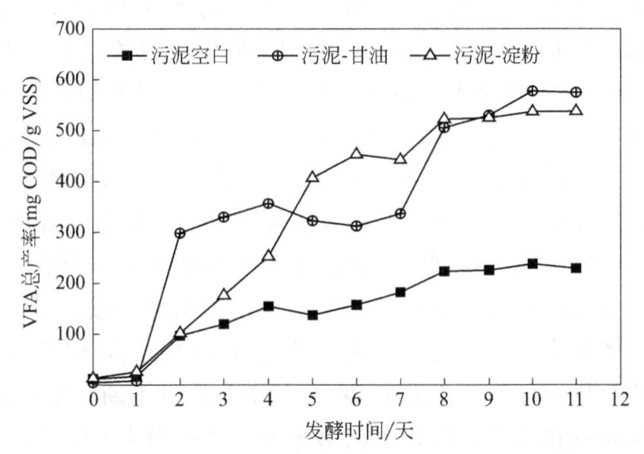

图 2.7 污泥-甘油/污泥-淀粉共发酵实验 VFA 总产率的变化

发酵反应器中 VFA 总量随着发酵反应的进行而逐渐增加，发酵 8 天以后 VFA 总量达到稳定，在发酵第 11 天时，污泥空白反应器中的 VFA 总产率为 228.98mg COD/g VSS。在污泥-甘油共发酵反应器中，VFA 总产率的变化规律与前期污泥-甘油共发酵实验的变化规律相似，在发酵 2 天后，污泥-甘油共发酵反应器中的 VFA 总产率突越到 298.23mg COD/g VSS，在接下来发酵的第 2～7 天，反应器中的 VFA 总产率相对稳定，在发酵第 8 天时，反应器中的 VFA 总产率出现第 2 次突越，在发酵第 10～11 天时 VFA 总产率基本稳定，发酵结束时，污泥-甘油共发酵反应器中的 VFA 总产量为 574.42mg COD/g VSS。在发酵的第 1～7 天，反应器中的 VFA 主要来源于反应器中既存产酸微生物的代谢活动，而在发酵末期，产酸菌群经过生长与大量增殖，反应器中非产酸微生物数量大幅度增加，产酸菌群表现活跃，因而出现发酵后期 VFA 总产率大幅度升高的现象。

而对于污泥-淀粉共发酵而言，反应器中 VFA 总产率表现出持续稳定增长的趋势，并在发酵 8 天后达到稳定，在第 11 天发酵反应结束时，污泥-淀粉共发酵反应器中的 VFA 总产率达到 537.63mg COD/g VSS。污泥-淀粉共发酵反应器中的 VFA 总产率出现与污泥-甘油共发酵不同的持续增长的现象，主要是由淀粉本身决定的。因为甘油是水溶性很好的碳源物质，能够溶解在混合液中，随时被产酸微生物利用。而相较于甘油而言，淀粉的可溶性较差，部分淀粉吸附在污泥的表面，需要进行脱附才能溶解于混合液中，而溶解于混合液中的部分淀粉也不能直接被产酸菌群利用，淀粉这种大分子物质需要通过水解成单糖才能被产酸生物菌群消耗，因此在污泥-淀粉共发酵实验中，淀粉持续进行脱附、溶解、水解为单糖的过程，因此 VFA 的总量是持续稳定的上升趋势，并非像污泥-甘油共发酵一样出现 VFA 总产率的突越。

污泥-甘油/污泥-淀粉共发酵实验，在发酵 11 天的过程中测得的发酵液酸化率的变化，如图 2.8 所示。由图 2.8 可以看出，污泥-甘油共发酵反应器中的有机物质转化率随发酵时间呈现出先增加而后逐渐稳定的趋势，其变化规律与 VFA 总产率相似，这主要是由于该反应器中的 SCOD 基本稳定，转化率随 VFA 总量的变化而改变，在发酵第 11 天时污泥-甘油共发酵的酸化率达到 85.06%。不同的是，污泥空白反应器、污泥-淀粉共发酵反应器中的发酵液酸化率呈现出锯齿形逐渐上升的变化趋势。污泥空白反应器中的复杂的非溶解性有机物在厌氧条件下不断水解，同时微生物利用水解液中的溶解性有机物合成 VFA，当 VFA 的合成速率大于污泥的水解速率时，转化率变化图出现高点；当 VFA 的合成速率小于污泥的水解速率时，转化率变化图呈现相应的低点，随着污泥水解程度的加深，污泥中的有机物溶出状态达到极限，VFA 总量不断增加，因而转化率呈现出上升的锯齿状变化规律，酸化率在第 8 天时达到最大 91.07%，在发酵结束第 11 天时因反应器中 SCOD 的增加，酸化率下降到 64.3%。

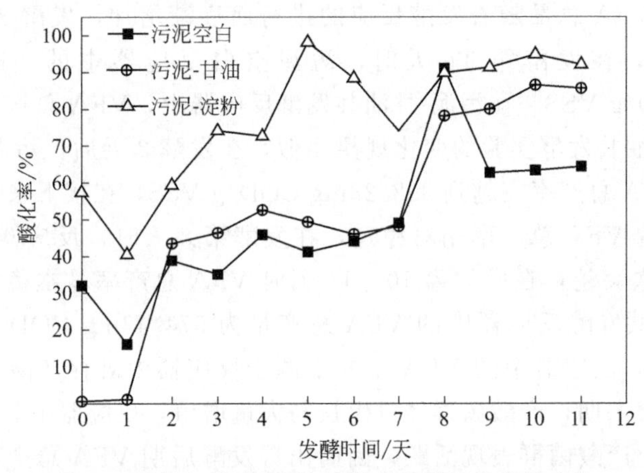

图 2.8　污泥-甘油/污泥-淀粉共发酵酸化率的变化

对于污泥-淀粉共发酵反应器而言，反应器中的淀粉，一部分溶解在液体中，一部分吸附在固体污泥表面。随着微生物的产酸作用，溶解态淀粉不断进行水解并有所消耗，而吸附在污泥表面的淀粉也相应溶解。当 VFA 的生成速率较大而淀粉的溶解速率较小时，反应器中的酸化率出现峰值点；当 VFA 的生成速率较小而淀粉的溶解速率较大时，反应器中的酸化率出现低谷点。因此，随着 VFA 的生成与反应器中的 SCOD 不断增加，污泥-淀粉共发酵反应器中的酸化率也同样表现出逐渐上升的锯齿状，在第 5 天时发酵液酸化率最大达 98.18%，而在发酵第 11 天时酸化率为 92.08%。总体而言，三个反应器的发酵液酸化率均呈现出先增加而后稳定的趋势，并且污泥-甘油共发酵、污泥-淀粉共发酵均可以提高污泥厌氧发酵产酸的酸化率。

从污泥-甘油/污泥-淀粉共发酵实验的 VFA 总产率变化图与发酵液酸化率变化图可知，污泥单独进行厌氧发酵时，VFA 总产率与发酵液酸化率较低。而当污泥与另外一种其他碳源丰富的物质共发酵时，整个发酵体系的 VFA 总产率与酸化率大幅度提升。因此，可以将共发酵作为提高 VFA 总产率与酸化率的重要方式。

2.4.3 β-环糊精对污泥厌氧发酵产酸效果的影响

针对污泥厌氧发酵水解不充分的限制性问题，本研究采用 β-环糊精强化污泥水解作用，研究不同 β-环糊精投加量对剩余污泥单独发酵时产酸效果的影响。如图 2.9 所示为投加 β-环糊精实验污泥发酵产酸 VFA 总产率的变化。由图 2.9 可以看出，当在污泥厌氧发酵过程中投加 β-环糊精时，厌氧发酵产生的 VFA 总产率有所增加，且随着 β-环糊精投加量的升高，VFA 总产率的增加幅度也逐渐加大。发酵结束时，污泥空白发酵实验组 VFA 总产率为 265.22mg COD/g VSS，β-环糊精投加量分别为 0.1g/g TSS、0.2g/g TSS、0.3g/g TSS 三个反应器中 VFA 的总产率分别为 306.44mg COD/g VSS、446.04g COD/g VSS、541.7mg COD/g VSS，分别是污泥空白发酵实验组的 1.16 倍、1.68 倍、2.04 倍。

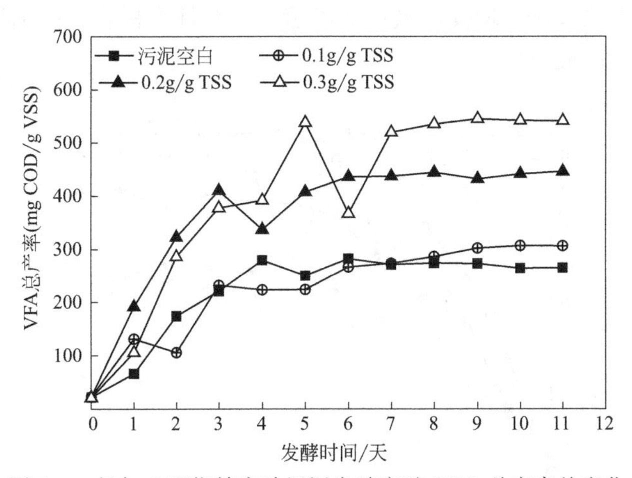

图 2.9　投加 β-环糊精实验污泥发酵产酸 VFA 总产率的变化

杨雪对投加 β-环糊精促进 VFA 总产率增加的原因加以研究，表明 β-环糊精对污泥产酸的强化作用是由其特殊的分子式结构决定的。β-环糊精是由 7 个葡萄糖分子连接成的环状结构化合物，主体构型像个中间有空洞、两端不封闭的筒，利用其特殊的筒状结构，β-环糊精可与许多无机、有机分子结合成主客体包合物，具有增溶客体分子和选择性定向分子的特性。在污泥中投加 β-环糊精后，β-环糊精能够与细胞膜上的磷脂相互作用形成包合物，破坏细菌细胞膜结构，促使细胞内含物的释放与水解，更有利于反应器中的产酸微生物对可溶性有机物的利用和转化，因此投加 β-环糊精后 VFA 总产率大幅度增加。

如图 2.10 所示是投加 β-环糊精实验污泥发酵产酸酸化率的变化规律。在污泥空白发酵对照实验组中，发酵液酸化率在发酵 4 天后基本达到稳定状态，在发酵第 11 天结束时，污泥空白发酵的酸化率为 57.85%。对于 β-环糊精投加量为 0.1g/g TSS 的反应器而言，投加少量的 β-环糊精后，污泥发酵产酸的酸化率在发酵的 0～9 天反而较污泥空白对照组稍低，这可能是由于 β-环糊精的投加，引起反应器中的可溶性有机物含量增加，SCOD 升高，而因为此时 β-环糊精投加量较少，对促进污泥水解强化产酸的作用并不明显，VFA 总量并未大幅度增加，因此表现出反应器中酸化率低于污泥空白发酵产酸反应器。在发酵第 10～11 天时，随着 VFA 总量的增加，反应器中酸化率也有所提高，最后与污泥空白发酵的酸化率持平，达到 57.96%。当 β-环糊精的投加量增加时，0.2g/g TSS、0.3g/g TSS 两个反应器中的酸化率大量增加，这是由于投加 β-环糊精对污泥中有机物质的水解和释放作用明显，微生物对有机物的转化和消耗增加，VFA 总产量大幅度提升，在发酵第 11 天时，投加量 0.2g/g TSS、0.3g/g TSS 的两个反应器中酸化率分别达到 80.33%、90.16%，相较于污泥空白发酵反应器而言，两个反应器中的酸化率分别提高了 22.48%、32.31%。因此，投加 β-环糊精能够促进污泥的水解效能，增强厌氧产酸细菌对溶解性有机物质的利用，从而强化污泥的厌氧发酵产酸效率。

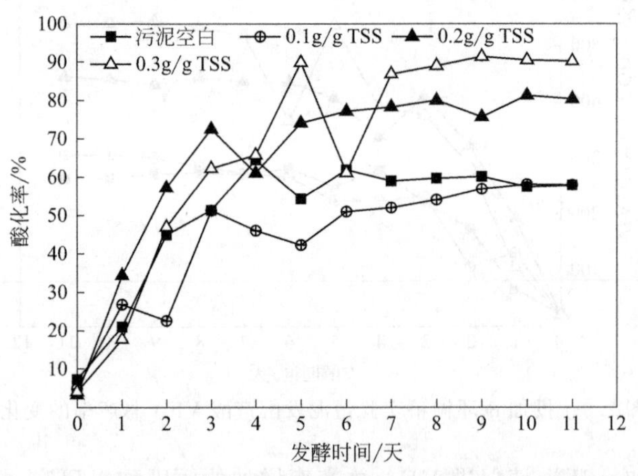

图 2.10 投加 β-环糊精实验污泥发酵产酸酸化率的变化规律

2.4.4 溶解性蛋白质变化规律

蛋白质是污泥中主要的有机物质，研究污泥厌氧发酵过程中溶解性蛋白质含量的变化，一定程度上可以分析污泥中有机物质转化为 VFA 的程度。污泥-甘油共发酵溶解性蛋白质的变化规律如图 2.11 所示。图 2.11 中溶解性蛋白质变化规律显示，污泥空白反应器中的溶解性蛋白质含量在发酵 0～2 天时有显著突越，发酵 2 天后反应器中溶解性蛋白质浓度由发酵前的 174.37mg/L 增加至 403.08mg/L，3 天以后反应器中的溶解性蛋白质含量变化趋于稳定，发酵第 10 天时溶解性蛋白质浓度达到最大 466.49mg/L，因此污泥单独发酵的前 2 天是污泥中蛋白质的主要溶出阶段。污泥-甘油共发酵 C/N 为 10/1 的反应器中溶解性蛋白质的浓度在发酵第 6 天时达到最大 473.08mg/L，在发酵第 11 天时，溶解性蛋白质浓度降低到 408.31mg/L。污泥-甘油共发酵 C/N 为 20/1 的反应器中的溶解性蛋白质的浓度起伏变化最大，在发酵第 2 天、第 5 天、第 9 天时溶解性蛋白质浓度分别出现 393.66mg/L、465.16mg/L、443.84mg/L 的峰值点，而在发酵末期第 11 天时，反应器中的溶解性蛋白质的浓度下降到 303.44mg/L。在两个污泥-甘油共发酵反应器中，溶解性蛋白质的浓度起伏变化，这可能是由于甘油的投加，反应器中产酸微生物活性较强，因此对溶解性蛋白质的利用和转化程度较高，蛋白质的溶解与消耗速率不同而导致溶解性蛋白质含量的起伏变化。因此与污泥单独发酵相比，污泥-甘油共发酵有助于污泥中的溶解性蛋白质向 VFA 转化。

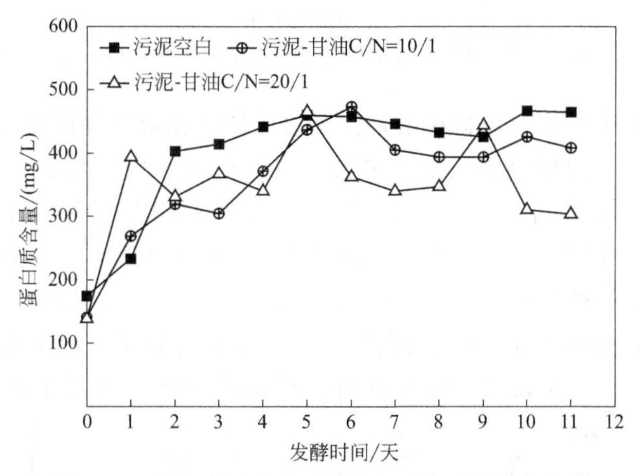

图 2.11　污泥-甘油共发酵溶解性蛋白质的变化规律

如图 2.12 所示为污泥-甘油/污泥-淀粉共发酵实验中溶解性蛋白质的变化规律。污泥空白反应器中的溶解性蛋白质在发酵开始的 0～3 天内由发酵前的 154.26mg/L 迅速上升至 500.02mg/L，3 天以后溶解性蛋白质的含量基本稳定在 500mg/L 左右。而污泥-甘油共发酵、污泥-淀粉共发酵的两个反应器中，溶解性蛋白质均在发酵 1 天后分别急剧上升到 443.66mg/L、468.56mg/L，1 天以后溶解性蛋白质含量下降，在整个发酵周期的 11 天内，呈现出起伏变化的趋势，且溶解性蛋白质的含量低于污泥单独厌氧发酵产酸。之所以出现这样的现象，可能是由于共发酵更有利于反应器中产酸微生物的增殖，相较于污泥空白反应器而言，产酸菌群对蛋白质的利用更加明显，因此溶解性蛋白质处于不断水解与消耗的动态变化中。从图 2.12 可以看出，在发酵结束时，污泥-淀粉共发酵、污泥-甘油共发酵反应器中溶解性蛋白质的含量分别为 488.31mg/L、345.71mg/L，因此污泥-甘油共发酵更有利于产酸菌群对混合液中溶解性蛋白质的利用。

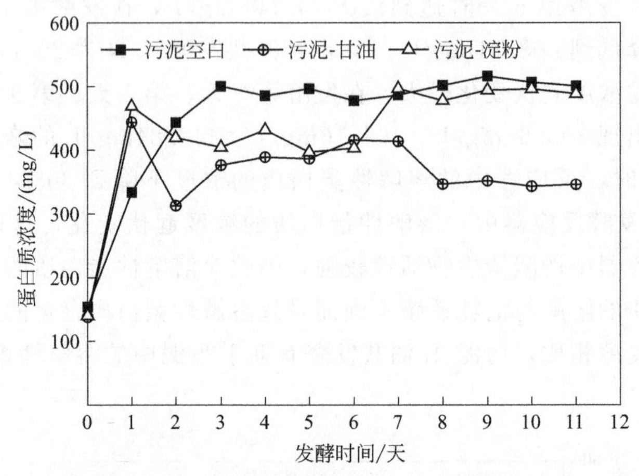

图 2.12　污泥-甘油/污泥-淀粉共发酵实验中溶解性蛋白质的变化规律

各个反应器中投加 β-环糊精溶解性蛋白质的变化规律如图 2.13 所示。污泥空白反应器作为空白对照实验组并未投加 β-环糊精，溶解性蛋白质的变化规律与前期污泥-甘油共发酵、污泥-甘油/污泥-淀粉共发酵实验中污泥空白溶解性蛋白质的变化规律相同，在发酵前 3 天蛋白质含量迅速上升，而后保持稳定状态。β-环糊精投加量分别为 0.1g/g TSS、0.2g/g TSS、0.3g/g TSS，反应器中的溶解性蛋白质含量在发酵初期由发酵前的 46.95mg/L 分别迅速增加到 532.09mg/L、755.33mg/L、591.83mg/L，因此投加 β-环糊精有助于污泥中蛋白质的水解，

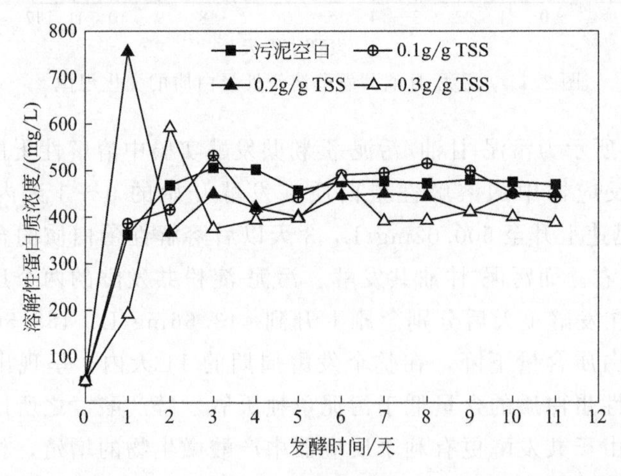

图 2.13　各个反应器中投加 β-环糊精溶解性蛋白质的变化规律

这与前人的实验结果是一致的。β-环糊精之所以有促进蛋白质的水解作用，主要是由其特殊的分子结构决定的。因此投加 β-环糊精的反应器中溶解性蛋白质在发酵初期有明显的突越现象，而随着发酵的进行，产酸微生物菌群对溶解性蛋白质的利用引起了反应器中溶解性蛋白质含量的下降。

2.4.5 氨氮变化规律

张军在研究中利用光电子能谱技术测定和区分污泥中不同形态的氮，将污泥中含有的氮组分分为 5 类，分别为蛋白质氮、无机铵态氮、吡啶氮和吡咯氮，其中蛋白质氮是污泥中氮的主要组成部分，占污泥中总氮的 90%以上。污泥在厌氧发酵过程中，蛋白质经过水解后释放出可溶性的 NH_4^+，因此研究发酵液中 NH_4^+ 的含量变化可以间接反映污泥厌氧发酵的机制。甘油调节不同的发酵 C/N 条件下发酵液中氨氮含量的变化如图 2.14 所示。在一个厌氧发酵周期内，三个反应器污泥发酵液中的氨氮含量总体上均表现出升高的趋势，这是由于污泥中的氨基酸、蛋白质及其他含氮有机物的水解导致了发酵液中氨氮含量的升高。从图 2.14 可以看出，污泥空白反应器中，氨氮含量在发酵初期的 0～4 天内急速上升，这是由于发酵初期含氮有机物在水解酶作用下大量水解引起的，4 天以后氨氮含量较为稳定，达到动态水解平衡，在发酵结束时氨氮含量由初始污泥的 31.35mg/L 升高至 249.37mg/L。对于两个污泥-甘油共发酵反应器而言，发酵液中氨氮含量在发酵 1 天后由发酵前的 31.25mg/L 急剧上升至 117.39mg/L、177.3mg/L，相较于污泥空白发酵反应器而言，同时间氨氮的含量提高了 20.27mg/L、80.18mg/L，因此可以推断污泥-甘油共发酵体系促进了污泥中含氮有机物的水解和产酸微生物对溶解性含氮有机物的利用。然而，两个污泥-甘油共发酵反应器中的氨氮含量在发酵第 2 天时浓度则大幅度下降，且在发酵 11 天的发酵周期内整体低于污泥单独发酵的氨氮含量，在发酵第 11 天结束时，发

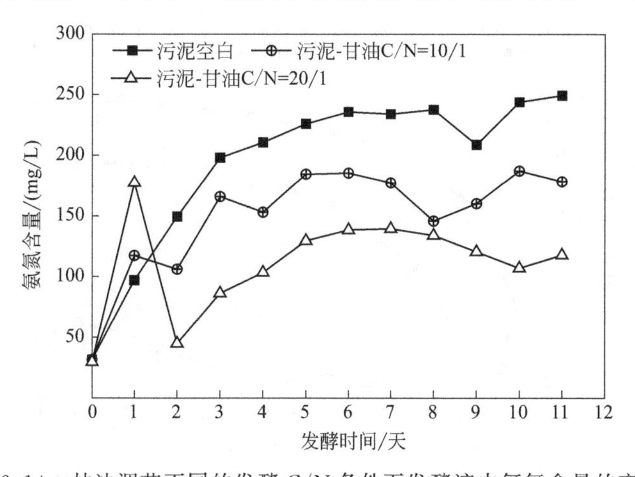

图 2.14 甘油调节不同的发酵 C/N 条件下发酵液中氨氮含量的变化

酵液中的氨氮含量分别为178.38mg/L、117.84mg/L，与污泥单独发酵相比同时间的氨氮含量分别降低了71.29mg/L、131.83mg/L。

污泥-甘油共发酵反应器中出现氨氮含量先急剧升高然后迅速下降的趋势，可能是因为共发酵体系中碳源含量非常丰富，在发酵初期高C/N刺激了污泥中水解酶的分泌，污泥中的含氮有机物在水解酶的作用下导致氨氮含量大幅度增加。然而随着厌氧发酵的进行，在污泥-甘油共发酵系统中，产酸微生物菌群处于优越的生长C/N条件下，利用反应器中的碳源、氮源物质生长与增殖，发酵液中的氨氮被大量消耗，而污泥单独发酵空白对照实验组产酸菌群的生长则受到碳源的限制，因此对氨氮的消耗也低于共发酵系统，所以在氨氮的变化规律图上，表现出污泥-甘油共发酵反应器中溶出的氨氮整体水平低于污泥单独发酵，且甘油共发酵比例越高，产酸微生物生长越活跃，氨氮含量越低。

污泥-甘油/污泥-淀粉共发酵氨氮的变化规律如图2.15所示。由图2.15可以看出，氨氮含量的变化规律与污泥-甘油共发酵实验中氨氮的变化规律类似。污泥空白对照实验组氨氮的含量随污泥水解程度的加深而不断升高，在发酵后期污泥的水解达到极限平衡，反应器中的氨氮含量便维持在相对稳定的水平。在第11天发酵结束时，由于蛋白质的水解，污泥单独发酵反应器中氨氮浓度由发酵前的17.73mg/L增加到236.76mg/L。污泥-甘油共发酵反应器中，氨氮含量在发酵1天后达到凸点100.97mg/L，发酵第2天时下降到47.84mg/L，从发酵第3天开始反应器中的氨氮含量逐渐上升然后达到稳定，在发酵结束时反应器中氨氮的含量为189.73mg/L。污泥-淀粉共发酵反应器中，在发酵1天后，反应器中氨氮含量有57.3mg/L的凸点，在第4天时反应器中氨氮含量下降到仅有7.46mg/L，对比图2.15可知，污泥-淀粉共发酵反应器中VFA在发酵0～4天内迅速上升，污泥-甘油共发酵反应器、污泥-淀粉共发酵反应器中氨氮含量出现先增加后降低的现象均是由于微生物对氨氮的利用与消耗引起的。

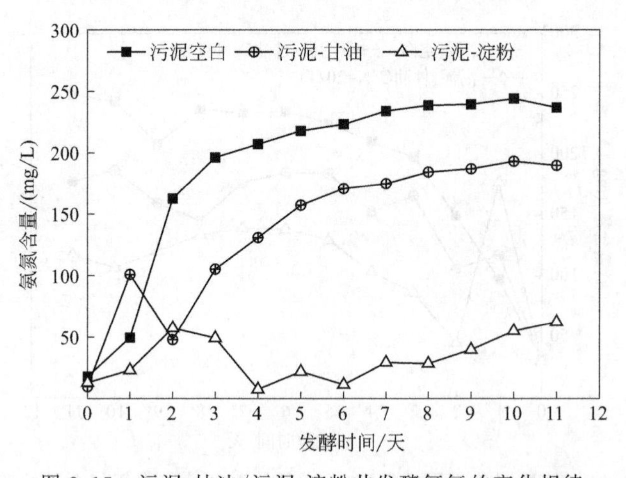

图2.15 污泥-甘油/污泥-淀粉共发酵氨氮的变化规律

投加β-环糊精实验氨氮的变化规律如图 2.16 所示。显而易见，各个反应器中氨氮含量均随着发酵时间逐渐上升，在发酵 5 天以后氨氮的浓度基本保持不变。纵向对比四个厌氧发酵反应器，随着β-环糊精投加量的增加，反应器中氨氮浓度呈现出随β-环糊精投加量增加而整体降低的现象，污泥空白、投加量为 0.1g/g TSS、0.2g/g TSS、0.3g/g TSS 反应器中，氨氮浓度在发酵前分别为 41.17mg/L、40.58mg/L、39.22mg/L、45.16mg/L，在发酵 11 天后，四个反应器中的氨氮浓度分别增加到 308.92mg/L、289.76mg/L、273.24mg/L、260mg/L。虽然投加β-环糊精的反应器中氨氮含量相对于污泥空白发酵而言稍低，但是与前期的污泥-甘油共发酵、污泥-甘油/污泥-淀粉共发酵对比而言，氨氮的降低程度并不明显。这可能是因为在投加β-环糊精的实验中，与共发酵相比，反应器中的产酸微生物的生长和增殖的活跃性小，对氨氮的消耗较少，因此混合液中氨氮的含量并未出现大幅度下降的现象。

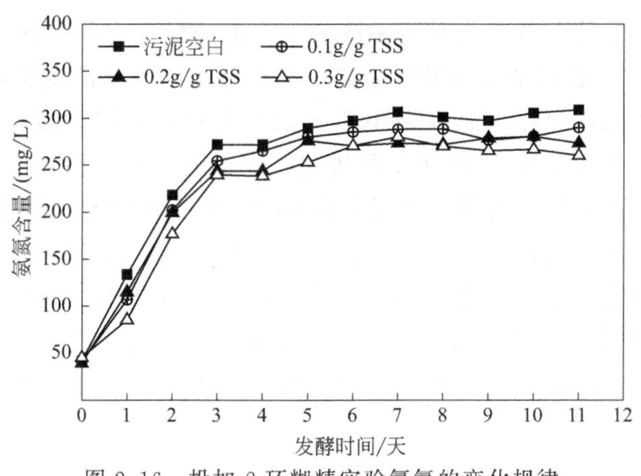

图 2.16　投加β-环糊精实验氨氮的变化规律

2.4.6　溶解性多糖变化规律

污泥的主要有机成分为蛋白质和多糖，污泥在厌氧发酵过程中多糖的变化规律能反映污泥的水解及产酸微生物菌群的生长情况。如图 2.17 所示为污泥-甘油共发酵实验溶解性多糖的变化规律。污泥空白反应器在发酵的前 5 天是污泥的重要水解阶段，溶解性多糖含量在前 5 天逐渐上升，5 天后基本维持稳定在 140mg/L 左右。污泥-甘油共发酵两个反应器中的溶解性多糖含量随污泥水解程度的加深先增加而后趋于稳定，由于产酸微生物对多糖的转化和利用，在发酵反应末端出现了溶解性多糖含量下降的趋势，在第 6 天时溶解性多糖含量分别为 179.30mg/L、159.36mg/L，在发酵结束的第 11 天时，溶解性多糖含量分别下降到 144.95mg/L、131.97mg/L。溶解性多糖含量的变化规律表明，污泥-甘油共发酵相较于污泥单独发酵而言，能够促进污泥中多糖的水解和消耗。

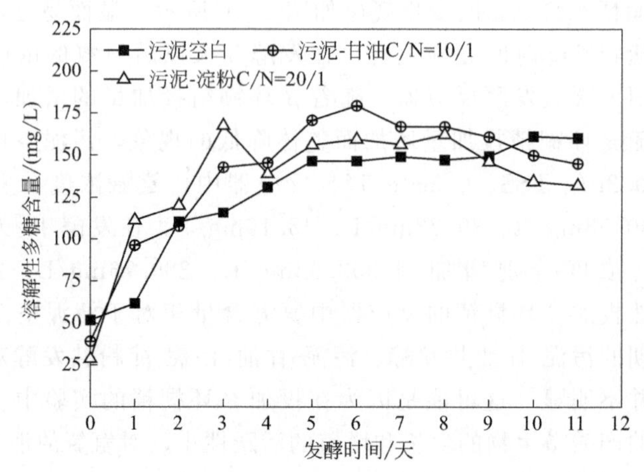

图 2.17　污泥-甘油共发酵实验溶解性多糖的变化规律

污泥-甘油/污泥-淀粉共发酵实验溶解性多糖的变化规律如图 2.18 所示。污泥空白反应器、污泥-甘油共发酵反应器中溶解性多糖含量的变化规律与污泥-甘油共发酵实验相似，而在污泥-淀粉共发酵反应器中，溶解性多糖呈现持续上升的趋势。这是因为在污泥-淀粉共发酵初期，淀粉或吸附在污泥表面，或以固体的形式存在发酵液中，而溶解于水相中的多糖较少。随着厌氧发酵的进行，由于厌氧反应器中水解酶的作用，淀粉逐渐溶解于水相中，因此在发酵后期，污泥-淀粉共发酵反应器中溶解性多糖的含量持续增加。在投加 β-环糊精实验中，由于 β-环糊精本身是一种多糖物质，研究反应器中多糖的变化规律并不能反映污泥底物厌氧发酵产酸的规律，因此不对投加 β-环糊精实验的多糖含量变化规律加以分析。

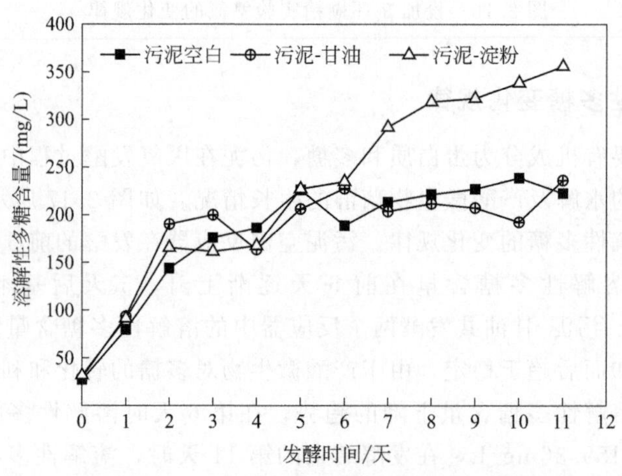

图 2.18　污泥-甘油/污泥-淀粉共发酵实验溶解性多糖的变化规律

2.5 VFA 组分分析与微生物群落结构变化分析

2.5.1 末端发酵液 VFA 组分分析

在不同的厌氧发酵条件下，发酵液最终产物中 VFA 组分也各不相同。如图 2.19 所示为污泥-甘油共发酵实验在第 11 天时发酵液中 VFA 组分，相较于污泥单独发酵而言，污泥-甘油共发酵得到的末端发酵液中，乙酸占总 VFA 的比例大幅度下降，污泥空白、污泥-甘油共发酵 C/N 为 10/1、污泥-甘油共发酵 C/N 为 20/1 三个反应器中乙酸比例分别为 78.08%、36.54%、28.56%。显而易见，与污泥空白反应器 VFA 组分相比，污泥-甘油共发酵时丙酸在总 VFA 中所占比例大幅度上升，污泥空白、污泥-甘油共发酵 C/N 为 10/1、污泥-甘油共发酵 C/N 为 20/1 三个反应器中丙酸在总 VFA 中所占的质量分数分别为 3.60%、51.22%、67.58%。由此可以推断，当污泥-甘油共发酵时，能够显著改变发酵末端酸性发酵液中 VFA 的组成，通过调节不同的污泥-甘油共发酵比例，能够有效调控乙酸、丙酸在 VFA 中的质量分数，从而达到定向产酸的目的。

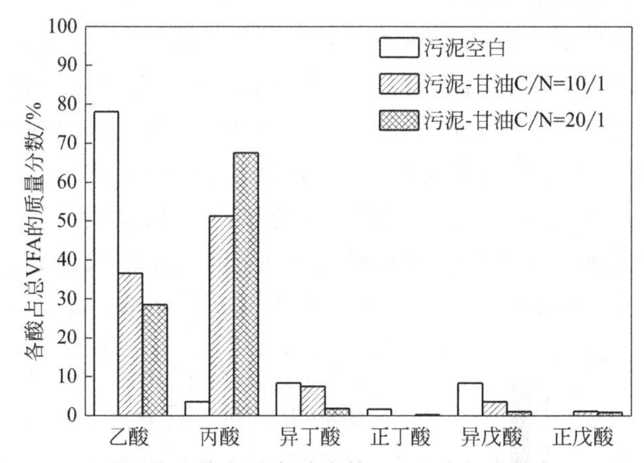

图 2.19　污泥-甘油共发酵实验在第 11 天时发酵液中 VFA 组分

如图 2.20 所示为污泥-甘油/污泥-淀粉共发酵实验在发酵第 11 天时发酵液中 VFA 组分。污泥空白对照实验组污泥空白反应器的末端发酵液中，乙酸为 VFA 的主要成分，占 VFA 的质量分数达 73.84%，而丙酸与异戊酸在 VFA 中分别仅占 14.45%、11.72%。对于污泥-甘油共发酵反应器而言，VFA 组成数据显示，乙酸、丙酸、正戊酸为 VFA 的主要组成部分，在 VFA 中的质量分数分别为 39.73%、12.28%、42.86%，其他三种酸含量极少。而在污泥-淀粉共发酵反应器中，乙酸与丙酸是厌氧发酵的主要产物，在 VFA 中的质量分数分别为

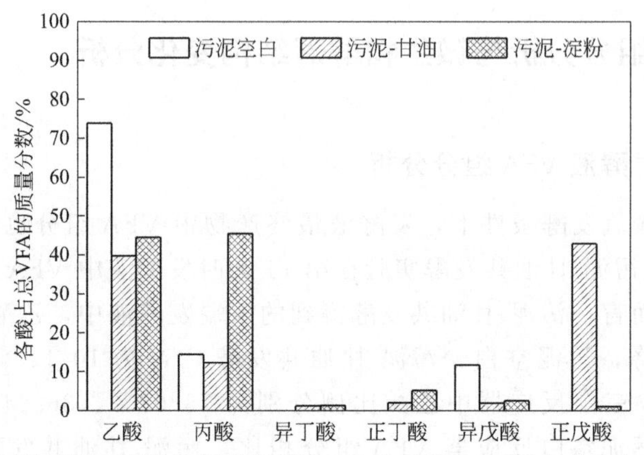

图 2.20　污泥-甘油/污泥-淀粉共发酵实验在发酵第 11 天时发酵液中 VFA 组分

44.49%、45.48%。对比图 2.19 和图 2.20 可以看出，使用不同的外加碳源与污泥共发酵，能够显著影响末端发酵液的 VFA 组成成分，得到不同的产酸类型。当污泥-甘油共发酵 C/N 为 20/1 与污泥-甘油共发酵 C/N 为 10/1 两个反应器均是同等发酵比例下的污泥-甘油共发酵，但是得到的末端 VFA 产物却有很大差别，这可能是由于使用不同批次的污泥为底物引起的，在不同的时间和空间上的实验操作也同样影响实验结果。

投加 β-环糊精实验末端发酵液中 VFA 组分如图 2.21 所示。数据显示，在经过 11 天的厌氧发酵期后，四个反应器中 VFA 各组分比例相差不大，均是以产乙酸为主的发酵类型。污泥空白反应器中 VFA 中乙酸的质量分数最大为 41.50%，异丁酸、正丁酸与异戊酸占 VFA 的比例均在 10%以上，而丙酸、正戊酸仅占 VFA 总量的 5.09%、7.93%。投加 β-环糊精后，投加量为 0.1g/g TSS 的反应器中乙酸、正丁酸、异戊酸是 VFA 的主要组成部分，占 VFA 的比例分别为 55.59%、14.93%、11.11%，而丙酸、异丁酸、正戊酸在 VFA 中含

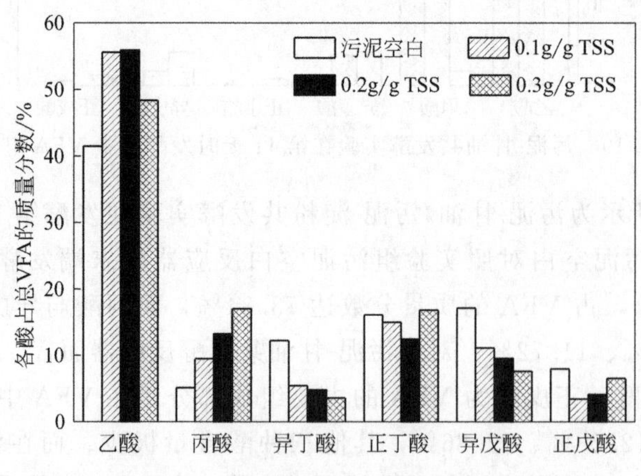

图 2.21　投加 β-环糊精实验末端发酵液中 VFA 组分

量很少，质量分数均在10%以下。β-环糊精投加量分别为0.2g/g TSS与0.3g/g TSS的两个反应器中乙酸仍然是VFA的主要组成成分，在VFA中的质量分数分别为55.89%、48.37%，正丁酸的比例没有明显改变，而丙酸在VFA中的比例则有所上升，$\beta_{0.2}$、$\beta_{0.3}$反应器中丙酸的质量分数分别为13.21%、17.07%。由图2.21可以明显看出，投加β-环糊精促进污泥水解发酵并不能改变最终发酵的产酸类型，相较于共发酵而言，β-环糊精对VFA中各组分比例的影响很小。

2.5.2　VFA中奇数碳变化规律

VFA中包括乙酸、丙酸、异丁酸、正丁酸、异戊酸和正戊酸6种短链脂肪酸，奇数碳VFA包括丙酸、异戊酸和正戊酸3种，奇数碳VFA比例计算公式如下。

$$奇数碳\ VFA\ 比例=\frac{丙酸+异戊酸+戊酸(mg\ COD/L)}{VFA\ 总量(mg\ COD/L)} \tag{2.7}$$

研究表明，当利用VFA合成可生物降解塑料PHA时，VFA中奇数碳、偶数碳VFA的比例能显著影响合成的PHA的韧性、塑性、硬度等物理性质，因此，研究VFA中奇数碳VFA在总VFA中的比例对合成PHA具有重要意义。如图2.22所示为污泥-甘油共发酵奇数碳VFA比例的变化。可以看出污泥空白、污泥-甘油共发酵C/N为10/1、污泥-甘油共发酵C/N为20/1的反应器中奇数碳VFA在总VFA中所占比例依次增加，在发酵结束时，奇数碳VFA的比例分别为11.96%、55.95%、69.41%。因此污泥-甘油共发酵能够在很大范围内调控VFA中奇数碳VFA、偶数碳VFA的比例，有利于奇数碳VFA的合成。

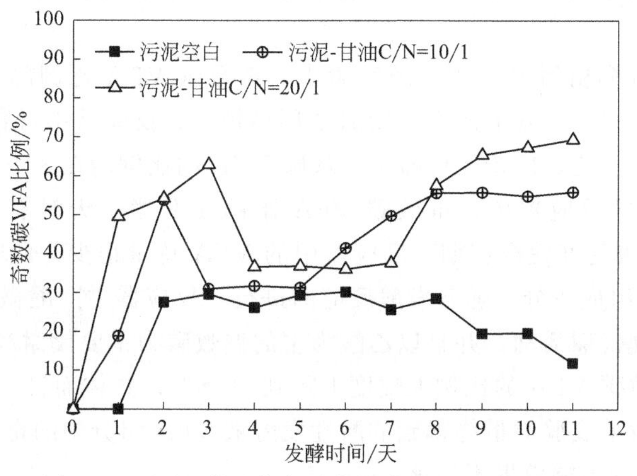

图2.22　污泥-甘油共发酵奇数碳VFA比例的变化

如图 2.23 所示为污泥-甘油/污泥-淀粉共发酵奇数碳 VFA 比例的变化。由图可知，污泥空白、污泥-甘油、污泥-淀粉三个反应器在发酵结束时奇数碳 VFA 在总 VFA 中所占比例分别为 26.16%、57.03%、49.05%。

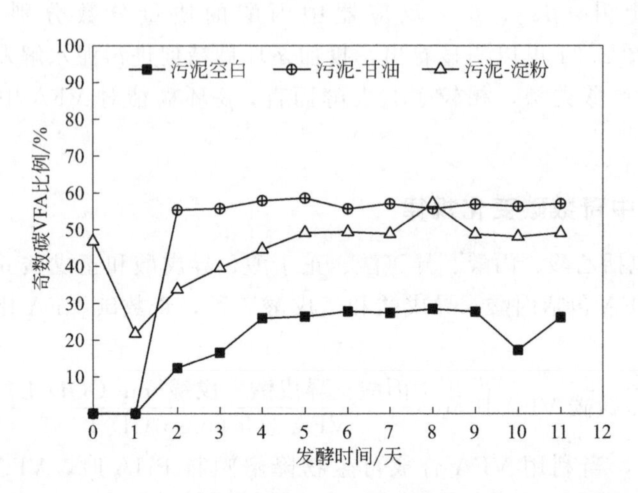

图 2.23 污泥-甘油/污泥-淀粉共发酵奇数碳 VFA 比例的变化

对比污泥-甘油共发酵、污泥-甘油/污泥-淀粉共发酵两批次实验 VFA 中各酸组分与奇数碳比例变化可知，虽然 VFA 中各种酸占 VFA 的比例有所不同，但是存在相似的实验效果，即当外加碳源物质与污泥共发酵时，均有助于 VFA 中奇数碳 VFA 的合成。两个污泥-甘油共发酵 C/N 为 20/1 的反应器中，虽然分别得到丙酸发酵类型与戊酸发酵类型，但是相较于污泥单独发酵而言，VFA 中奇数碳 VFA 的比例均大幅度提升，由此实验结果猜测，在厌氧发酵过程中丙酸与戊酸之前可能存在某种相互转化关系，或存在某种必备因子能够使丙酸转化为戊酸。

在投加 β-环糊精污泥厌氧发酵实验中，奇数碳 VFA 比例的变化如图 2.24 所示。相较于污泥空白发酵而言，投加 β-环糊精后，反应器中奇数碳 VFA 的比例并未有明显的变化，四个反应器中奇数碳 VFA 的比例均在 30%左右。投加量为 0.2g/g TSS 的反应器中，奇数碳 VFA 比例在发酵 1 天时有明显的突越点 70.44%，这是因为在发酵初期，反应器中的 VFA 总量很少，此时奇数碳 VFA 是 VFA 的主要组成成分，随着发酵反应的进行，反应器中产酸微生物菌群不断生长并进行生理代谢活动，并且以乙酸为主的偶数碳为主要代谢产物，因此 1 天后反应器中奇数碳 VFA 的比例大幅度下降到 26.8%。整体而言，投加 β-环糊精促进污泥水解发酵实验对最终得到的酸性发酵液 VFA 组分中的奇数碳 VFA、偶数碳 VFA 比例的影响效果不显著。

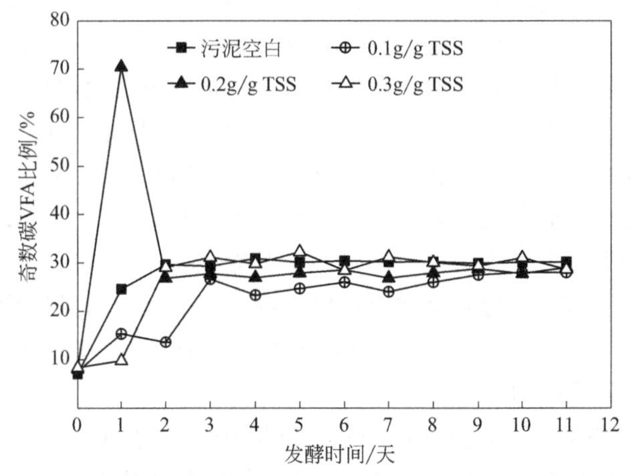

图 2.24　投加 β-环糊精实验中奇数碳 VFA 比例的变化

2.5.3　污泥-甘油发酵实验微生物群落变化分析

污泥-甘油共发酵实验经过 11 天的厌氧发酵后，反应器中的接种微生物与发酵末端微生物群落结构 T _ RFLP 分析如图 2.25 所示。经过 11 天的发酵后，各个反应器中的微生物群落结构都发生了明显的改变。

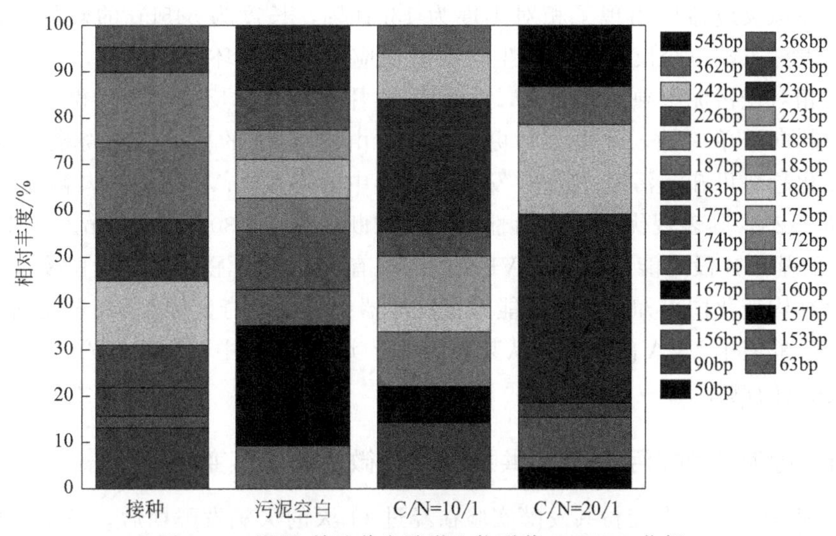

图 2.25　污泥-甘油共发酵微生物群落 T-RFLP 分析

接种污泥中的微生物种类繁多，且没有明显的主要功能菌群，片段长度为 187bp 的基因片段所代表的微生物在接种污泥中的相对丰度最高为 16.61%，长度为 190bp 的基因片段其次，其相对丰度为 15.08%，而长度为 90bp、177bp、180bp、183bp 的基因片段所代表的微生物的相对丰度分别为 13.12%、9.15%、

13.91%、13.23%，其他的基因片段的相对丰度均小于10%，因此在接种污泥中，微生物的种类相当丰富，没有占主导功能的微生物。在经过11天的厌氧发酵期后，污泥单独发酵反应器中的微生物群落结构明显发生改变，出现三种主要的功能菌群。长度为167bp的基因片段所代表的微生物是污泥空白发酵末端反应器中数量最多的微生物，其相对丰度为26%；长度为230bp的基因片段所代表的微生物则是污泥空白反应器中的第二大种群，相对丰度为13.97%；长度为172bp的基因片段的相对丰度为12.85%；其余的基因片段的相对丰度均小于10%。与接种污泥的微生物群落结构对比来看，厌氧发酵后微生物的群落结构出现了明显的改变，长度为167bp、230bp与172bp的基因片段所代表的微生物能够很好地适应厌氧发酵的环境。

污泥-甘油共发酵C/N为10/1的反应器中，在发酵第11天时，长度为230bp的基因片段代表的微生物适该反应器中的主要功能菌，其相对丰度最高为28.51%，长度为90bp、60bp的基因片段代表的微生物也是反应器中的主要微生物，其相对丰度分别为14.90%、11.73%。除此之外，其他的基因片段的相对丰度均小于10%。但是与接种污泥相比，出现了长度分别为242bp、362bp的基因片段，其相对丰度为9.81%、6.10%。而对于污泥-甘油共发酵C/N为20/1的反应器而言，长度为230bp的基因片段的相对丰度达到了40.69%，242bp、362bp的基因片段代表的微生物的相对丰度也增加到19.42%、8.16%。同时，在该反应器中出现了相对丰度为13.16%，长度为545bp的新的基因片段。在发酵末端三个反应器中微生物都有适应厌氧发酵环境的表现，如图2.25所示。相对于污泥单独发酵而言，两个污泥-甘油共发酵反应器中的微生物群落结构更趋向于单一性，优势菌种更加明显。由图2.23的反应器中奇数碳VFA比例变化趋势可知，污泥-甘油共发酵反应器中的奇数碳VFA比例大幅度提升，对照图2.25，其表现优于接种活性污泥。推断长度为230bp、242bp、362bp与545bp的基因片段可能与奇数碳VFA的产生有关。由污泥-甘油共发酵实验微生物群落结构变化图可知，共发酵能够在反应器中富集产奇数碳VFA的菌群，从而改变发酵液中VFA的组分，从某种程度上实现VFA中奇数碳VFA与偶数碳VFA比例的调控。

2.5.4 污泥-甘油/污泥-淀粉共发酵实验微生物群落变化分析

污泥-甘油/污泥-淀粉共发酵实验在经过11天的厌氧发酵期后，三个反应器中微生物群落结构的变化趋势如图2.26所示。接种污泥中长度为89bp、91bp的基因片段所代表的微生物是接种污泥中的优势种群，其相对丰度均为42.54%，长度为39bp的基因片段的相对丰度为8.10%。

横向对比各个反应器中的微生物群落结构在发酵前后的变化，由图2.26可以看出，在经过11天的厌氧发酵后，三个反应器中的微生物群落结构发生了明显的改变。污泥空白反应器中，与发酵前相比，发酵末端的微生物群落中，长度为 90bp 的基因片段代表的微生物成为微生物群落中的优势种群，其相对丰度达到 70.42%，与接种微生物群落相比，长度为 39bp 的基因片段的微生物的相对丰度由发酵前的 8.10%增加到 15.67%，是微生物群落中第二大优势种群，在污泥单独发酵反应器中，发酵末端还出现了长度为 25bp、32bp 的基因片段的两种新的微生物。在污泥-甘油共发酵末端，微生物群落结构与发酵前的接种微生物群落结构相比发生了明显的改变。长度为 90bp 的基因片段的相对丰度为 56.41%，是该微生物群落的优势种群，同时还出现了长度为 149bp、154bp、156bp、572bp 的基因片段所代表的四种新的微生物，其中长度为 156bp 的基因片段的相对丰度为 18.31%，是此时反应器中的第二大优势种群，而长度为 39bp 的基因片段的相对丰度也增加到 11.11%。在污泥-淀粉共发酵反应器中，发酵结束时长度为 90bp 的基因片段的相对丰度为 64.4%，长度为 530bp、532bp 的基因片段所代表的微生物是相较于发酵前接种微生物产生的新的微生物，其相对丰度分别为 11.26%、6.72%，长度为 39bp 的基因片段仍然存在且稍有变化，其相对丰度为 9.67%。

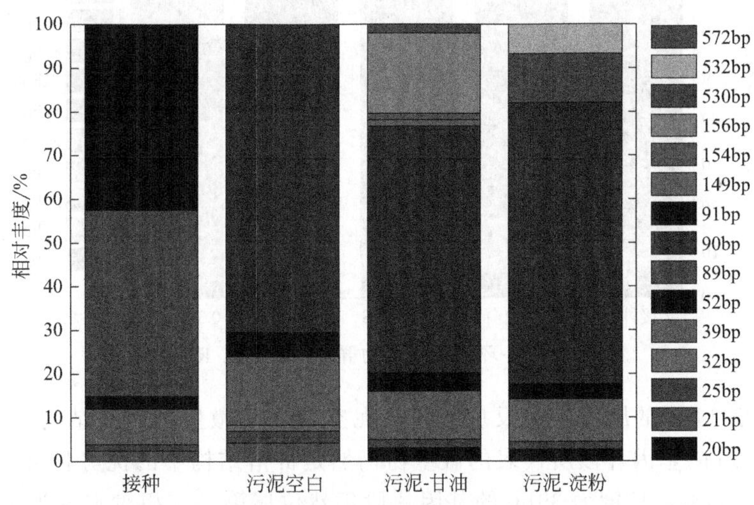

图 2.26　污泥-甘油/污泥-淀粉共发酵微生物群落 T-RFLP 分析

纵向对比三个反应器在发酵结束时各个反应器中微生物群落结构可以发现，污泥单独发酵、污泥-甘油共发酵与污泥-淀粉发酵在发酵末端长度为 90bp 的基因片段相对丰度最高，不同的是，污泥-甘油共发酵 90bp 的基因片段相对丰度下降，且微生物群落中出现了长度为 156bp 的基因片段代表的微生物，污泥-淀粉共发酵在发酵末端出现长度为 530bp、532bp 的基因片段。结合 VFA 组分分析可知，污泥单独发酵 VFA 主要成分为乙酸，污泥-甘油共发酵 VFA 主要成分为乙酸和正戊酸，污泥-淀粉共发酵得到以乙酸、丙酸为主要成分的 VFA 组分，由此可以猜测，90bp 的基因片段可能代表产乙酸功能菌群，156bp 的基因片段可能是产正戊酸功能菌群，而 530bp、532bp 的基因片段可能代表产丙酸功能菌群。共发酵能够引起发酵系统中产酸微生物群落结构的改变，这是污泥-甘油、污泥-淀粉共发酵反应器发酵末端 VFA 组分发生改变，得到不同的发酵类型的根本原因。

2.5.5 β-环糊精强化污泥水解实验微生物群落结构变化分析

投加β-环糊精微生物群落结构的 T-RFLP 分析如图 2.27 所示。由图 2.27 可以看出，长度为 90bp 的基因片段所代表的微生物是接种污泥的优势菌种，其相对丰度为 76.48%，长度为 39bp 的基因片段的相对丰度为 10.75%，仅次于长度为 90bp 的基因片段的相对丰度。

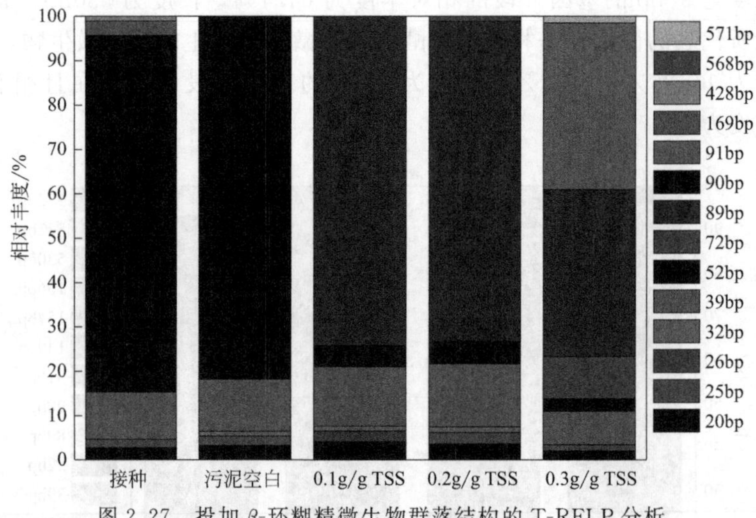

图 2.27 投加β-环糊精微生物群落结构的 T-RFLP 分析

在为期 11 天的厌氧发酵反应后，污泥空白发酵微生物群落结构变化不大，长度为 90bp 的基因片段所代表的微生物仍然是群落结构中的优势种群，其相对丰度为 77.53%，长度为 39bp 的基因片段仍然位居第二，相对丰度为 11.85%。不同的是，在发酵 11 天后，污泥空白发酵反应器中微生物 169bp、428bp 的基因片段消失，出现了长度为 32bp 的基因片段所代表的另一种微生物，但是相对丰度仅有 1.08%。投加了β-环糊精的三个反应器在发酵结束时，其微生物群落结构较发酵前有明显改变，长度为 89bp 的基因片段代表的微生物是三个反应器中的优势菌种，其相对丰度分别为 74.17%、72.21%、37.61%，$\beta_{0.3}$ 反应器中还出现长度为 91bp、72bp 的基因片段代表的微生物，相对丰度分别为 37.61%、9.48%，这两种微生物在其他两个反应器中均出现。对比 VFA 组分变化图，在发酵结束时，乙酸和丁酸均是 VFA 的主要组成部分，猜测长度为 89bp、90bp、91bp 的基因片段可能都是以产乙酸为主的微生物，而长度为 39bp 的基因片段代表的微生物可能与丁酸的产生有关。投加 β-环糊精发酵后，污泥中的微生物群落结构并未发生大幅度变化，因此四个反应器均是以产生乙酸为主的产酸发酵类型。

2.6 基于响应曲面实验的多参数定向产酸调控

响应曲面实验设计是一种常用的优化工艺参数的实验方法。通过采取一定量的实验数据，拟合目的值与研究因素的函数关系，从而寻求最佳的工艺组合。在强化污泥-甘油共发酵定向产酸的实验研究中，采用中心复合设计的方法，以发酵过程中的 pH 值、β-环糊精的投加量以及污泥-甘油的共发酵比例为影响因素，设计三因素五水平的响应曲面实验。对于发酵过程中 pH 值的控制，研究表明，与酸性条件及中性条件相比，碱性条件下厌氧发酵更利用污泥中有机物质的水解与 VFA 的生成，酸性及中性条件下的厌氧发酵存在污泥水解程度低、有机物质转化不充分的问题，因此酸性条件发酵目前不具备很大的实际意义。而当 pH 值过大时，虽然污泥中有机物质的水解程度很高，但是强碱条件下产酸微生物的活性受到抑制，因此本实验研究选取 pH 值为 8.0、9.0、10.0 三种水平。

关于 β-环糊精投加量的设计水平，本研究以目前已有的研究为参考，并考虑到在实际应用过程中，β-环糊精的投加带来经济成本的提高，因此选取 0.1g/g TSS、0.2g/g TSS、0.3g/g TSS 为 β-环糊精投加量的变化水平。至于污泥-甘油共发酵的发酵 C/N，在本书第 3 章研究污泥-甘油共发酵时发现，C/N 为 10/1、20/1 时能显著改变 VFA 中奇数碳 VFA 与偶数碳 VFA 的比例，因此此次响应曲面实验设计选取发酵 C/N 为 10/1、15/1、20/1 为变化水平。本部分使用响应曲面的设计方法，以碱性条件 pH 值、β-环糊精的投加量以及污泥-甘油的共发酵比例为三个变量因素，研究不同工况组合条件下的定向发酵产酸效能。

2.6.1 厌氧发酵产酸丙酸比例的调控

通常条件下，在污泥厌氧发酵产生的发酵液中，乙酸、丙酸是 VFA 的主要成分，而乙酸的比例最大，常为 60%～90%。因此，本研究以丙酸在总 VFA 中的比例为响应值，考察丙酸比例在不同工况组合条件下的变化。以丙酸在总 VFA 中所占比例为响应值，使用软件 Deign-Expert 加以分析，丙酸比例的响应曲面符合 Linear 模型，丙酸在 VFA 中的比例符合式(2.8)。

$$W_{pro}=149.85-15.39\text{pH}-0.64\beta\text{-CD}+1.33\text{C/N} \tag{2.8}$$

式中 W_{pro}——丙酸在 VFA 中的比例；

pH——厌氧发酵过程中的 pH 值；

β-CD——发酵过程中反应体系 β-环糊精的投加量，g/g TSS；

C/N——污泥-甘油共发酵的 C/N。

实验数据统计分析得到三因素 pH、β-环糊精投加量、C/N 的 F 值分别为 22.85、5.31×10^{-4}、4.53，因此对丙酸比例的影响程度大小为 F(pH)>F(C/N)>F(β-CD)，相应的三种因素的 P 值：P(pH)=0.0001，P(β-CD)=0.9819，P(C/N)=0.0467。当 $P<0.05$ 时，该因素为显著影响因素，因此 pH 值与发酵 C/N 均为影响污泥定向产酸丙酸比例大小的显著影响因素，β-环糊精投加量为非显著性影响因素。

如图 2.28 所示为 pH 值与共发酵 C/N 对丙酸比例的三维响应曲面。不同区域的颜色代表奇数碳 VFA 的比例不同，由深到浅所代表的奇数碳 VFA 的比例依次增大。由图 2.28 可以看出，丙酸比例的最大值出现在 pH=8.0、C/N=20/1 附近。丙酸比例的三维响应曲面为坡面图，而并非常见的弯曲曲面图，丙酸比例的最大值出现在曲面边界的位置，这是由响应曲面设计时选取的三个因素的变化水平决定的。首先，已有研究表明碱性条件有利于污泥水解，增强 VFA 产量，碱性过强时则抑制产酸菌群的活性，因此本研究采用的是偏碱性 8.0、9.0、10.0 的发酵 pH 值。而在 pH=8.0 附近是产酸菌群，尤其是产丙酸菌群生长的适宜 pH 值，加之共发酵的营养物质充足，因此丙酸在 VFA 中的比例很大。其次，污泥-甘油共发酵 C/N 越高，表明共发酵体系中的有机物含量越高，随之而来的是产丙酸杆菌的生长越活跃，因此丙酸比例也随 C/N 增加而提高。最后，β-环糊精的投加量对于丙酸比例的产生是非显著影响因素，这与第 3 章的实验结果是吻合的。

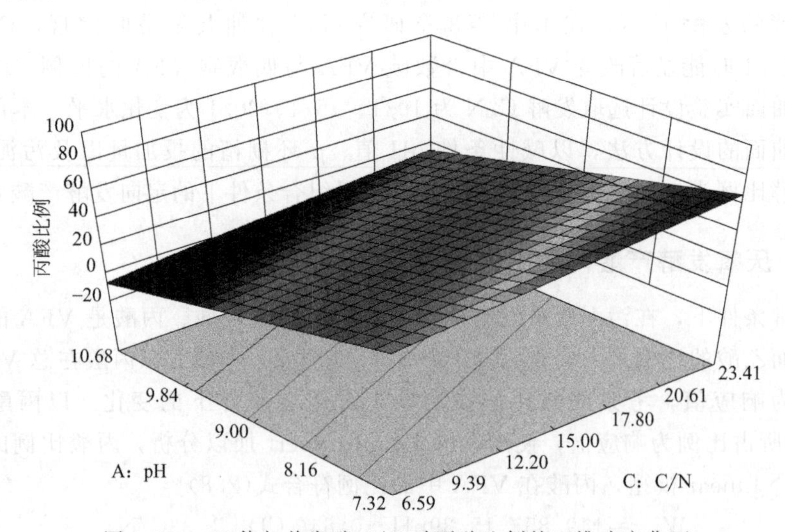

图 2.28　pH 值与共发酵 C/N 对丙酸比例的三维响应曲面

由于本研究中污泥废弃碳源共发酵定向产酸为后期可生物降解塑料 PHA 的合成提供底物，所以厌氧发酵产生的 VFA 中丙酸的比例影响 PHV 在 PHA 中所占的比例，即PHA的塑性、韧性也随之改变。在后期将发酵液用于合成PHA的实际应用中，PHB与PHV的比例需控制在一定范围，而并非追求PHV比例的最大化，因此本章响应曲面的实验目的也并非追求丙酸比例的最大化，而是在一定范围内调控VFA中各酸的比例。在本章的研究中，丙酸比例最小为11.95%，最大达到65.57%，已基本实现丙酸比例的调控，对于后续PHA的合成研究具有重要的实际意义。

2.6.2 厌氧发酵产酸奇数碳VFA比例的优化

在发酵稳定时，以奇数碳VFA在总VFA中所占最大比例为响应值，使用软件Design-Expert加以分析，奇数碳VFA比例的响应曲面符合Quadratic模型，奇数碳VFA在VFA中比例符合式(2.9)。

$$W_{odd}=273.24-60.94\text{pH}+429.04\beta\text{-CD}+3.47\text{C/N}-40.92\text{pH}\times\beta\text{-CD}+0.59\text{pH}\times\text{C/N}-6.92\beta\text{-CD}\times\text{C/N}+3.06\text{pH}^2+65.07\beta\text{-CD}^2-0.21\times(\text{C/N})^2 \tag{2.9}$$

式中　pH——厌氧发酵过程中的pH值；

β-CD——发酵过程中反应体系β-环糊精的投加量，g/g TSS；

C/N——污泥甘油共发酵的比例（以发酵C/N表示）。

实验数据统计分析得到pH、β-环糊精投加量、C/N、$(C/N)^2$的F值分别为5.22、0.63、5.90、6.08，因此响应程度为$F[(C/N)^2]>F(C/N)>F(pH)>F(\beta\text{-CD})$，$P$值：$P(pH)=0.0398$，$P(\beta\text{-CD})=0.4405$，$P(C/N)=0.0304$，$P[(C/N)^2]=0.0284$。当$P$值小于0.05时，该因素为显著影响因素，因此对于污泥-甘油共发酵而言，发酵过程中的pH值、污泥-甘油共发酵比例C/N及$(C/N)^2$均为显著影响因素。表2.11为奇数碳VFA比例的实际值的预测值。

由表2.11可知，在响应曲面实验设计的20组实验中，得到的奇数碳VFA比例最小值为18.53%，最大值为63.65%，即选用不同的三因素组合能够使奇数碳VFA的比例在18.53%～63.65%之间可调控。对比实际测定值与式(2.9)的预测值可知，由响应曲面实验所拟合的公式预测的奇数碳VFA在总VFA中的比例与实际实验值基本吻合，可以用式(2.9)预测实验组以外的其他工况组合的奇数碳VFA的比例。

表2.11　奇数碳VFA比例的实际值与预测值

序号	水平代码			奇数碳VFA比例/%	
	A	B	C	实际测定值	公式预测值
1	8.0	0.30	20	57.87	56.08
2	9.0	0.20	15	43.45	50.93
3	10.68	0.20	15	49.98	50.80

续表

序号	水平代码			奇数碳 VFA 比例/%	
	A	B	C	实际测定值	公式预测值
4	9.0	0.20	15	50.47	50.93
5	9.0	0.20	15	43.16	50.93
6	9.0	0.20	23.41	56.88	45.33
7	8.0	0.10	20	46.86	58.24
8	8.0	0.10	10	59.90	46.24
9	7.32	0.20	15	63.65	68.36
10	9.0	0.20	15	52.00	50.93
11	9.0	0.37	15	49.34	49.89
12	9.0	0.03	15	53.59	55.65
13	10.0	0.30	10	38.70	33.42
14	9.0	0.20	6.59	18.53	26.91
15	8.0	0.30	10	59.13	57.93
16	10.0	0.10	20	58.03	61.87
17	10.0	0.10	10	43.21	38.10
18	10.0	0.30	20	37.01	43.33
19	9.0	0.20	15	61.21	50.93
20	9.0	0.20	15	54.27	50.93

如图 2.29 所示为奇数碳 VFA 比例与三因素的作用。不同区域的颜色代表奇数碳 VFA 的比例不同，由深到浅所代表的奇数碳 VFA 的比例依次增大。由图 2.29(a) 和 (c) 可知，在 pH＝8.0、pH＝10.0 附近，奇数碳 VFA 的比例较高。VFA 中的奇数碳主要由丙酸、异戊酸、戊酸组成，而产丙酸杆菌生活的最适 pH 为 7～8，因此 pH＝8.0 附近奇数碳 VFA 比例较高。实验中发现，当 pH＝10.0 时，戊酸确实是 VFA 中的主要成分，但是由于强碱性条件下微生物细胞的活性受到抑制，因此 VFA 总产量与有机物质转化率较低，在此条件下发酵经济成本高，因此在后期应用响应曲面的实验结果时，可以考虑偏碱性条件 pH＝8.0、pH＝9.0，既能提高污泥中有机物质的水解效率，也能得到所需 VFA 组分的高 VFA 产量。

由图 2.29(b) 和 (c) 可以看出，当发酵的 pH 值、污泥-甘油共发酵比例 (C/N) 为一定值时，β-环糊精对厌氧发酵产生的 VFA 组分的影响很小，因此后期的实验研究中，为减少经济成本，可以选取较小的 β-环糊精投加量。由图 2.29(a) 和 (b) 可以看出，污泥-甘油共发酵比例（发酵 C/N）能够显著影响厌氧发酵产生的 VFA 中奇数碳 VFA 的比例，且当发酵 C/N 低于 10/1 时，

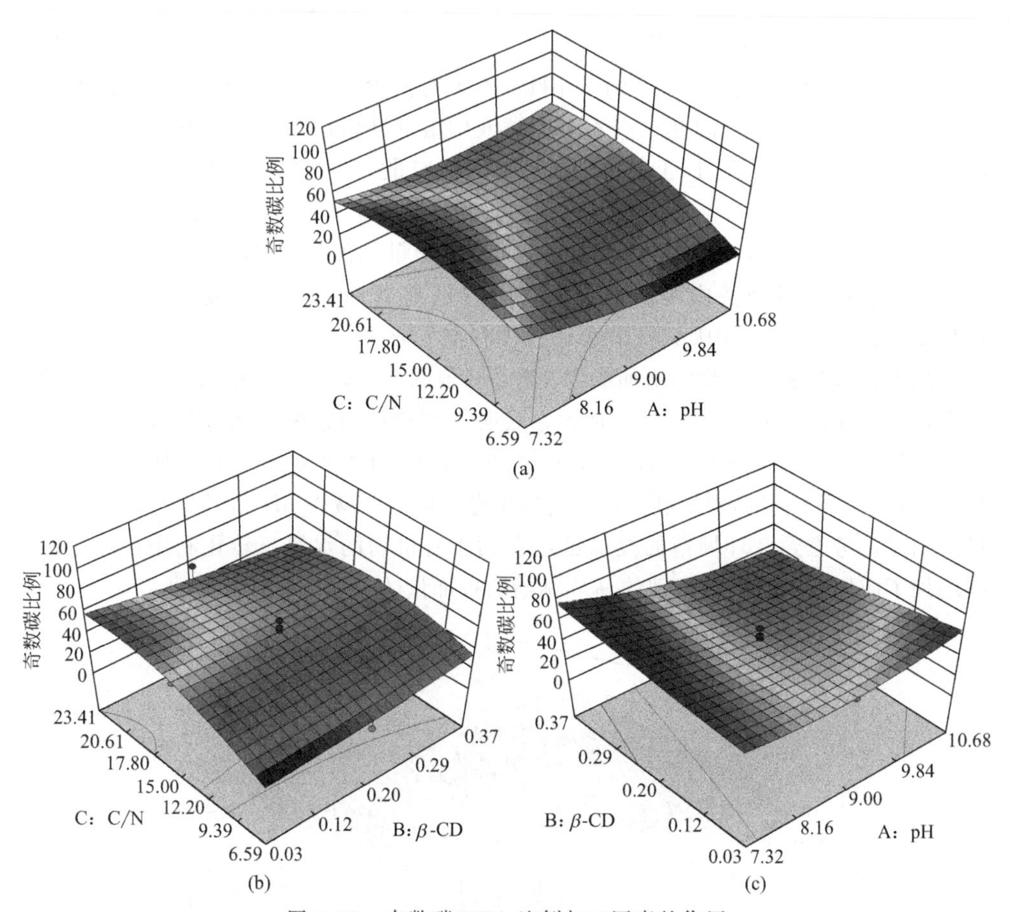

图 2.29　奇数碳 VFA 比例与三因素的作用

厌氧发酵产生的奇数碳 VFA 比例较小，当共发酵发酵 C/N 升高时，奇数碳 VFA 的比例显著增加，最高达到 65.35%，这可能是由于共发酵带来了反应器中产奇数碳 VFA 菌群的生长与增殖。

2.6.3　污泥厌氧发酵液中溶解性蛋白质含量

污泥中的主要有机成分为蛋白质和多糖，其中蛋白质通常占总有机成分的 70%～80%，因此考察在污泥厌氧发酵过程中，发酵液中溶解性蛋白质的含量变化，可以直观地表示污泥在厌氧发酵过程中的水解程度。以发酵液中溶解性蛋白质的最大浓度为响应值，使用软件 Deign-Expert 加以分析，溶解性蛋白质的含量的响应曲面符合 Linear 模型，符合式(2.10)。

$$W_{Pr} = -4401.13 + 532.70\mathrm{pH} + 3114.84\beta\text{-CD} + 31.27\mathrm{C/N} \qquad (2.10)$$

式中　pH——厌氧发酵过程中的 pH 值；

β-CD——发酵过程中反应体系 β-环糊精的投加量，g/g TSS；

C/N——厌氧发酵的 C/N。

实验数据统计分析得到三因素 pH、β-环糊精投加量、C/N 的 F 值分别为 75.33、25.76、6.49，因此三因素对发酵液中溶解性蛋白质的最大浓度的影响程度大小为 F(pH)＞F(β-CD)＞F(C/N)，相应的三种因素 P 值：P(pH)＝0.0001，P(β-CD)＝0.0001，P(C/N)＝0.0215。当 P＜0.05 时，该因素为显著影响因素，因此发酵过程中的 pH、β-CD 的投加量与发酵 C/N 均为影响污泥定向产酸过程中，发酵液中溶解性蛋白质含量的显著性因素，即发酵 pH、β-CD 投加量、C/N 对于污泥厌氧发酵水解过程有很大影响。

随着 β-环糊精投加量的增加或者发酵 pH 值的升高，发酵液中溶解性蛋白质的最大含量也随之增加，如图 2.30 所示，表明 β-环糊精与强碱性条件均有利于污泥中有机物质的水解。但是，蛋白质的水解是以增加 VFA 产率和有机物质转化率为目的的，而 pH 值过高则不利于微生物的生存，因此弱碱性 pH 值条件是较好的选择。同时，考虑到 β-环糊精的投加虽然有助于有机物的水解与转化利用，但是同样增加了应用成本，因此合理的 β-环糊精的投加量的选择是极其必要的。

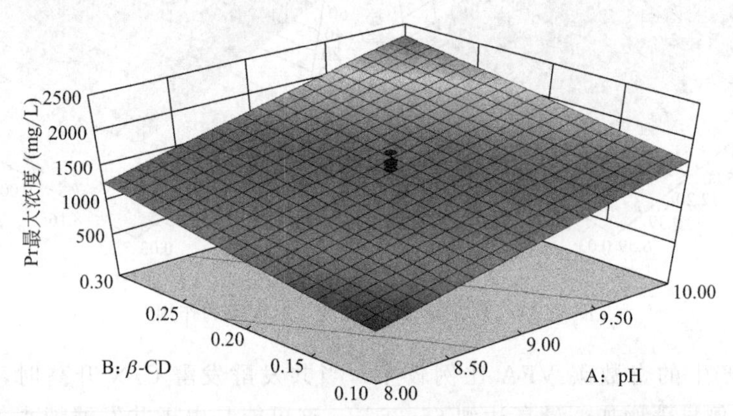

图 2.30 pH 与 β-环糊精投加量对溶解性蛋白质最大浓度的作用

通过研究发酵 pH 值、β-CD 投加量与污泥-甘油共发酵比例（以 C/N 表示）三个因素对污泥厌氧发酵定向产酸的作用，从产酸结果上能够得到稳定酸组分的发酵液，在研究中使用不同的三种因素的组合，能够实现污泥定向产酸调控的目标，其中丙酸比例在 10%～55%可调，奇数碳原子酸比例在 15%～60%可调。pH 值、β-环糊精投加量、发酵 C/N 三因素对污泥定向产酸、调控 VFA 中各酸比例的作用效果及影响程度为 pH 值＞发酵 C/N＞β-环糊精投加量。β-环糊精能够促进污泥厌氧发酵的水解过程，这对于产酸微生物菌群利用水解产物合成 VFA 具有重要影响；β-环糊精的促进污泥水解、pH 值和发酵 C/N 能够定向调控污泥厌氧发酵产生的 VFA 组分，因此，选取合理的三因素组合，能够实现高效的污泥定向产酸。

第3章

半连续流定向产酸及合成PHA研究

目前国内外针对污泥发酵产酸的研究大多数都是基于序批式厌氧发酵的工艺模式，也有部分采用连续流工艺研究剩余污泥厌氧发酵产生挥发性脂肪酸(VFA)，然而研究人员关注的重点在于污泥厌氧发酵产酸的影响因素和厌氧发酵产酸的效率，在连续流/半连续流条件下实现污泥定向产酸的研究则较为少见。由此，为了给厌氧发酵定向产酸实际应用积累经验和提供借鉴，本实验在前期响应曲面实验研究奇数碳 VFA、偶数碳 VFA 定向调控的基础上，在碱性发酵、β-环糊精增效释放、污泥-甘油共发酵联合作用条件下，研究半连续流工艺污泥定向产酸。在半连续流反应器稳定运行后，将定向产酸发酵液用于合成 PHA 试验研究，并考察发酵液中 VFA 组分对 PHA 构成（PHB、PHV 比例）的影响。

3.1 半连续流工艺运行参数设计

实验研究所使用的反应器装置如图 2.3 所示，共设计完全相同的两套半连续流反应器装置，分别标号 LX1#、LX2#。前期通过响应曲面实验得到的奇数碳 VFA 比例的公式见式(2.9)

通过式(2.9) 分别控制 pH、β-环糊精投加量、共发酵比例三个因素，使 LX1#、LX2# 反应器的奇数碳 VFA 比例稳定在不同数值。当厌氧发酵产生 VFA 中奇数碳 VFA 比例超过 50%时，定义其为奇数碳 VFA 型发酵；当 VFA 中奇数碳 VFA 比例小于 50%时，定义其为偶数碳 VFA 型发酵。

工况一（奇数碳 VFA 型发酵）：取 A(pH)＝8.0，B(β-环糊精投加量)＝0.10g/g TSS，C(污泥-甘油共发酵时的发酵 C/N)＝15/1，将 A、B、C 分别代入式(2.9)，计算得到奇数碳 VFA 比例＝57.60%。

工况二（偶数碳 VFA 型发酵）：取 A(pH)＝9.0，B(β-环糊精投加量)＝

0.05g/g TSS，C（污泥-甘油共发酵时的发酵 C/N）=10/1，将 A、B、C 分别代入式(2.9)，计算得到奇数碳 VFA 比例=39.18%。

工况三（偶数碳 VFA 型发酵）：取取 A(pH)=9.0，B(β-环糊精投加量)=0.15g/g TSS，C(污泥-甘油共发酵时的发酵 C/N)=8/1，将 A、B、C 分别代入式(2.9)，计算得到奇数碳 VFA 比例=31.71%。

选取以上三种工况作为半连续流反应器的运行参数，将批次试验得到的定向产酸成果应用于半连续流工艺定向产酸。LX1# 反应器始终在工况一条件下启动和运行，研究连续流 LX2# 反应器在工况二条件下启动，当反应器在工况二条件下稳定运行后，改为工况三为运行条件，研究反应器在不同工况条件下的定向产酸效果，并验证批次试验结果是否能够应用于半连续流工艺。

3.2 半连续流工艺定向产酸调控效果

3.2.1 不同工况条件下的产酸能力对比

如图 3.1 所示为工况一条件下 VFA 总产率的变化。

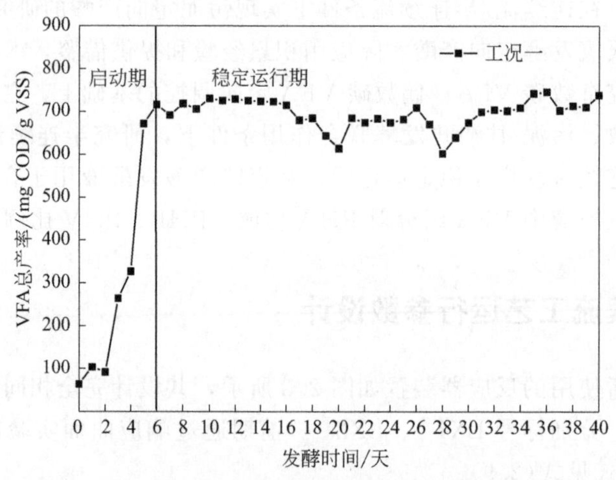

图 3.1 工况一条件下 VFA 总产率的变化

由图 3.1 可知，反应器的运行共分为启动期和稳定运行期两个阶段。发酵的 0～7 天是反应器的启动阶段，在此阶段，反应器中的非溶解性复杂大分子蛋白质、多糖等有机物质，通过产酸菌群分泌的胞外水解酶的作用转化为可被生物利用的溶解性蛋白质、多糖、氨基酸等简单的有机化合物，此时 VFA 的产生主要来源于污泥中原有既存的产酸菌群的生物代谢过程，产酸细菌可以利用反应器中的甘油与水解后的简单有机物进行生命代谢过程，同时产生 VFA，反应器中的产酸菌群有丰富的可利用底物及适宜的生长条件，因此反应器中的 VFA 的总产率有明显的突越，在启动期结束的第 6 天，反应器中的 VFA 总产率由发酵开始的 63.51mg COD/g VSS 增长到 715.69mg COD/g VSS。

经过启动期的运行，反应器中的产酸菌群不断地生长和增殖，微生物种群经过一定时间的优胜劣汰的选择作用而出现群落结构的演替，在发酵第 7 天时达到反应器运行的稳定期，此时反应器中的主要功能产酸菌群在稳定的半连续进料负荷和稳定的 pH 值、温度等条件下进行生理代谢活动，VFA 也随之大量生成，在整个厌氧发酵稳定运行的时间内，反应器中 VFA 的总产率稳定在 700mg COD/g VSS 左右。

工况二、工况三条件下 VFA 总产率的变化如图 3.2 所示，反应器在运行期间共经过启动期、稳定期一、工况变化过渡期、稳定期二四个阶段。反应器在工况二的条件下开始启动运行，在启动期反应器中 VFA 总产率的变化规律与工况一反应器启动期的变化规律相似。在发酵的 0～6 天，VFA 总产率在产酸微生物菌群的作用下逐渐升高，在第 6 天时 VFA 总产率达到 547.1mg COD/g VSS。发酵的第 6～19 天是反应器在工况二条件下的稳定运行期，此时反应器中的微生物群落结构相对稳定，VFA 总产率在 550mg COD/g VSS 左右。

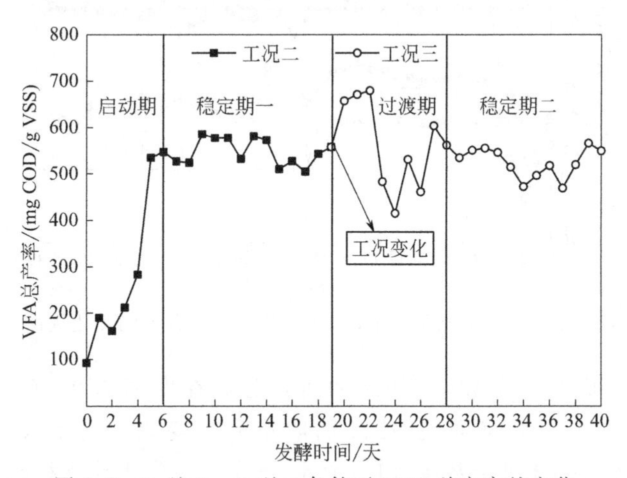

图 3.2 工况二、工况三条件下 VFA 总产率的变化

从发酵的第 19 天开始，改变反应器的运行工况，由原本稳定运行的工况二转变为工况三，反应器工况变化的目的在于研究不同的运行工况对发酵液中 VFA 组分的影响。如图 3.2 显示，在反应器运行的第 19～28 天是运行工况条件变化带来的过渡期。由于运行条件的改变，产酸菌群为适应新的环境变化而进行又一次群落结构的演替。工况二改变为工况三后，进料的有机负荷降低，因此在过渡期内，相对于降低的有机负荷而言，反应器内的产酸菌群生物量过量，过量的微生物利用有限的有机物质进行生理代谢活动，因此 VFA 的总产率在第 19～22 天呈现增加的趋势。发酵 22 天以后，由于现有的有机负荷满足不了反应器中

原有的微生物的生长，因此产酸菌群受到冲击，原有稳态被破坏，第22～28天反应器中的VFA总产率出现下降且伴随着波动，过渡期间VFA总产率最大为679.66mg COD/g VSS，最小为415.02mg COD/g VSS。在发酵进行的第29～40天是反应器在工况三的条件下稳定运行的阶段。此时，反应器中的微生物经过过渡期的筛选、生长和增殖达到新的稳定的群落结构，产酸菌群在现有的工况条件下进行生理代谢活动，VFA总产率又重新稳定在550mg COD/g VSS左右。

3.2.2 不同工况条件下发酵产物中VFA组分对比

本部分以奇数碳有机酸（丙酸、异戊酸、戊酸）在总VFA中所占质量分数表征VFA的组成。如图3.3所示为不同工况条件下奇数碳VFA质量分数的变化规律。

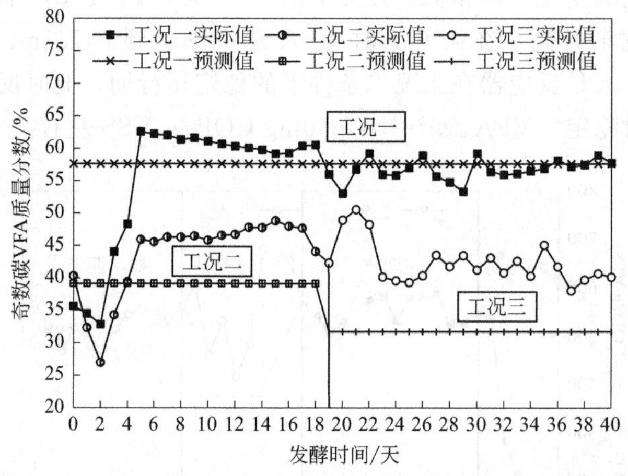

图3.3 不同工况条件下奇数碳VFA质量分数的变化规律

对于工况一而言，奇数碳VFA的质量分数在发酵的0～6天迅速上升到62.23%，发酵6天以后奇数碳VFA的质量分数变化幅度不大，基本稳定在60%左右。与工况一通过奇数碳VFA质量分数计算公式计算得到的57.60%相比，工况一条件下的实际值与预测值基本吻合。反应器在工况二与工况三条件下分别运行稳定时，产生的VFA中奇数碳VFA的质量分数分别在48%、40%左右，而预测两种工况条件下得到的奇数碳VFA的质量分数分别为39.18%、31.71%，与预测值相比，实际运行过程中产生的VFA质量分数略高。究其原因，可能是因为预测值是通过大量的批次实验得到的拟合公式，而批次实验与半连续流试验，两者在工艺上有很大差别。同时，在批次实验的运行中人为操作因素影响比较大，比如调控pH值时需要人为监测与投加碱液，因此反应器中的pH值波动相对较大，而在半连续流反应器定向产酸的运行中，pH自控仪反馈及时，pH值的波动范围很小。以上原因均能够导致半连续流反应器中奇数碳

VFA 比例与式(2.9) 对奇数碳 VFA 比例预测值之间的偏离。但是总体来看，通过控制 pH 值、β-环糊精投加量、污泥-甘油共发酵比例三个因素，已基本上能够实现半连续流发酵系统发酵末端液相产物中 VFA 组分（奇数碳 VFA 相对比例、偶数碳 VFA 相对比例）的定向调控。

3.3 半连续流工艺大分子有机物降解规律

如图 3.4 所示为在不同工况下反应器中氨氮含量的变化规律。由图 3.4 可以看出，在发酵的 0～2 天，反应器中的氨氮含量有大幅度的突跃，由发酵前的 65.39mg/L 上升到 236.97mg/L。而在发酵的第 3～5 天，反应器中的氨氮含量呈现出明显的下降，在第 5 天时氨氮含量仅有 100.24mg/L。当反应器继续运行，在发酵的第 5～9 天时氨氮的含量又出现了峰点，发酵 9 天以后，反应器中的氨氮呈现出逐渐增加，然后趋于稳定的变化规律，反应器中的氨氮变化稳定时含量在 230mg/L 左右。氨氮含量出现如此变化趋势的原因，在第 2 章的 2.4 节中也有所讨论。在反应器前期的启动阶段，污泥中的含氮有机物在水解酶的作用下水解，因此反应器中氨氮的含量迅速上升，此时反应器中的产酸细菌利用甘油、溶解性蛋白质、溶解性多糖等物质快速生长增殖，在生长的过程中消耗一部分氨氮。当反应器中氨氮的水解速率大于产酸细菌对氨氮的消耗速率时，反应器中的氨氮出现上升趋势；当氨氮的水解速率小于产酸细菌对氨氮的利用速率时，氨氮含量出现下降状态，因此，在反应器运行的初期氨氮的含量呈现出高低起伏的变化趋势。当反应器运行稳定后，氨氮的水解速率与产酸菌群生长增殖对氨氮的利用速率达到动态平衡，因此氨氮的含量基本稳定不变。

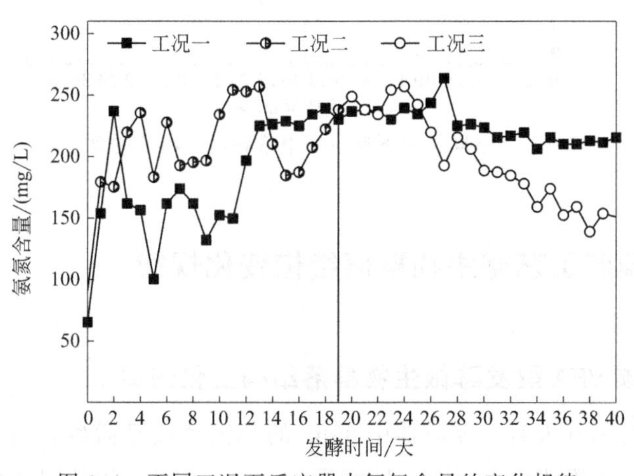

图 3.4　不同工况下反应器中氨氮含量的变化规律

反应器在工况一条件下运行时，启动期氨氮含量的变化规律与工况一类似，也出现氨氮的溶出与消耗现象。但是与工况一的稳定期间氨氮含量相对稳定的趋势相比，反应器在工况二条件下稳定运行15天，发酵液中的氨氮含量出现低谷，这可能是由于运行期间厌氧反应器的人工维护不到位，曾经造成反应器漏气，之后为保证厌氧环境而使用氮气吹脱时，反应器液相中的游离氨氮在碱性、中温35℃、搅拌条件下向气相挥发引起的溶液中 NH_4^+ 含量的波动。当反应器由工况二的运行条件过渡到工况三时，发酵液中的氨氮含量出现下降的趋势，这可能是因为在工况三的运行条件下，污泥中含氮有机物的水解程度降低造成的。如图3.5所示为反应器在不同工况条件下运行时，反应器中溶解性蛋白质的含量。两个反应器中间的溶解性蛋白质含量在启动期均出现迅速升高的现象，启动期溶解性蛋白质最大含量分别为354.4mg/L、511.09mg/L，随着发酵的进行，溶解性蛋白质被产酸细菌利用，蛋白质含量因此出现下降状态。反应器由工况二过渡到工况三的运行条件后，图3.5显示发酵液中的溶解性蛋白质的含量逐渐下降，这主要是由于蛋白质的水解程度降低引起的，与图3.4所显示的氨氮的变化规律吻合。

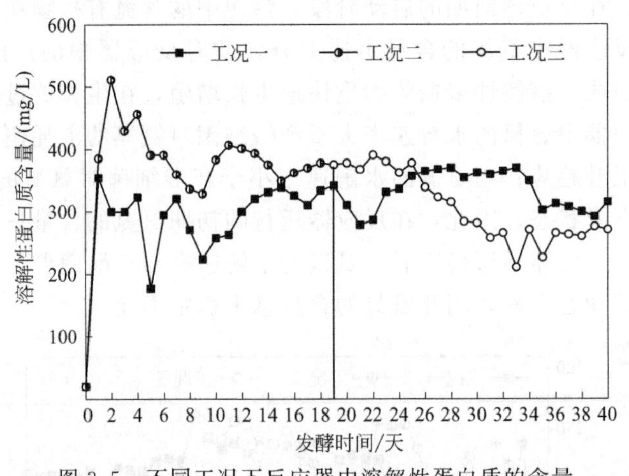

图3.5 不同工况下反应器中溶解性蛋白质的含量

3.4 半连续流工艺微生物群落结构变化规律

3.4.1 奇数碳VFA型发酵微生物群落结构变化规律

在厌氧发酵第0天时，反应器中85bp的基因片段是微生物群落中的主要功能菌群，其相对丰度为28.28%，长度为137bp、167bp的基因片段的相对丰度分别为10.85%、10.13%，而其他长度的基因片段代表的微生物只占微生物群落中的极小部分，相对丰度均在10%以下。如图3.6所示为LX1# 反应器在工况一条件下，奇数碳VFA型发酵过程中的微生物群落结构变化规律。厌氧发酵第5天是反应器的启动期，此时长度为85bp的基因片段的相对丰度下降到22.05%，而长度为244bp的基因片段的相对丰度则由发酵第0天时的9.56%提高到27.66%，此时，与第0天相比，反应器中还出现了长度为242bp的基因片段，其相对丰度为13.26%，在发酵第5天时，85bp、242bp与244bp的基因片段所代表的微生物均为该反应器启动期的主要功能菌群。

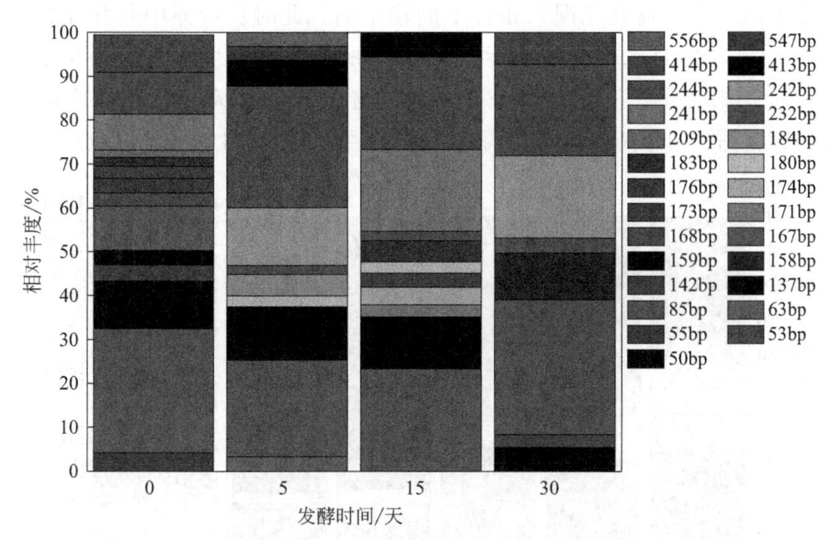

图3.6 工况一（奇数碳VFA型发酵）微生物群落结构T-RFLP分析

厌氧发酵的第15天与第30天分别为LX1#反应器在工况一条件下运行的稳定期，此时发酵液中VFA总量及VFA组分都保持在相对稳定状态。长度为85bp的基因片段所代表的微生物依然是反应器中的主要功能菌群，在发酵第15天与第30天时的相对丰度分别为23.39%、30.82%。稳定期时，长度为244bp的基因片段在微生物群落结构中的相对丰度比较稳定，在发酵第15天与第30天时的相对丰度分别为21.13%、20.82%。不同的是，发酵第5天时出现长度为241bp的基因片段，其相对丰度为18.59%，发酵第15天时长度为242bp的基因片段的相对丰度为18.83%。对比LX1#反应器从发酵第0天到发酵第30天的微生物群落结构的变化，总体上表现出群落结构的优势种群变得更加明显，长度为241bp、242bp与244bp的基因片段的相对丰度增加，这也是反应器能够进行奇数碳VFA型发酵的原因，并且由于在发酵稳定期的微生物群落结构相对稳定，表明反应器能够稳定地进行奇数碳VFA型定向产酸。

3.4.2 偶数碳VFA型发酵微生物群落结构变化规律

如图3.7所示为工况二和工况三微生物群落结构T-RFLP分析。发酵第0天时，接种污泥中长度为 85bp 的基因片段的相对丰度最高为 28.28%，其所代表的微生物是发酵第 0 天时反应器中的主要功能微生物。发酵进行第 5 天时，是反应器在工况二条件下的启动期，此时反应器中的微生物群落结构发生了明显的改变，长度为 85bp 的基因片段的相对丰度降低到 19.18%，而长度为 244bp 的基因片段的相对丰度则由发酵第 0 天的 9.56%升高到 22.58%，因此在发酵第 5 天时反应器中存在以 85bp、244bp 基因片段为代表的两种优势种群。在发酵第 15 天时，是 LX2# 反应器在工况二条件下的稳定期，此时反应器中共存在长度分别为 55bp、84bp、241bp、244bp 四种基因片段所代表的微生物，其相对丰度分别为 14.45%、17.05%、13.92%、24.16%。与发酵第 5 天相比，反应器中微生物的优势种群进一步突出，非优势种群在微生物群落结构中的比例减少。

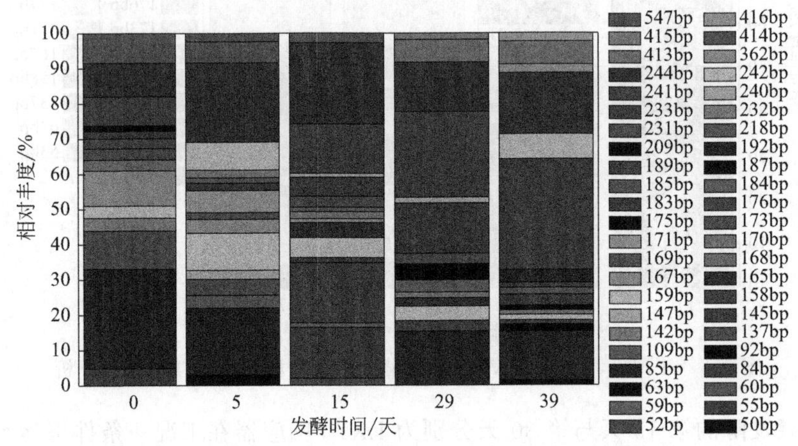

图 3.7　工况二和工况三（偶数碳 VFA 型发酵）微生物群落结构 T-RFLP 分析

发酵第 29 天是 LX2# 反应器将运行条件由工况二转变为工况三的过渡期。长度为 241bp、244bp 的基因片段所代表的微生物依然是反应器中的优势种群，其相对丰度分别为 24.39%、13.94%。此时反应器中出现了新的优势种群，即以 233bp 的基因片段为代表的微生物，其相对丰度为 14.27%。发酵第 39 天为 LX2# 反应器在工况三条件下的稳定运行期，此时反应器中长度为 233bp 的基因片段的相对丰度进一步提高到 31.50%，成为微生物群落中比例最大的优势种群。

纵观反应器在工况二启动期、工况二稳定期、工况三过渡期以及工况三稳定期的微生物群落结构 T-RFLP 分析图，每个反应器中都有 2～4 种优势种群，其中长度为 244bp 的基因片段代表的微生物始终以优势种群的功能存在。联系图 3.3 中奇数碳 VFA 的变化规律，在整个运行过程中奇数碳 VFA 比例先增加后减少，而 244bp 的基因片段的相对丰度也呈现出先增加后减少的趋势，由此推论其可能是以产奇数碳 VFA 为主的微生物。当运行的工况条件由工况二变为工况三时，发酵液中偶数碳 VFA 的比例增加，对应反应器微生物群落 T-RFLP 图中长度为 233bp 的基因片段相对丰度增加，由此可以推测 233bp 的基因片段可能代表以产偶数碳 VFA 为主的微生物。

3.5　半连续流的污泥发酵液合成 PHA 研究

3.5.1　发酵液预处理

利用污泥发酵液合成 PHA 实验的反应器装置见图 2.4。PHA 研究中所用的污泥发酵液来源于两个半连续流厌氧发酵定向产酸的反应器，分别在两个运行稳定（工况一、工况三）的反应器中取 2L 产酸发酵液出料。将发酵液分装在 50mL 的离心管中，配平后放入离心机，在 10000r/min 的转速下离心 15min，留取上清液，去除底部的污泥，上清液利用中空纤维膜过滤后（$M_w \leqslant 20000$）用于合成 PHA 的底物。工况一反应器中发酵上清液 SCOD 为 12000mg/L 左右，稀释 3 倍后用于合成 PHA 反应器 1# 的底物，工况三反应器出料发酵上清液 SCOD 为 4000mg/L 左右，直接作为合成 PHA 反应器 2# 的底物。在将发酵液投加反应器之前，均调节两种发酵液的 pH 值在 7.0 左右。合成 PHA 发酵液的初始特性如表 3.1 所示。

表 3.1　合成 PHA 发酵液的初始特性

项目	奇数碳 VFA 型发酵液	偶数碳 VFA 型发酵液
SCOD/(mg/L)	4878.72	3389.76
VFA 总量/(mg COD/L)	4225.36	3054.52
奇数碳 VFA 比例/%	58.02	43.99
NH_4^+-N/(mg/L)	70.63	150.89

3.5.2　合成 PHA 过程中底物消耗规律分析

（1）pH 值、DO 及氨氮变化规律

合成 PHA 的过程中，1#、2# 反应器中混合液的 pH 值、DO、氨氮变化规律如图 3.8 和图 3.9 所示。当在反应器中加入丰富的碳源时，PHA 混合菌群大量摄取并在体内存储 PHA，在此过程中消耗混合液中的电子受体——溶解氧，DO 迅速下降到 1mg/L 以下。随着反应器中的碳源物质逐渐消耗，混合菌群缺乏可被摄取利用的碳源，此时反应器中的溶解氧开始回升。把 DO 值作为合成 PHA 一个周期结束的标志，此时停止曝气，静置沉淀排水后开始下一个周期，如此 1#、2# 反应器混合液中的 DO 出现反复突降、突增的变化规律。

产 PHA 混合菌群在合成 PHA 的过程中，发酵液中 VFA 的酸根离子被微生

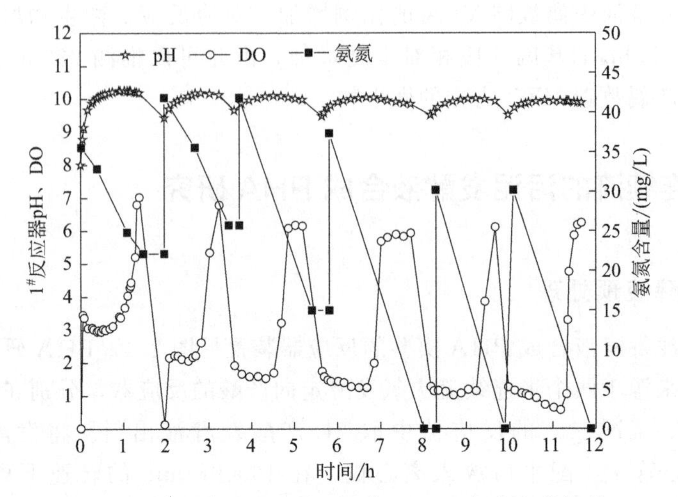

图 3.8　1# 反应器混合液 pH 值、DO、氨氮变化规律

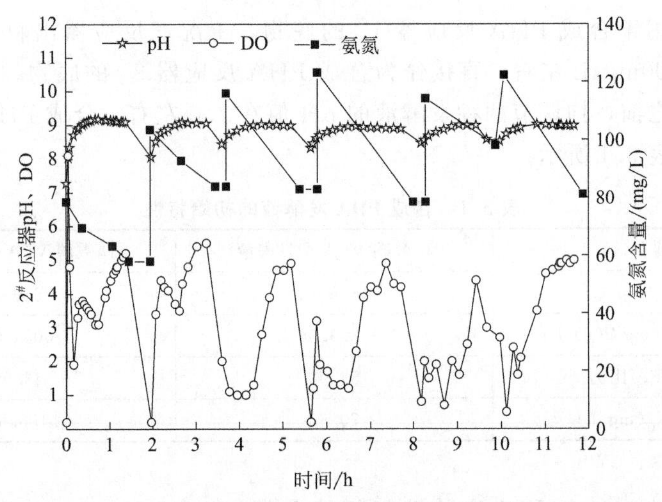

图 3.9　2# 反应器混合液 pH 值、DO、氨氮变化规律

物摄取，随之而来的是 OH^- 的释放，如式(3.1) 和式(3.2) 所示。

$$CH_3COO^- + H_2O \longrightarrow CH_3COOH + OH^- \tag{3.1}$$

$$CH_3CH_2COO^- + H_2O \longrightarrow CH_3CH_3COOH + OH^- \tag{3.2}$$

由于产 PHA 菌群对 VFA 的摄取，混合液中的 OH^- 浓度增加，因此在每个周期内混合液的 pH 在补料后逐渐升高。发酵液中含有氨氮、蛋白质等氮源物质，产 PHA 菌群在摄取碳源的同时，也存在氮源的消耗，如式(3.3) 所示。

$$NH_4^+ + H_2O \longrightarrow NH_3 + H_3O^+ \tag{3.3}$$

氨氮的消耗引起混合液中 H^+ 浓度增加，反应器中的 pH 值下降，因此一个合成PHA的周期内，反应器中的pH值呈现出圆弧形的变化规律。

由1#、2#反应器氨氮含量的变化图可知，1#反应器从运行的第四个周期开始，底物发酵液中氨氮的几乎能够被混合菌群完全利用，而2#反应器中的氨氮去除率仅在30%左右，这是由于工况一条件下产出的酸性发酵液经过稀释后氨氮的含量较低，而工况三条件下的氨氮含量相对较高。由图3.7和图3.8可知，两个反应器内氨氮消耗的绝对值均在40～50mg/L，反映了同样的接种污泥、不同VFA组分的产PHA底物条件下，微生物保持了相近的氮源摄取能力。

（2）VFA底物消耗规律

如图3.10所示为VFA底物消耗规律。VFA含量的峰值点代表一个运行周期开始补料，VFA含量的低谷点则代表一个反应周期的结束。由图3.10可以看出，在每个运行周期内，反应器中的VFA被产PHA混合菌群摄取，在周期结束时两个反应器中的VFA均剩余400mg COD/L左右。在12h的运行时间内，1#、2#反应器每个周期进水VFA含量与排水VFA含量都保持在相对稳定状态，并没有出现底物摄取饱和的情况，这表明整个反应时期内PHA混合菌群在进行PHA合成的同时也完成了生物量的增长。

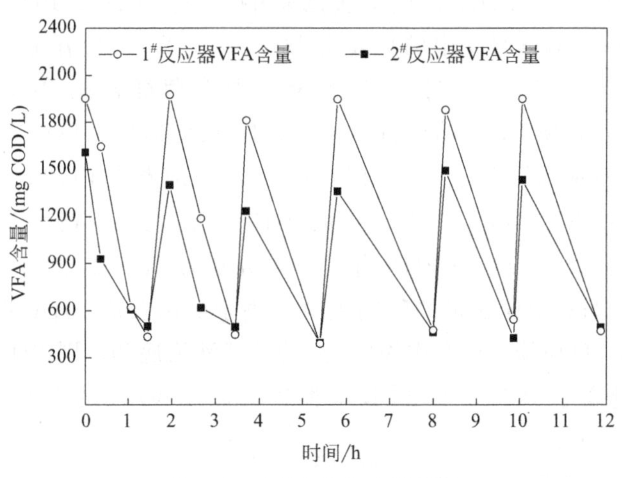

图3.10　VFA底物消耗规律

3.5.3　不同VFA组分的底物对PHA合成效果的分析

如图3.11所示为PHA产率变化规律。数据表明，随着运行时间的延长，1#、2#反应器中的PHA产率均呈现出逐渐上升的趋势，在12h时，1#、2#反应器中PHA的含量分别为35.77%、25.61%（PHA占TSS的比例）。由于批次合成PHA反应中使用的混合菌群并没有使用实际的污泥水解液进行驯化，本实验中相较于以VFA为主的模拟底物的批次合成试验，最大PHA产率相对较低（后者通常高于50%）。整个运行时期内，以奇数碳VFA型发酵液为底物的

1# 反应器中 PHA 产率始终高于以偶数碳 VFA 型发酵液为底物的 2# 反应器的 PHA 产率，这与两个反应器所用底物中 VFA 的含量、组分不同相关。

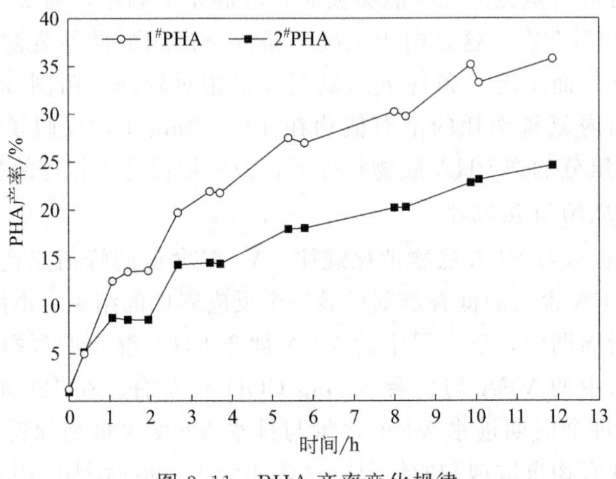

图 3.11　PHA 产率变化规律

如图 3.12 所示为 PHA 合成批次试验中，单体 PHB、PHV 的相对含量(PHB、PHV 单体在 PHA 中的质量分数)。1#、2# 反应器分别是以奇数碳 VFA 比例为 58.02%、43.99% 的发酵液为混合菌群合成 PHA 的底物。由图 3.12 可知，在合成 PHA 的运行时期内，1# 反应器中的单体 PHB 相对含量始终略低于 2# 反应器，在运行 12h 时，1#、2# 反应器中 PHB 的相对含量分别为 28.96%、46.09%。而 1# 反应器中的 PHV 含量则始终高于 2# 反应器，在运行 12h 时，1#、2# 反应器中 PHV 相对含量分别为 71.04%、53.91%。两个反应器中 PHB、PHV 单体含量的不同主要取决于所用合成 PHA 的底物中 VFA 组分的不同。1# 反应器以奇数碳 VFA 型的发酵液为底物，则 PHA 混合菌群合成的 PHV 含量高于 PHB，而 2# 反应器以偶数碳 VFA 的发酵液为底物，则

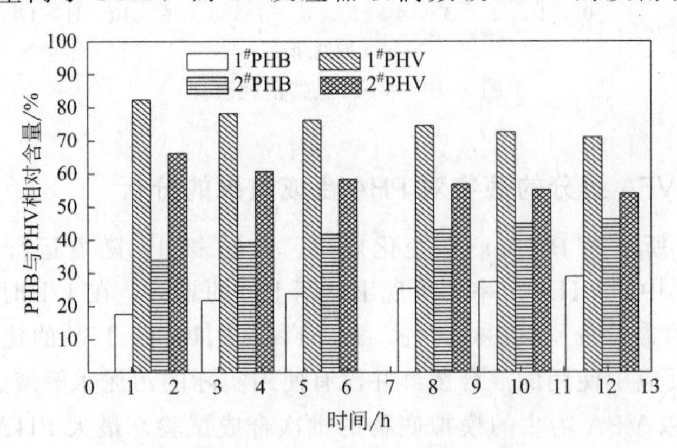

图 3.12　PHB、PHV 的相对含量

PHA 混合菌群合成的 PHV 低于 PHB。由此可知，不同的 VFA 组分能够调控合成的 PHA 中 PHB 与 PHV 的相对含量，而 PHA 中 PHB 与 PHV 的比例则决定了 PHA 的塑性、韧性等物理性质。

基于响应曲面试验的定向产酸调控结果的应用，以 VFA 中奇数碳 VFA 的比例为出发点，根据第 2 章中 2.5 节得到的奇数碳 VFA 比例公式，选取了三种不同的运行工况，旨在能够实现不同奇数碳 VFA 质量分数的半连续流定向产酸。在工况一（奇数碳 VFA 型发酵），pH＝8.0，β-环糊精投加量为 0.10g/g TSS，污泥-甘油共发酵时的发酵 C/N 为 15/1 的条件下，半连续流厌氧产酸反应器稳定运行，并最终得到奇数碳 VFA 质量分数为 57%左右的酸性发酵液，与奇数碳 VFA 比例的公式基本吻合。在工况二（偶数碳 VFA 型发酵），pH＝9.0，β-环糊精投加量为 0.05g/g TSS，污泥-甘油共发酵时的发酵 C/N 为 10/1 的条件下，以及工况三（偶数碳 VFA 型发酵），pH＝9.0，β-环糊精投加量为 0.15g/g TSS，污泥-甘油共发酵时的发酵 C/N 为 8/1 条件下，半连续流反应器均稳定运行，并分别得到了奇数碳 VFA 比例为 48%、40%左右的酸性发酵液，与第 2 章中奇数碳 VFA 比例 39.18%、31.71%的预测值相比，实际奇数碳 VFA 的比例均有 10%左右的误差，这可能是由于批次实验与半连续流反应器的实验形式、反应器规模以及人为操作等因素引起的实验误差。在利用不同 VFA 组分的发酵液合成可生物降解塑料 PHA 的实验中，奇数碳 VFA 型发酵液与偶数碳 VFA 型发酵液对应 PHA 合成实验分别得到 35%、25%的 PHA 产量。工况一条件下产生的酸性发酵液中奇数碳 VFA 比例为 58.02%，对应合成 PHA 中 PHV 为主要成分，其相对含量为 71.04%。工况三偶数碳 VFA 型发酵液中奇数碳 VFA 比例为 43.99%，以其为底物合成的 PHA 中，PHB、PHV 的相对含量分别为 46.09%、53.91%。

第4章 活性污泥合成PHA的充盈-匮乏模式研究

4.1 实验设计

4.1.1 实验装置与实验设计

本书实验的编号原则为：在活性污泥混合菌群合成PHA富集阶段的反应器记为SBR反应器，实验批次编号为Ⅰ、Ⅱ、Ⅲ…，在同批次实验中的不同反应器编号为1#、2#、3#…；在PHA合成阶段的间歇补料反应器，命名为Batch反应器；PHA合成阶段的连续补料反应器，命名为Continue反应器。

(1) *序批式反应器——PHA合成菌群富集阶段的反应器*

本书采用三种类型的序批式反应器进行混合菌群合成PHA的富集驯化阶段工作，这三种反应器的具体尺寸和结构如图4.1所示。其中，柱状上流式SBR反应器Ⅰ采用有机玻璃材质制作，总高1.3m，反应器中液面高1m，有效容积为8L，结构形式为一个竖直且细长的直圆筒，圆筒直径为90mm。在反应器的底部设置进水口，在工作时液面高度的一半处设置出水口，通过连接的电磁阀控制反应器的排水进程，反应器在每次排水过程中排出的上清液或泥水混合液为4L，占有效容积的50%。反应器底部设置曝气装置，无搅拌桨，完全通过上升气流使反应器内泥水混合均匀。柱状上流式SBR反应器Ⅰ用于好氧颗粒污泥合成PHA富集阶段、动态间歇排水瞬时补料（ADD）运行模式的PHA富集阶段。

完全混合式SBR反应器采用有机玻璃材质制作，高25cm。反应器液面高18cm，有效容积为2L，反应器直径为12cm。利用胶管在反应器上部开头处进水，从液面高度一半处设置排水口，利用蠕动泵进行排水过程。在反应器底部设曝气装置，设置搅拌桨协助实现泥水均匀混合。完全混合式SBR反应器用于传统的好氧动态补料（ADF）运行模式下的PHA富集阶段。

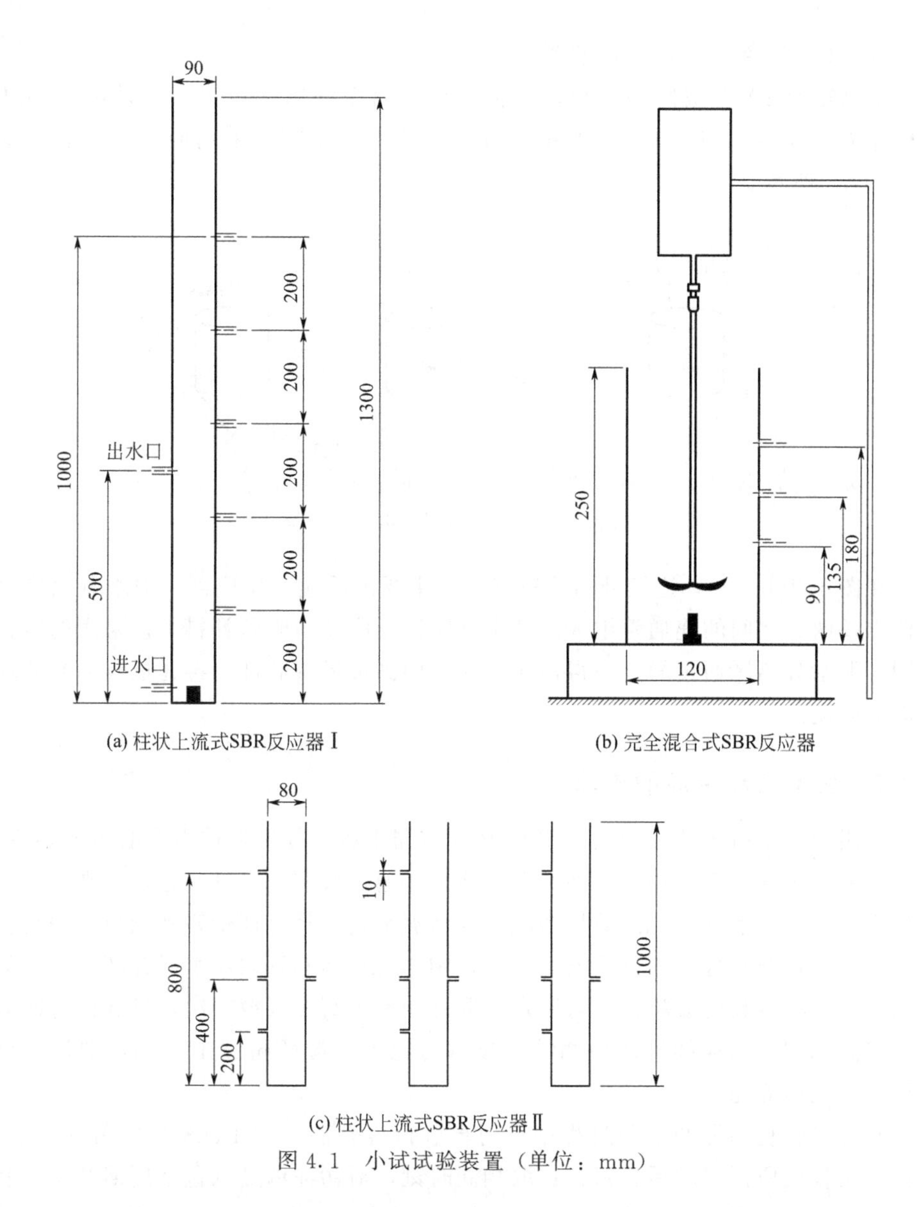

(a) 柱状上流式SBR反应器Ⅰ　(b) 完全混合式SBR反应器

(c) 柱状上流式SBR反应器Ⅱ

图 4.1　小试试验装置（单位：mm）

柱状上流式 SBR 反应器Ⅱ采用玻璃材质，为三组联排柱状反应器，高径比与柱状上流式 SBR 反应器Ⅰ相同。高度为 1m，液面高度为 80cm，有效容积为 4L。在反应器中部设置排水口，利用电磁阀进行控制排水过程，每次排水容积为工作容积的 50%。在反应器底部设置曝气装置，在反应器顶部进水，不设置搅拌桨，通过从底部上升的气流实现泥水的混合。柱状上流式 SBR 反应器Ⅱ用于好氧颗粒污泥富集 PHA 阶段工艺优化，与动态间歇排水瞬时补料（ADD）运行模式下富集 PHA 阶段工艺优化。

(2) PHA合成阶段的反应器

本书在PHA合成阶段，根据工艺不同，对于间歇补料工艺，采用500mL烧杯作为反应器如图4.2(a)所示；对于连续补料工艺，采用的反应器装置如图4.2(b)所示。

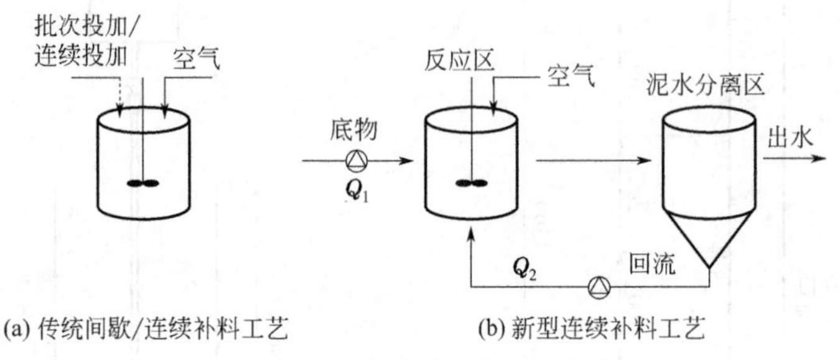

图4.2 PHA合成阶段主要运行策略

在图4.2(b)中，连续补料反应器装置主要由反应区反应器、泥水分离区反应器以及两者之间的连通管组成。其中反应区反应器与间歇补料工艺采用的装置相同，泥水分离区通过静置使得污泥沉淀集中到锥形瓶底部，再通过蠕动泵实现污泥的回流。

4.1.2 好氧颗粒污泥的培养

利用图4.1所示的柱状上流式SBR反应器Ⅰ进行好氧颗粒污泥的培养制备。通过污泥的沉降速度实现对活性污泥的筛选，通过底部的曝气装置，实现反应器内的上升气流对活性污泥的剪切力施加。污泥平均粒径是评价好氧颗粒污泥是否培养成功的重要指标，自反应器启动后，用10mL离心管取泥水混合液，三支为一组，利用激光粒度分析仪进行测定。取样频率为每2天取一次，且保证每次取样的时间相同。当连续两次检测结果显示污泥平均粒径超过150μm，则认为好氧颗粒污泥培养完成。

在好氧颗粒污泥的培养过程中，同步进行混合菌群中PHA合成菌的富集。自污泥接种反应器启动后，每天选取相同时刻，对污泥浓度（包括周期开始时和周期结束时的污泥浓度）、溶解氧突跃时间、温度、pH值、污泥指数（SVI）等参数，通过取样、便携式仪器等进行检测。每隔2天对反应器内一个典型周期进行沿程取样，在投加底物后的曝气阶段，溶解氧突跃前，用4mL离心管取泥水混合液，每3～5min取样一次。溶解氧突跃后，可逐渐延长取样时间间隔，从10～15min取样一次，逐渐延长到30～60min取样一次，直至曝气停止，周期结束。对样品进行离心处理，取上清液，利用滴定法检测COD指标，利用分光光度计检测氨氮浓度指标；剩余的活性污泥，则放置于冰箱冷冻保存，实验时用冷冻干燥剂进行冷冻干燥24h，用精密天平称重后，按标准PHA测定方法进行操作，检测 PHA 合成菌富集过程中微生物细胞中的 PHA 含量。通常情况下，在溶解氧发生突跃时，微生物不再消耗反应器中的溶解氧，活性污泥混合菌群完成对碳源的吸收过程，此时取样监测得到的微生物细胞中的 PHA 含量最高。在反应器运行过程中，将连续多次监测得到的 PHA 含量值汇总，即可知活性污泥混合菌群在 PHA 合成菌富集阶段的 PHA 含量变化规律。好氧颗粒污泥合成 PHA 实验包括如下两个实验。

（1）验证好氧颗粒污泥合成 PHA 可行性的实验

本实验反应器编号为 SBR Ⅰ，采用乙酸钠作为碳源，氯化铵作为氮源，进行人工配水，培养好氧颗粒污泥。采用柱状上流式 SBR 反应器 Ⅰ，每周期采用 6h 运行时间，底部曝气头为反应器提供上升气流，在运行过程中设置污泥沉降时间为 10min，待排水过程中没有污泥流失，减少沉降时间到 8min，继续对絮状污泥进行筛除。随着污泥的沉降性逐渐增强，逐步减少污泥沉降时间，最终可设置在 2min，同时设置生物固体停留时间（SRT）为 10 天不变。反应器采用周期为 6h，一个典型周期包括进水（10min）、曝气（310min）、沉淀（10min）、静置（30min）四个环节。DO 保持在 3mg/L 左右，pH 值为 7～8，温度为室温。

（2）生态筛选与沉降性能筛选模式不同组合对 PHA 富集效果影响实验

本实验反应器编号为 SBR-Ⅱ-1#、SBR-Ⅱ-2#、SBR-Ⅱ-3#，采用乙酸钠为碳源，进行人工配水，采用柱状上流式 SBR 反应器 Ⅱ，对于三种不同运行模式的具体信息，详见第 2 章。好氧颗粒污泥合成 PHA 的间歇补料实验，利用本章 4.1.1 小节中所述的实验装置进行。碳源种类与 PHA 合成菌富集阶段相同，但不包含氮、磷等营养物质，此阶段正是为微生物提供不均衡营养的生长环境，且碳源过量存在，为富集阶段的 4～6 倍。按照本章 4.1.1 小节中所述的实验方法开展间歇补料实验，在实验的开始和结束时取样检测污泥浓度，在每个投加底物开始曝气前后取样检测 COD 浓度和微生物细胞 PHA 含量，并在实验过程中实时监测溶解氧浓度。通常在间歇补料实验中，混合菌群的 PHA 含量呈逐渐上升的趋势，并在实验结束时达到相应批次的最高 PHA 含量。实验的活性污泥混合菌群来源，是对应用于富集 PHA 菌群的 SBR 反应器排泥，每 5 天利用收集到的排泥用于第三段的 PHA 合成实验。

（3）好氧颗粒污泥合成 PHA 富集阶段反应器运行模式优化实验设计

在本实验中，利用本章 4.1.1 小节中柱状上流式 SBR 反应器 Ⅱ，运行一组三个反应器。分别采用三种不同的反应器运行模式，进行利用活性污泥混合菌群的富集 PHA 合成实验。三个反应器采用相同的碳源、相同的环境温度与 pH 值条件，不同在于反应器进水、曝气、排水、静置等运行方式的先后顺序及时长。反应器在运行过程中的监测指标、取样方法、检测频率与前述部分相同，间歇补料实验的方法、检测方法与本小节上述部分相同。

4.1.3 好氧颗粒污泥模式合成 PHA 的研究

利用 SBR 反应器培养好氧颗粒污泥的主要影响因素有四个。

(1) 持续的上升气流

反应器底部曝气，不设置搅拌桨，完全利用曝气使反应器内的污泥混合均匀，且上升气流在反应器中形成环流，对污泥造成的剪切力，已被证明是好氧颗粒污泥形成的重要条件之一。

(2) 合适的污泥淘汰率

在反应器上升气流剪切力的作用下，活性污泥会逐渐形成微小的颗粒核心，并以此逐渐扩展，颗粒的直径逐渐增大。在好氧颗粒污泥培养过程是颗粒污泥与絮状污泥共存的阶段，必须通过设置合理的污泥沉淀时间与排水时间，才能使反应器在尽量少的周期内实现颗粒污泥占污泥总体的比例迅速增加。

(3) 足够的污泥沉降距离

通常情况下，需要反应器具有一定的高度，在曝气停止时，使已经形成的好氧颗粒污泥和絮状污泥因沉降速度不同而体现出较大的位置差异，便于在排水过程中排除掉絮状污泥。

(4) 底物浓度的充盈和匮乏机制

周期性的进水、反应、沉淀和排水的运行方式，很容易形成微生物周期性的匮乏状态。

为加快反应器的排水时间，采用电磁阀进行排水。较快的排水时间可以增强排水环节的筛除能力，本实验采用的好氧颗粒污泥反应器运行模式见图 4.3。由于实验的目的在于利用活性污泥混合菌群合成 PHA，而非培养用于污水处理等领域的好氧颗粒污泥，且当好氧颗粒污泥的粒径较大时，会对后期 PHA 继续富集、合成以及 PHA 粗提等工艺造成困难。因此，本实验培养的好氧颗粒污泥粒径为 0.15～1mm，具有良好的沉降性即可。在颗粒污泥培养的过程中，采用柱状上流式反应器的目的是在反应器内形成持续的上升环

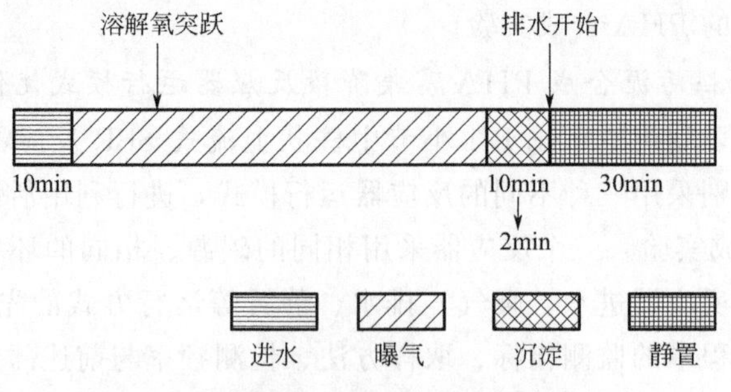

图 4.3 好氧颗粒污泥反应器运行模式示意

流，从而促使原本处于絮体状态的污泥形成菌团，使得生物聚合体的表面自由能最低，而通过调整曝气量即可以调整反应器内整体环流与局部涡流的大小，控制颗粒污泥的形成。本章中，控制曝气量在好氧颗粒污泥形成要求的1.2cm/s 临界值左右，通过激光粒度分析仪观测颗粒形成趋势，控制颗粒直径为 0.5～1mm，即可保证既通过沉降性能筛选出沉降性良好的微生物，同时避免颗粒污泥粒径增长，密度增加，为后期 PHA 产物合成造成困难，这是由好氧颗粒污泥合成 PHA 的需要决定的。

实验启动并运行一组柱状上流式 SBR 反应器 Ⅰ，反应器的详细参数见4.1.1 小节内容。设反应器的编号为 SBR-Ⅰ（富集阶段）和 Batch-Ⅰ（批次合成阶段），反应器刚启动时，投加污泥浓度为（3520±100）mg/L，污泥形态为黑色絮状。在第一个周期内，充盈阶段为 2h。反应器运行 3 天后，即运行了 12 个完整周期，污泥颜色开始逐渐由黑色转变为黄褐色。运行 8 天后，污泥颜色变为黄色，底物充盈时间缩短为 40～50min，且有明显的溶解氧突跃现象。自反应器启动开始，每两天取样监测污泥的平均粒径，在每天的第三个周期底物充盈阶段末期取泥水混合样进行高倍显微镜观察，结果如图 4.4 所示。在相同的倍数（40×）下，通过光学显微镜观察，活性污泥由絮状状态逐渐形成外观规则、结构相对致密的污泥菌团，即好氧颗粒污泥。

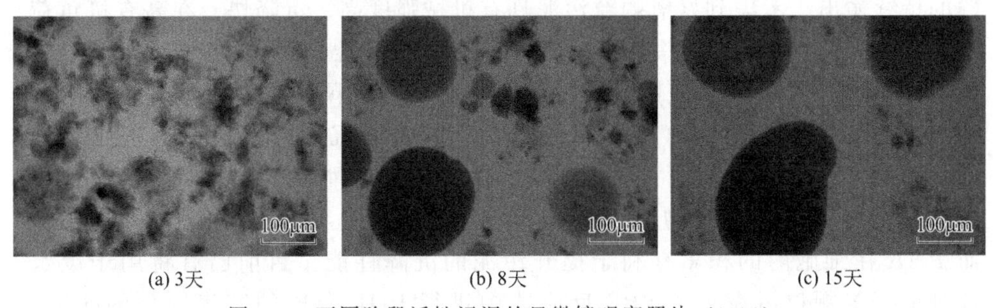

(a) 3天　(b) 8天　(c) 15天

图 4.4　不同阶段活性污泥的显微镜观察照片（40×）

利用 Mastersizer 2000 激光粒度分析仪，对反应器运行 15 天后的样品进行分析，可知样品的径距 2.234μm，颗粒吸收率 0.1，分散剂（水）的折射率1.33，残差 0.78%，比表面积 0.0302m^2/g，表面积平均粒径 198.93μm，体积平均粒径 543.36μm，样品中 90%的颗粒污泥粒径达到 1124.65μm，其粒径分布如图 4.5 所示。由图 4.4 与图 4.5 可见，在反应器运行初期，污泥呈现出没有规律的松散絮状形态。反应器运行 8 天后，开始有形成颗粒污泥的趋势，且此时的活性污泥平均粒径已经达到 0.2mm，可认为已经形成好氧活性污泥，只是此时颗粒污泥还不够致密。经过 15 天的培养，污泥的平均粒径达到 1mm左右。

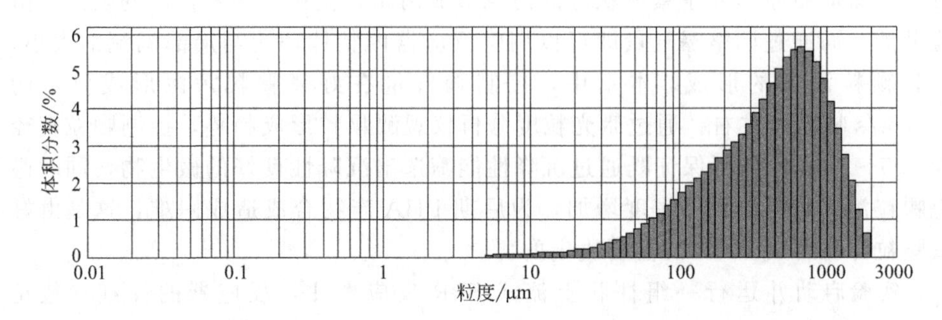

图 4.5　好氧颗粒污泥粒径分布（15 天）

4.2 好氧瞬时补料结合沉降性能筛选模式对混合菌群合成 PHA 影响

在研究中发现，活性污泥混合菌群在 ADF 运行模式下进行 PHA 合成菌群的驯化富集，对反应器的运行条件敏感，在反应运行过程中容易出现污泥性状以及 PHA 含量等指标的不稳定的现象，导致反应器难以保证高 PHA 合成菌群的持续输出。考虑到好氧颗粒污泥具有机械强度高、沉降快、在高有机负荷条件下污泥性状稳定性高等特点，尝试利用好氧颗粒污泥的培养模式来解决 PHA 合成工艺中的不稳定问题。目前通常认为好氧颗粒的形成需要满足的条件包括底物供给有明显的充盈-匮乏阶段、较短的沉淀时间以及通过曝气提供足够的水力剪切作用。这些特点与 PHA 合成菌群的筛选过程极为相似。SBR 可利用周期性的底物匮乏对微生物进行选择，可以促进 PHA 的积累，而 PHA 在细胞内的积累有利于提升污泥的沉降性能。目前已有将用于废水处理的好氧颗粒污泥加入 SBR 反应器中进行 PHB 合成的富集驯化的研究，并得到 44％的 PHA 含量。本章开展利用好氧颗粒运行模式进行污泥合成 PHA 的研究，探讨好氧颗粒污泥的运行模式对提高活性污泥沉降性能以及 PHA 合成菌富集效果的影响，并提出污泥沉降性能筛选对 PHA 合成的重要意义。

4.2.1 PHA 合成菌富集阶段的充盈-匮乏筛选作用

目前绝大多数利用活性污泥混合菌群驯化合成 PHA 的研究，都采用底物充盈-匮乏机制，这是基于细胞自身的机制：PHA 合成菌在底物充盈的环境中，快速吸收碳源，一部分用于细胞分裂与生长，另一部分则转变为细胞内存储作为储备碳源。当碳源耗尽，即在底物缺乏的环境下，PHA 合成菌就会利用体内的储备碳源，维持自身活性，同时，还要继续进行细胞分裂增殖。而在混合菌群中，还存在大量不具备产 PHA 能力（将在反应器运行条件下细胞存储 PHA 机制不被激活的微生物，也视为不具备产 PHA 能力）的菌群，对于这些菌种而言，由于在底物充盈阶段没有进行储备碳源的细胞内存储，所以在底物匮乏的阶段就会因缺乏碳源供给而不具有生存优势，从而在重复多次的底物充盈-匮乏循环过程中被选择出系统。混合菌群在反应器的微环境内，经过长期的底物充盈-匮乏交替循环驯化，最终使活性污泥混合菌群中 PHA 合成菌的比例得以提高，不具备产 PHA 能力的菌种逐渐消亡，以达到在混合菌群中提高 PHA 合成菌比例的目的。

将上述这种利用底物充盈-匮乏机制以及细胞自身代谢特性实现对混合菌群的筛选，称作“生态筛选”。生态筛选往往通过调整浓度、周期长短等方式实现。在生态筛选作用于活性污泥混合菌群的过程中，底物充盈与匮乏的持续时间之比（Feast phase/Famine phase，F/F）是影响这一过程的关键因素。在活性污泥合成 PHA 的系统中，F/F 是一个间接指标，在活性污泥系统中，受有机负荷、污泥龄、温度等参数影响。崔有为等对嗜盐污泥以乙酸钠为碳源时，F/F 对 PHB 合成能力的影响进行了 300 天的实验研究。认为在底物充盈-匮乏的筛选机制作用下通过有机负荷调控 F/F，可知：F/F 较小（F/F≤0.33）条件下，微生物吸收碳源主要用于在细胞内合成并积累 PHA；而在 F/F 较大（F/F≥1）条件下，微生物吸收碳源主要用于细胞生长增殖。因此，在活性污泥合成 PHA 反应器系统稳定运行的条件下，F/F 数值减小，反映了微生物对碳源的竞争，有 PHA 合成能力的微生物倾向于快速吸收碳源并合成 PHA，从而在数倍于底物充盈的匮乏时间内维持生长与增殖。对于非 PHA 合成菌群，较小的 F/F 意味着“过度匮乏”的恶劣环境，不利于其生存，从而更趋向于被淘汰。在 4.2.3 小节中，经过 30 天驯化，底物充盈时间从反应器启动时的 2h，减少到 20 天时的 18min，30 天时稳定在 15min 左右，对应的 F/F＜0.1，有利于对活性污泥混合菌群的筛选。

目前利用活性污泥混合菌群合成 PHA 已经达到其比例占细胞干重的 89%以上，接近于单一菌种合成 PHA 的水平。但利用生态筛选对混合菌群的筛选，往往需要较长时间的底物充盈-匮乏循环来筛分 PHA 合成菌群。本课题组的前期研究表明，在 ADF 工艺下，活性污泥的 PHA 含量随着反应的进行缓慢提高，达到 50%以上通常需要 100 天以上的时间。而通过对比前人研究，见表 4.1，PHA 含量超过 70%的实验，多为从已经对活性污泥进行驯化富集 1 年以上的反应器中取样。说明活性污泥合成 PHA 工艺的早期 PHA 含量较低问题，并未得到研究者的普遍重视。虽然利用活性污泥混合菌群取代纯菌合成 PHA 也可以达到较高的产量，但付出的时间成本却相当高昂，在驯化期间所合成的 PHA 不作为 PHA 产品，仅仅依靠生态筛选还是难以实现对纯菌的替代，如表 4.1 所示。

表 4.1 利用混合菌群合成 PHA 的富集时间

文献	PHA 最大含量对应的富集时间	PHA 占细胞干重含量
Wen,2012	102 天	53%
Dionisi,2004	80 天	38%
Johnson K,2009	2 年	89%
Albuquerque M G E,2010	3 年	75%
Serafim L S,2004	18 月	67.2%
Bengtsson S,2008	250 天	48%
Albuquerque M G E,2011	10 月	68%
Aslı Seyhan Cıggın,2011	1 月	300mg COD/L
Chang H F,2012	150 天	573 mg P(HB/HV)/g MLVSS
Jiang Y,2012	5 月	77%
Xue Yang,2012	40 天	40%

4.2.2 PHA 合成菌富集阶段的沉降性能筛选作用

针对利用活性污泥混合菌群合成 PHA，在生态筛选的基础上，结合好氧颗粒污泥沉降性好的特点，进一步提出了沉降性能筛选的概念。根据 Jiang 的发现，认为混合菌群的整体 PHA 含量，取决于有产 PHA 能力菌种的数量，以及该菌种的合成 PHA 能力，具体表示见式(4.1)。

$$f_{\mathrm{PHA,overall}} = f_{\mathrm{PHA,1}} \frac{C_{\mathrm{biomass1}}}{\sum\limits_{i=1}^{n} C_{\mathrm{biomass}\ i}} + f_{\mathrm{PHA,2}} \frac{C_{\mathrm{biomass2}}}{\sum\limits_{i=1}^{n} C_{\mathrm{biomass}\ i}} + \cdots + f_{\mathrm{PHA},n} \frac{C_{\mathrm{biomass}\ n}}{\sum\limits_{i=1}^{n} C_{\mathrm{biomass}\ i}} \quad (4.1)$$

由此可知，在活性污泥混合菌群中，不同微生物合成 PHA 的能力有差异。活性污泥混合菌群合成 PHA 的富集驯化过程，本质上是调整反应器内微生物所处的微环境，使其有利于 PHA 合成菌的生长和增殖。而提高活性污泥 PHA 含量的一个有效途径可以是在原有的生态筛选作用淘汰无明显合成 PHA 能力微生物的基础上，进一步通过某种方式来淘汰合成 PHA 能力较弱的微生物，即式(4.1)中 $f_{\mathrm{PHA},i}$ 相对较小的微生物，即使经过筛选作用的混合菌群 $f_{\mathrm{PHA,overall}}$ 数值提高。

斯托克斯定律（Stokes Law）是用于描述球形颗粒物体在处于层流流体中的沉降公式。其原理为，设颗粒的直径为 d，则在沉降过程中，受到向下的重力 G 以及向上的浮力 F 和阻力作用。

$$\text{重力}: G = \frac{\pi}{6} d^3 \rho_s g \quad (4.2)$$

而浮力与颗粒的体积、液体密度和重力加速度有关。

$$浮力：F=\frac{\pi}{6}d^3\rho g \tag{4.3}$$

颗粒在液体中，若颗粒的密度大于液体的密度，则重力大于浮力，颗粒发生沉降；若颗粒的密度小于液体的密度，则重力小于浮力，颗粒发生上浮。当颗粒在液体中发生沉降时，迎着颗粒的运动方向产生阻力。另阻力系数为 δ，沉降速度为 u_0，A 为颗粒在与沉降方向垂直方向平面上的投影面积：

$$A=\frac{\pi d^2}{4} \tag{4.4}$$

则有：

$$阻力=\delta\ \frac{\pi d^2}{4}\times\frac{\rho u_0}{2}$$

当颗粒达到平衡状态，即颗粒悬浮或匀速沉降时，颗粒的重力等于浮力与阻力之和，因此有

$$\frac{\pi}{6}d^3(\rho_s-\rho)g=\delta\ \frac{\pi d^2}{4}\times\frac{\rho u_0}{2} \tag{4.5}$$

整理，求出颗粒的沉降速度表达式：

$$u_0=\sqrt{\frac{4d(\rho_s-\rho)g}{3\rho\delta}} \tag{4.6}$$

引入雷诺数 $Re=\frac{du\rho}{\mu}$。

雷诺数是用于描述流体流动过程中惯性力与黏性力之间的关系，也是用于判断流体流动形态的参数，当流体处于层流时（$Re<0.3$），存在关系 $\delta=24/Re$。

代入式(4.6) 中，可得：

$$u_0=\frac{d^2(\rho_s-\rho)g}{18\mu} \tag{4.7}$$

即为斯托克斯定律。

因此，由斯托克斯定律可知，在沉降过程中，颗粒的沉降速度 u_0 与颗粒直径 d 的平方、颗粒与液体的密度差（$\rho_s-\rho$）以及重力加速度 g 成正比，与液体的黏度成反比。在底物充盈阶段末期，微生物完成吸收碳源并在细胞内合成 PHA 的过程。根据 Rittmann 教授与 Krishna 的研究成果，PHA 合成菌在细胞内存储 PHA 后会改善其沉降性能，且微生物的密度增大，在式(4.7) 中（$\rho_s-\rho$）较高；细胞内 PHA 含量较多时，细胞形态饱满，相对而言 d^2 数值较大；细胞 PHA 含量较高和较低的微生物，处在同一个反应器环境内，因此液体的黏滞性参数 μ 相同，因此细胞 PHA 含量较高的微生物，也就是在相同长度的底物充盈阶段，合成 PHA 能力较强的微生物，沉降速度较快，因此利用富含 PHA 微生物沉降性上的优势来进行高 PHA 合成菌的富集是可行的。由此，本章提出活性

污泥混合菌群合成PHA的驯化富集过程中，利用反应器对混合菌群施加沉降性能筛选的概念：基于细胞内积累PHA后会增强沉降性，以及混合菌群中微生物合成PHA能力有所不同的现象，通过调整反应器停曝气时间和排水时间设置，使其在排水时将部分沉降性较差的活性污泥筛除，留下沉降性较好菌群的方法，称为沉降性能筛选模式，也成为物理筛选模式。

4.2.3 PHA富集阶段污泥特性与底物消耗

在反应器启动后，由于运行周期内设置的污泥沉降时间和排水时间均较短，在排水过程中，伴随有较多沉降性较差的污泥随水排出，造成反应器运行初期出现明显的污泥浓度下降现象。与此同时，污泥浓度快速下降造成反应器短期内的不稳定，直接表现为SVI上升。在反应器10min污泥沉降时间后不再有污泥流失后，SVI迅速下降。反应器运行30天，污泥浓度在恢复到投加时水平的基础上，还增加了20%，而SVI则为98，比投加时增加了22%，比最高值降低了60%，反应器运行30天期间污泥浓度与SVI变化趋势如图4.6所示。

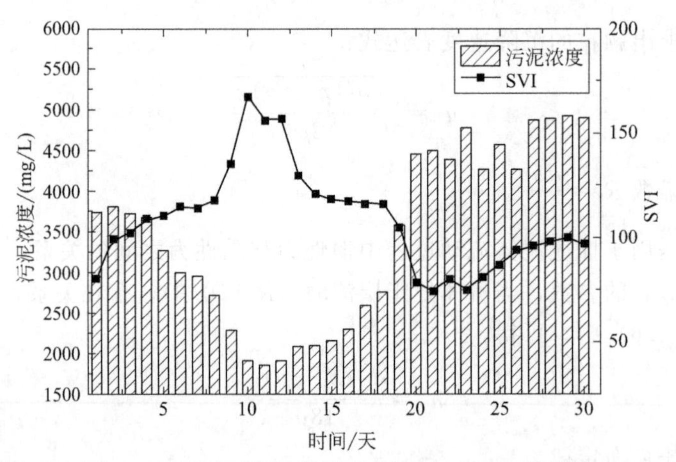

图4.6 好氧活性污泥的污泥浓度与SVI变化趋势

好氧颗粒污泥在反应器运行20天时，选取一个典型周期进行连续取样，并测试COD和氨氮浓度，数据如图4.7所示。在反应器运行初期，污泥的COD消耗和氨氮消耗分别为95.4%和93.2%，经过20天的驯化，DO突跃的时间为18min，显著小于初始的2h，说明好氧颗粒污泥对底物已具有良好的适应性；污泥的COD消耗和氨氮分别达到99.1%和98.6%，说明污泥中的微生物有较好的底物吸收能力。

4.2.4 好氧颗粒污泥运行模式下的PHA合成能力

好氧颗粒污泥混合菌群中微生物的PHA合成阶段最大含量和富集期间的

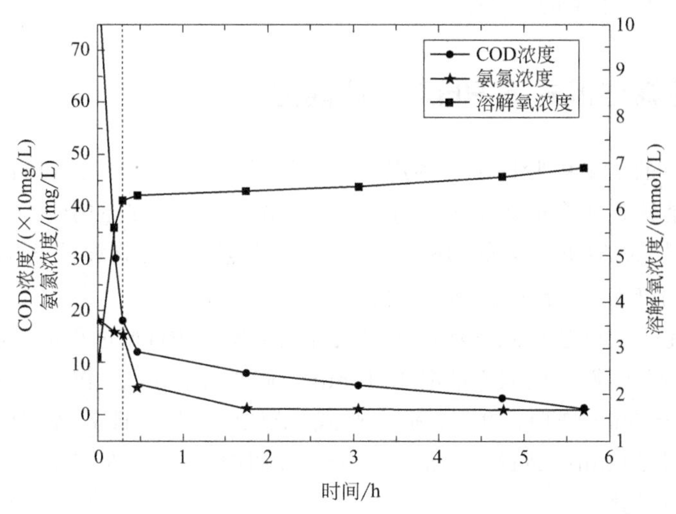

图 4.7　一个周期内的底物吸收情况（20 天）（虚线为充盈与匮乏的分界线）

PHA 含量，分别是通过 PHA 合成阶段间歇补料实验和在底物充盈阶段末期的 SBR 反应器中取样测定的。自反应器启动后，每 5 天从 SBR 反应器中取样进行间歇补料实验，结果如图 4.8 所示。从图 4.8 中可知，在反应器启动阶段，SBR 反应器中污泥微生物细胞中的 PHA 含量在 5.6%，对应的 Batch 实验为 10.5%；反应器运行 15 天后，SBR 中的 PHA 含量达到 7%，对应的 Batch 实验为 26.6%；反应器运行到 20 天时，SBR 中的 PHA 含量达 13.7%，对应的 Batch 实验为 49.4%。说明此模式筛选到的颗粒污泥具有 PHA 合成能力，可以在底物充盈阶段吸收碳源并将其在细胞内存储成 PHA，且达到反应器运行 30 天时

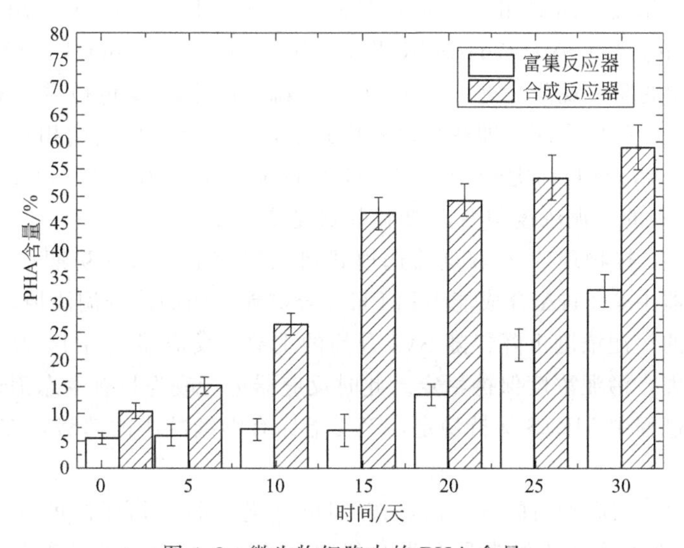

图 4.8　微生物细胞内的 PHA 含量

PHA 含量占细胞干重的 59%。

4.3 不同筛选模式下 PHA 合成能力

在 4.2 节的实验中验证了可利用好氧颗粒污泥合成 PHA 的可行性，以及在引入沉降性能筛选概念的基础上，进一步探讨沉降性能筛选的引入，对基于底物充盈-匮乏机制的 ADF 工艺的影响，开展物理-生态双重筛选模式与 ADF 工艺的组合对混合菌群 PHA 含量影响的实验。

为了讨论不同筛选模式下活性污泥混合菌群富集 PHA 过程的影响，首先定义物理-生态双重筛选模式（即进水 10min、曝气 310min、沉淀 10min、静置 30min 为一个 6h 周期），生态筛选模式（ADF 工艺，即进水 10min、曝气 610min、沉淀 30min、静置 30min 为一个 12h 周期），然后对三个 SBR 反应器设置不同的运行模式。

SBR-Ⅱ-1# 为 A 模式，即先物理-生态双重筛选模式后 ADF 工艺，简称先双重筛选后 ADF 工艺，即先用物理-生态双重筛选模式对活性污泥进行预驯化后，持续按照 ADF 工艺运行的模式。

SBR-Ⅱ-2# 为 B 模式，先 ADF 工艺后物理-生态双重筛选模式，简称为先 ADF 后双重筛选模式，即先用 ADF 工艺对活性污泥进行预驯化后，持续按照基于物理-生态筛选的颗粒污泥合成 PHA 工艺运行的模式。

SBR-Ⅱ-3# 为 AB 交替模式，为先采用物理-生态双重筛选模式运行 2 天后改用 ADF 工艺，依次循环。

实验启动一组柱状上流式 SBR 反应器Ⅱ，反应器详细参数见 4.1.1 小节内容。接种污泥浓度，SBR-Ⅱ-1# 为 (3456±100)mg/L，SVI=81；SBR-Ⅱ-2# 为 (3647±100)mg/L，SVI=76；SBR-Ⅱ-3# 为 (3164±100)mg/L，SVI=88。污泥活性恢复期的颜色观测，运行到 14 天，观测 SBR-Ⅱ-1# 颜色最浅，SBR-Ⅱ-2# 次之，SBR-Ⅱ-3# 颜色最深，即颗粒培养模式下，污泥活性恢复期相对较快。反应器运行到 16 天，颗粒污泥开始形成，即 SBR 内平均粒径达到 200μm 以上。反应器运行 35 天的污泥浓度与 SVI 变化趋势见图 4.9。

SBR-Ⅱ-1# 按物理-生态双重筛选模式启动反应器，启动初期通过沉降性能筛选将反应器中非 PHA 合成能力和 PHA 合成能力弱的菌群淘汰掉，故在 14 天以前有明显的污泥浓度下降伴随 SVI 升高的现象。反应器运行 14 天以后，逐渐没有污泥流失，污泥浓度保持稳定。此时反应器运行改为只有生态筛选模式，在此模式运行过程中 MLSS 保持稳定，SVI 指标有继续减小的趋势，在 30 天时已达 60 左右。

SBR-Ⅱ-2# 在启动后的 5 天内，按 ADF 工艺运行，污泥浓度降低说明有非 PHA 合成菌被淘汰，转化为具有生存优势的 PHA 合成菌的营养物质。在第 6

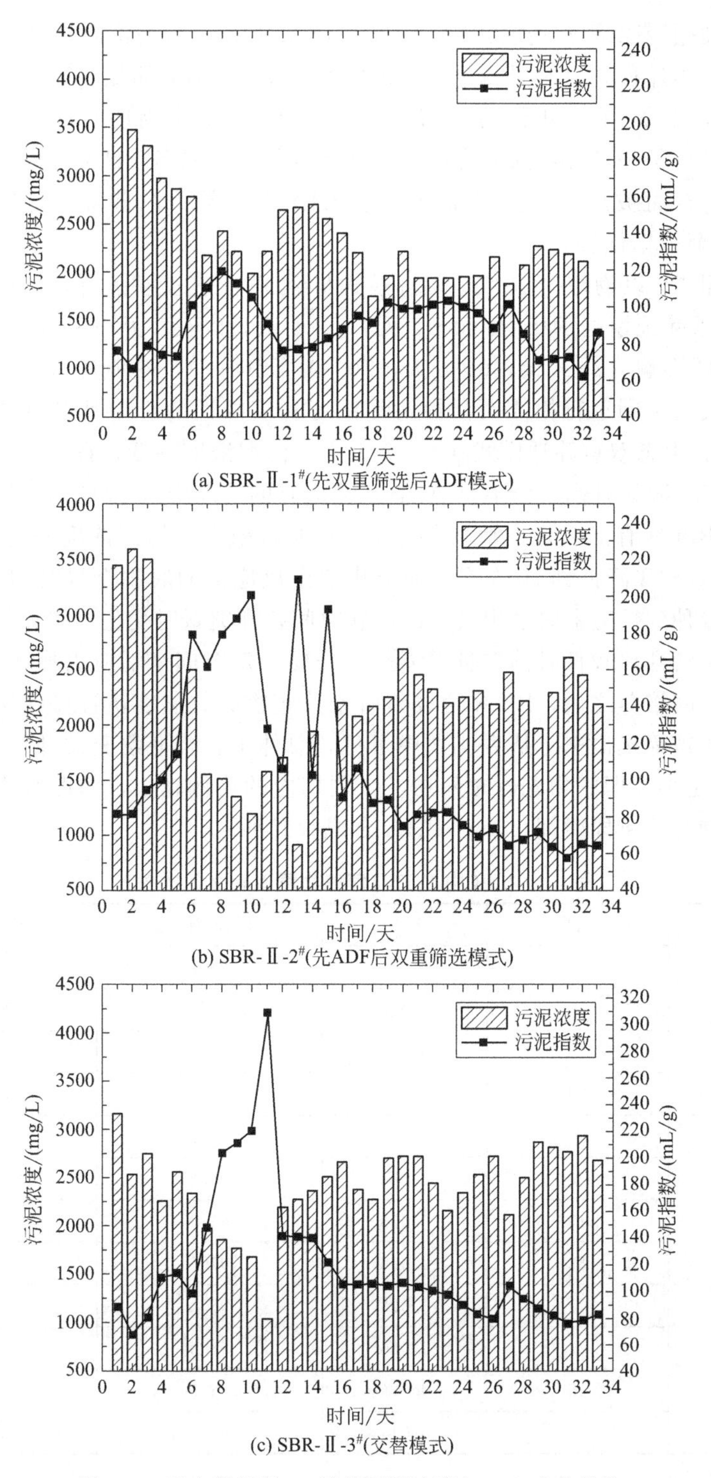

图 4.9　反应器运行 35 天的污泥浓度与 SVI 变化趋势

天转成物理-生态双重筛选模式后，在6～12天内为典型的沉降性能筛选结合生态筛选的作用过程。SBR-Ⅱ-2[#]筛除沉降性差的污泥的时间比SBR-Ⅱ-1[#]短，这是由于SBR-Ⅱ-2[#]首先进行的ADF工艺中，通过10个周期的较长底物匮乏阶段，已经进行了一定程度的混合菌群筛选，一部分不具备PHA合成能力的微生物因无法生存而被淘汰。反应器中具有PHA合成能力的菌群沉降性较好，产PHA菌逐渐占据优势。

SBR-Ⅱ-3[#]以物理-生态双重筛选模式与ADF工艺交替运行，若单独考察物理-生态双重筛选模式的影响（0～2天，4～6天，8～10天……），或单独考察ADF工艺的影响（2～4天，6～8天，10～12天……），发现其均具备各自典型的特征，说明不同运行模式对活性污泥浓度和沉降性的影响具有可叠加性。同时，如物理-生态双重筛选模式在0～2天内，污泥浓度降低，在2～4天的ADF工艺中，SVI明显升高，而不是ADF工艺应有的“渐增”，反映出不同运行模式对污泥的影响具有滞后性。反应器运行15天后稳定，污泥浓度保持在2500～3000mg/L，SVI降低到80左右。研究中3个反应器的底物充盈时间非常接近。微生物刚接种到反应器时会出现DO突跃时间长和突跃时变化不明显的现象，说明微生物的活性比较低且菌群种类复杂，需要一定时间来适应更换底物的更替。经过一段时间培养之后，PHA合成菌由于其底物吸收速度快且可利用其自身储能的特性而被筛选出来。从表4.2中可见，总体上，当底物充盈/匮乏时间之比（即F/F）越小，即底物充盈时间在一个周期内的比例越小，污泥底物吸收速度越快；底物匮乏阶段时间长，对PHA合成菌有利。

表4.2 SBR中F/F与营养物质消耗之间的关系

反应器	运行时间/天	F/F	氨氮消耗/%	COD消耗/%
SBR-Ⅱ-1[#]	1	0.622	95.2	72.6
	5	0.053	97.6	87.70
	15	0.053	96.2	93.3
	33	0.022	97.7	96.1
SBR-Ⅱ-2[#]	1	0.121	92.8	88.3
	5	0.053	96.2	92.8
	15	0.053	85.2	95.7
	33	0.026	94.5	97.3
SBR-Ⅱ-3[#]	1	0.622	93.3	80.7
	5	0.066	98.9	94.8
	15	0.026	98.9	97.2
	33	0.011	96.6	98.2

在SBR反应器运行不同期间取样做间歇补料实验，考察反应器内污泥的

PHA合成能力，见图4.10。从图4.10中可看出，3天时SBR-Ⅱ-1#的PHA含量已达32.2%，同时SBR-Ⅱ-2#与SBR-Ⅱ-3#中对应量为26.4%和35%，说明物理-生态双重筛选模式对启动早期PHA富集有较大促进。而从15天开始，SBR-Ⅱ-2#的最大PHA合成能力已经显露优势，间歇补料实验中PHA含量已达44.8%，高于SBR-Ⅱ-1#（40.7%）和SBR-Ⅱ-3#（42%），SBR-Ⅱ-2#中的污泥同时具备PHA富集微生物相对较多以及富集能力相对较强的特点，故而PHA产量最高。与本书4.2节中实验对比，15天的PHA最大含量在45%左右，20天PHA含量为55%，在时间上和含量方面均比较符合，当实验进行到第30天时，SBR-Ⅱ-2#优势变得更加明显，其PHA最大含量达到63%，SBR-Ⅱ-1#为55.4%，SBR-Ⅱ-3#为57%。由图4.11～图4.13和表4.3可看出，三个反应器均具有超过50%的较高PHA含量，其中PHA合成阶段的批次补料实验中，Batch-Ⅱ-1#为52.5%，Batch-Ⅱ-2#为55%，Batch-Ⅱ-3#为53.1%。Batch-Ⅱ-2#的PHA合成速度最快，即在实验开始4h后就已经达到了47%的PHA含量，进一步说明其PHA合成能力强。

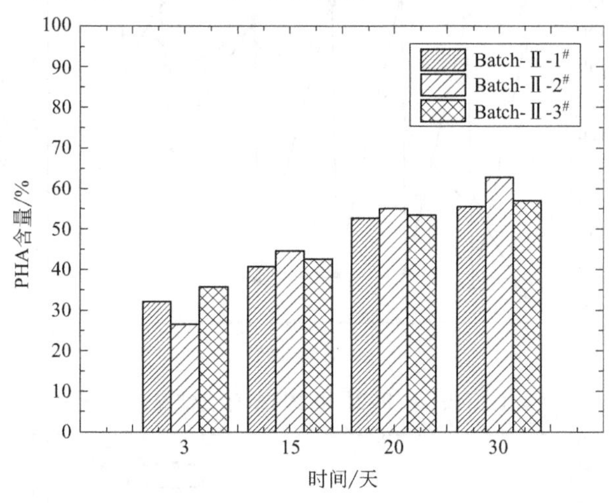

图4.10　Batch中的PHA含量

表4.3　不同运行模式下SBR中的PHA含量

时间/天	1# SBR	2# SBR	3# SBR
15	12.75	9.45	9.3
20	14.48	9.69	9.7

综上可知，三个反应器经过一个月的运行达到稳定状态，得到三种具有不同特点的混合菌群：SBR-Ⅱ-1#，早期污泥浓度下降迅速，优点是可以实现反应器的快速启动，在反应器运行早期即达到较高的PHA含量，在转换成ADF工艺后，由于不再有污泥流失，污泥浓度逐渐增长。菌群的PHA含量在三个反应器

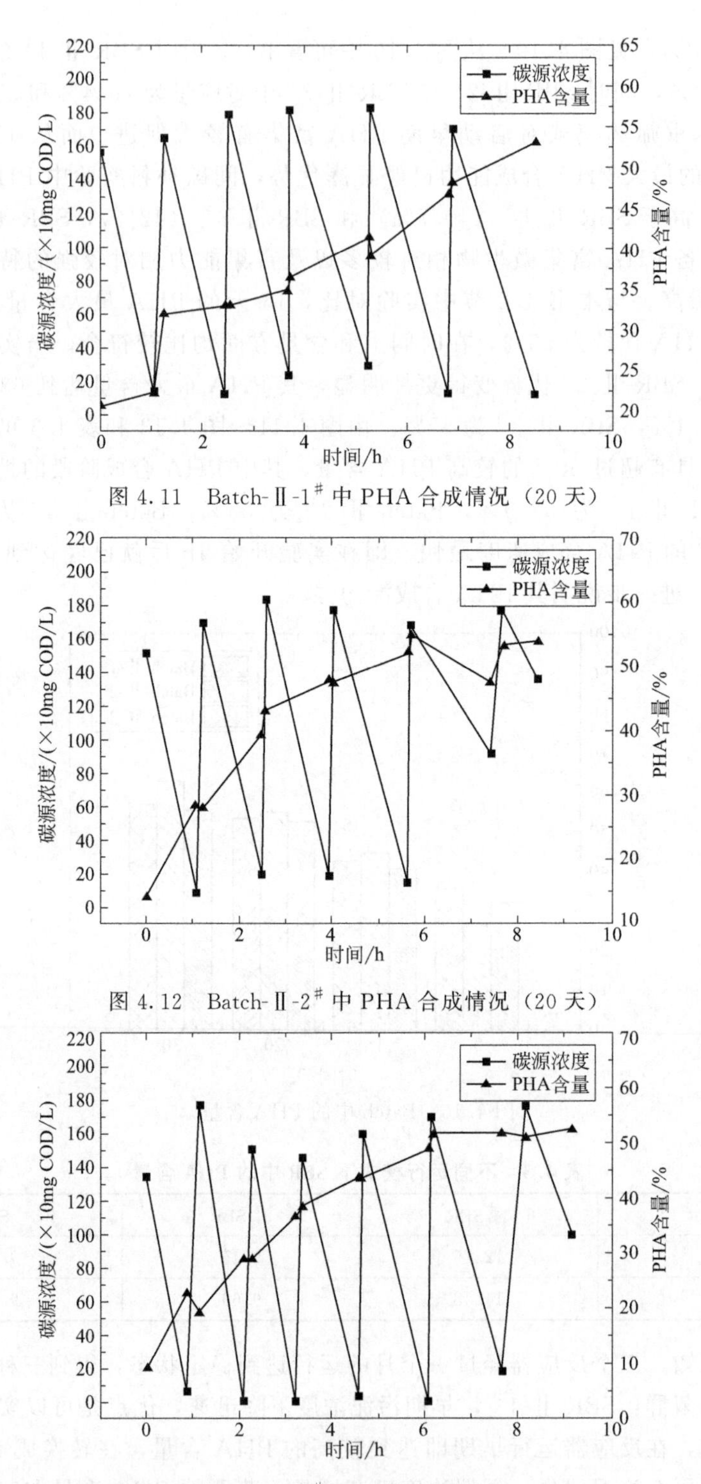

图 4.11 Batch-Ⅱ-1# 中 PHA 合成情况（20 天）

图 4.12 Batch-Ⅱ-2# 中 PHA 合成情况（20 天）

图 4.13 Batch-Ⅱ-3# 中 PHA 合成情况（20 天）

中为最低，对 PHA 合成菌的筛选能力有限；SBR-Ⅱ-2#，通过 PHA 合成阶段的批次补料实验验证，在三个反应器中 PHA 含量最高，说明在反应初始阶段利用 ADF 工艺对非 PHA 合成菌群进行初步筛选后，持续存在的沉降性能筛选可保证活性污泥的 PHA 含量在较高水平，有利于对合成 PHA 能力较强菌种的进一步富集；SBR-Ⅱ-3#，模式变化或交替进行时，培养模式对反应器的影响可以相互叠加。在实现 PHA 含量超过 50% 的前提下，在三个反应器中污泥浓度最高，有利于提高 PHA 总产量，但交替模式下无法保证沉降性能筛选对活性污泥混合菌群的持续施加，其 PHA 含量比不间断持续施加沉降性能筛选的 SBR-Ⅱ-2# 小。根据上述合成 PHA 能力与沉降性之间的必然联系可知，当对反应器施加沉降性能筛选时，双重筛选的富集工艺可以在淘汰非合成 PHA 菌的基础上，再淘汰一部分合成 PHA 能力相对弱的菌种，从而使混合菌群中相对较强 PHA 合成菌所占比例上升，从而提高混合菌群的整体 PHA 合成能力。

第5章 基于物理-生态双选择压力的动态间歇排水瞬时补料新工艺

经典的三段式PHA合成工艺的核心阶段是第二段PHA合成菌群的富集阶段，如何获得高效稳定的PHA合成菌群一直是研究工作的热点。寻求PHA合成菌群富集阶段的最佳工艺运行参数也被认为是最有效的方式。活性污泥在吸收外部碳源，形成胞内聚合物之后，微生物的数量增加，具体表现为活性污泥的沉降性增强。本书第4章在研究好氧颗粒污泥合成PHA的基础上，提出了活性污泥合成PHA的沉降性能筛选方法，并通过实验验证对提高PHA含量具有良好效果。本章在此基础上，优化了沉降性能筛选在活性污泥混合菌群合成PHA工艺中的作用方式，提出了动态间歇排水瞬时补料工艺（又称好氧动态排水工艺，Aerobic Dynamic Discharge，ADD）。虽然同样基于底物充盈-匮乏机制，但ADD运行模式与ADF运行模式不同之处在于：ADD工艺在ADF每周期进行一次生态筛选的基础上增加了一次沉降性能筛选过程；ADD工艺首先通过沉降性能筛选得到沉降性较强，即细胞内存储能力较强的微生物，随后在同一周期内通过生态筛选形成适合于PHA合成菌生长增殖环境（此环境对PHA合成不明显的微生物不利），实现对具有较强PHA存储能力的菌群筛选，提高活性污泥整体PHA含量与产量。因此在ADD工艺下，活性污泥可以展现出更高的PHA合成能力，以及更短的富集时间。本章提出活性污泥富集PHA菌群过程中ADD工艺在反应器运行过程中的影响因素，如运行周期、环境温度等进行分析，从中识别出对PHA合成菌富集效果影响较大的控制指标，并对ADD工艺的参数进行优化。

5.1 实验设计

5.1.1 活性污泥在ADD工艺下合成PHA富集阶段的实验设计

在活性污泥混合菌群PHA合成菌群的富集阶段，采用柱状上流式SBR反应器Ⅰ，如图 4.1 所示，以乙酸钠为单一碳源。与好氧颗粒污泥合成 PHA 过程不同的是，在每个周期开始后，底物充盈阶段末期增加一次沉淀和排水环节，使得在一个典型周期内，采用 ADD 运行模式的反应器历经进水Ⅰ→曝气Ⅰ→停曝气Ⅰ→沉淀Ⅰ→排水Ⅰ→进水Ⅱ→曝气Ⅱ→停曝气沉淀Ⅱ→排水Ⅱ等环节。关于反应器运行过程中的具体参数设置，在本书 4.1 节内容中有详细介绍。在反应器启动初期，每天监测溶解氧浓度的变化情况，并据此来设定第一次沉淀和排水的时间点。每隔 1 天对污泥浓度进行监测，具体包括在一个典型周期的开始、第一次曝气结束前、第二次曝气开始后以及整个周期结束时 4 个时刻。其中，第一次曝气结束前对应底物充盈阶段末期的污泥浓度与第二次曝气开始后对应底物匮乏阶段初期的污泥浓度作商，可得描述筛选作用的数值指标，具体计算公式见本书 4.2.2 小节详细介绍。

每隔 2 天对反应器的一个典型周期进行沿程监测，用 5mL 离心管在曝气阶段取泥水混合液，经离心处理后，上清液用于测定 COD 和氨氮浓度，污泥样品用于细胞内 PHA 含量的测定。取样方法、取样频率与好氧颗粒污泥合成 PHA 的富集阶段实验相同，PHA 测定见标准测试方法。活性污泥在 ADD 与 ADF 工艺下的 PHA 富集效果对比实验的具体内容包括：本实验反应器编号为 SBR-Ⅲ-1#、SBR-Ⅲ-2#。实验用的活性污泥来自哈尔滨市群力污水处理厂曝气池，ADD 运行模式是在借鉴了好氧颗粒污泥合成 PHA 实验成果的基础上进一步提出的，根据本书第 2 章的结论，选定采用 ADD 工艺的 SBR-Ⅲ-1# 以 6h 为一个周期。SBR-Ⅲ-2# 采用 ADF 工艺周期为 12h。两个反应器采用相同的底物，均以乙酸钠为碳源，以氯化铵为氮源。底物浓度按将乙酸折算成 COD 浓度为 1000mg COD/L，营养比例采用 COD：N：P=100：6：1 的均衡营养比例。两个反应器同时启动，SBR-Ⅲ-1# 的运行模式为，在一个周期内：进水Ⅰ（10min），曝气Ⅰ（根据溶解氧突跃情况动态设置），沉淀Ⅰ（反应器启动时为 10min），排水Ⅰ（5min），进水Ⅱ（10min），曝气Ⅱ（本周期内剩余时间减去 1h），沉淀Ⅱ（30min），排水Ⅱ+静置（30min）。SBR-Ⅲ-2# 的运行模式为，在一个周期内：进水（10min），曝气（610min），沉淀（30min），排水+静置（30min）。

5.1.2 活性污泥在 ADD 工艺下 PHA 合成阶段间歇补料实验设计

利用 ADD 工艺在 PHA 合成阶段的间歇补料实验，采用与富集阶段使用相同的碳源，且不含氮、磷等营养元素，4 倍于富集阶段的底物浓度。实验方法、检测内容与取样频率等，与好氧颗粒污泥的 PHA 合成阶段间歇补料实验相同。

5.1.3 活性污泥在 ADD 工艺下 PHA 富集阶段的影响因素实验设计

ADD 工艺运行模式下，影响 PHA 产量的工艺参数的实验设计与分析，在针对某几个主要因素的多间歇补料实验数据基础上，利用计算机算法，最终得到多参数偶合作用下，各个参数对PHA产量影响的贡献排名，具有降低实验成本、更符合实际生产情况的现实意义。在本部分实验中，对于活性污泥混合菌群合成PHA的富集阶段和合成阶段，检测内容、取样频率等与5.1.1和5.1.2小节相同，以下介绍本书主要开展的具体实验。

(1) 底物浓度对ADD工艺的PHA富集效果影响实验

本实验中的反应器编号为SBR-Ⅳ-1#、SBR-Ⅳ-2#、SBR-Ⅳ-3#，对达到稳定运行的柱状上流式SBR反应器Ⅱ调整进水底物浓度，将乙酸换算为以COD计的进水碳源浓度表示底物浓度，使得进水碳源分别为500mg COD/L、1000mg COD/L、2000mg COD/L，其他运行参数保持一致，周期时长为6h，环境温度为20℃，反应过程不控制pH值，溶解氧浓度大于(3.0±0.5)mg/L。在ADD运行模式中，沉降性能筛选强度系数初始值Φ_0为0.85。

(2) 周期对ADD工艺的PHA富集效果影响实验

考察周期对活性污泥混合菌群中PHA合成菌富集效果的影响，本实验启动三个柱状上流式SBR反应器Ⅰ，分别为SBR-Ⅴ-1#～SBR-Ⅴ-3#，均以乙酸钠作为单一碳源，氯化铵作为氮源，反应器的周期分别设置为6h、8h和12h，其他参数保持一致。底物浓度按将乙酸钠碳源折算成COD表示浓度为1000mg COD/L，环境温度20℃，不控制pH值，DO大于3mg/L。在ADD运行模式中，沉降性能筛选强度系数初始值Φ_0为0.87。

(3) 温度对ADD工艺的PHA富集效果影响实验

本实验启动两组反应器，编号为SBR-Ⅵ-1#、SBR-Ⅵ-2#，在冬季运行，反应器内水温为16℃，在SBR-Ⅵ-1#中置入一个普通温度计，监测反应器内温度，不加热，在SBR-Ⅵ-2#中置入一个有加热功能的恒温温度计，保持反应器内温度在22℃左右。采用乙酸钠作为碳源，使用8h的运行周期，其他参数保持一致。底物浓度按将乙酸钠浓度折算为COD表示，为1000mg COD/L，不控制pH值，周期为12h。在ADD工艺运行模式中，沉降性能筛选强度系数初始值Φ_0为0.83。

(4) SRT对ADD工艺模式的PHA富集效果影响实验

本实验启动柱状上流式SBR反应器Ⅱ，分别设置SBR-Ⅶ-1#的SRT为5天，SBR-Ⅶ-2#的SRT为10天，SBR-Ⅶ-3#的SRT为20天，周期采用8h，采用乙酸钠作为碳源，氯化铵作为氮源，其他反应器运行参数保持一致。底物浓度按将乙酸钠浓度折算为COD，表示为1000mg COD/L，环境温度20℃，不控制pH值。在ADD工艺运行模式中，沉降性能筛选强度系数初始值Φ_0为0.88。

5.2 动态间歇排水瞬时补料工艺概述

5.2.1 ADD 工艺运行模式的典型周期

在反应器的典型周期内，ADD 与 ADF 工艺运行模式对比如图 5.1 所示。图中明显可见，传统 ADF 工艺运行模式下，一个周期内只有一次进水、曝气、沉淀和排水。微生物在反应器内部首先处于底物充盈阶段，随着碳源耗尽而自然进入底物匮乏阶段，期间不需要任何的人工干预。在底物匮乏阶段结束后，反应器停止曝气，沉淀时间设置为 30min，目的是尽可能使全部活性污泥都沉降到排水口以下，减少污泥流失。与 ADF 工艺不同，在 ADD 工艺下，增加一次进水、曝气、沉淀和排水环节。

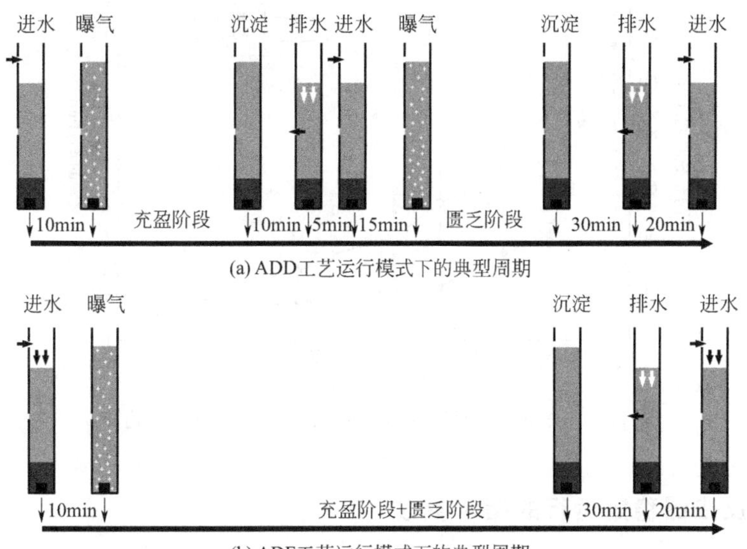

(a) ADD工艺运行模式下的典型周期

(b) ADF工艺运行模式下的典型周期

图 5.1　ADD 与 ADF 工艺运行模式对比

ADD 工艺与 ADF 工艺在补料方式方面亦有不同，ADD 工艺的进水Ⅰ环节中补料包括全部底物（含有碳源、氮源、磷源、微量元素等），在进水Ⅱ环节中补料则不包含碳源，只含有氨氮，且氨氮浓度需经测定与排水Ⅰ之前保持一致。即使微生物在从底物充盈阶段过渡到底物匮乏阶段后，氨氮浓度也会因微生物消耗而保持平稳逐渐下降，反应器内碳源浓度则由于进水Ⅱ补料环节中无碳源而被稀释，浓度迅速下降。在反应周期开始时，底物进入反应器内，开始曝气意味着底物充盈阶段的开始。在整个底物充盈阶段，利用溶解氧仪实时监测反应器内的溶解氧状态，当出现溶解氧指标突跃时，意味着活性污泥混合菌群不再耗氧，停止底物吸收，也即为底物充盈阶段末期。而在反应进行过程中，底物充盈时间是动态变化的，由此也决定了ADD工艺下的排水Ⅰ时刻动态变化，因此“动态排水”的名称也因此而得。

如图5.2所示，反应器启动时，刚投加活性污泥后，由于污泥活性待恢复，开始的2天内底物充盈持续时间可长达2h左右。随着污泥活性的恢复，微生物逐渐适应了碳源，底物充盈时间开始逐渐缩短，直至在反应器运行15天后基本稳定在10～20min。沉降时间也是一个随着反应器运行时间而变化的量，在污泥活性恢复以及对碳源适应期间，污泥沉降性逐渐增强，但此时需对污泥持续施加沉降性能筛选，满足每个周期都有一部分沉降性相对较差的微生物被淘汰掉。因此随着污泥沉降性的增强，沉降时间也呈逐渐减小的趋势。从反应器启动时的15min左右，到反应器运行30天后的2min左右。

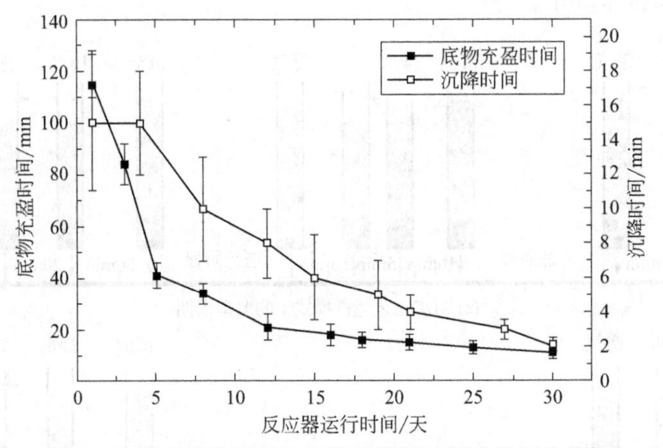

图5.2　底物充盈时间与沉降时间随运行时间变化趋势

5.2.2　反应器稳定运行的指示参数

在反应器达到稳定前，活性污泥的底物充盈与底物匮乏时间长度、溶解氧水平、PHA含量等各种参数均有较大幅度的波动变化。经过一段时间的驯化后，活性污泥微生物性状统一，反应器达到稳定状态。

当反应器达到稳定状态时，一般需同时满足以下几个条件：

① 连续五个周期的排水中没有污泥损失；

② 连续五个周期的底物充盈时长基本一致；

③ 活性污泥颜色变成浅黄色；

④ 反应器内污泥每日增长量与每日排泥量相当，污泥浓度保持基本不变。

在反应器从启动到达到稳定前，由于在排水Ⅰ中持续存在污泥流失，对沉降性差的污泥进行筛选，即认为在对反应器中活性污泥混合菌群中PHA合成菌较强的菌群筛选能力中，沉降性能筛选占主导。当反应器达到稳定状态后，排水Ⅰ过程中基本无污泥流失，认为在反应器后期运行过程中，沉降性能筛选的主导作用减弱，由沉降性能筛选与生态筛选共同继续对混合菌群施加筛选作用。由于在每个运行周期的末期设置排泥，使得排泥量与每周期内污泥生长量相当，使污泥浓度基本稳定。

反应器启动时，投加的活性污泥颜色呈深黑色，经过一段时间的培养驯化，反应器内活性污泥颜色逐渐变浅而后呈黄色，如图 5.3 所示。

(a) 第1天

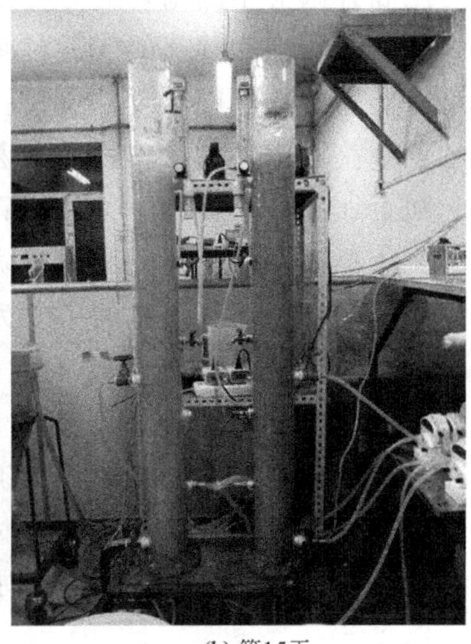

(b) 第15天

图 5.3　反应器运行期间污泥颜色变化

5.3　利用 ADD 工艺运行模式下的活性污泥合成 PHA 快速富集指标及效果评价

利用混合菌群合成 PHA 过程中共运行两个反应器，分别为一个柱状上流式 SBR 反应器Ⅰ，本节内称为 SBR-Ⅲ-1#；一个完全混合式 SBR 反应器，本节内称为 SBR-Ⅲ-2#（反应器详细说明见 2.1 节）。

5.3.1　反应器启动阶段

刚投入反应器内的污泥，颜色呈黑色，对于碳源还没有适应。在反应器启动后的 1 天内，SBR-Ⅲ-1# 和 SBR-Ⅲ-2# 曝气过程中，DO 没有明显突跃过程（即 DO 在短时间内突然升高并稳定在一个较高水平的现象）。反应器运行 5～10 天期间，SBR-Ⅲ-1# 中污泥颜色逐渐由黑色变为棕黄色；而 SBR-Ⅲ-2# 中污泥颜色则在反应器启动 15 天以后才开始逐渐变浅，在 18 天左右呈现浅黄色。这是由于刚接种的污泥内存在许多无机杂质，而人工配水中几乎不含无机物杂质，可生化性良好，因此在污泥活性恢复期内，随着进水与排水/排泥的周期性循环，留在反应器的污泥中的惰性成分和无机物含量低，从而呈现黄色。在污泥活性恢复期间，随着活性污泥颜色的变化，反应器在投入碳源（进水环节）后的曝气过程中，反应器中的DO浓度呈逐渐升高趋势，直到在一个周期内有明显的DO突跃。随着时间的推移，周期增多，DO突跃在一个周期内发生的时间越来越早(即底物充盈阶段缩短)。这是因为反应器启动时，活性污泥对碳源还没有完全适应，活性污泥混合菌群中的菌种成分复杂，碳源吸收速度差异较大，不同种类的微生物达到碳源吸收饱和状态的所需时间不同，导致DO监测指标变化不明显。

随着反应器的运行，PHA合成菌在适合生长的环境下迅速繁殖，在底物充盈阶段通过竞争获取更多的营养物质，宏观上表现为充盈阶段时间变短，而更长时间的匮乏则会加速非PHA合成菌的消亡，更有利于PHA合成菌的富集，如图5.4所示。活性污泥颜色变化和充盈阶段时长，可作为污泥活性恢复的重要指标。污泥完成活性恢复需要满足的条件为：

① 污泥颜色由深黑色转变为棕黄色；

② 在一个反应器运行周期内，有明显的DO突跃现象；

③ 从投加营养物质后曝气开始到溶解氧突跃的时间段，称为底物充盈阶段，当污泥完成活性恢复时，底物充盈阶段时长应小于反应器启动第一个周期底物充盈阶段时长的1/4，且保持稳定（即每周期的数据相差在10%以内）至少五个周期以上。

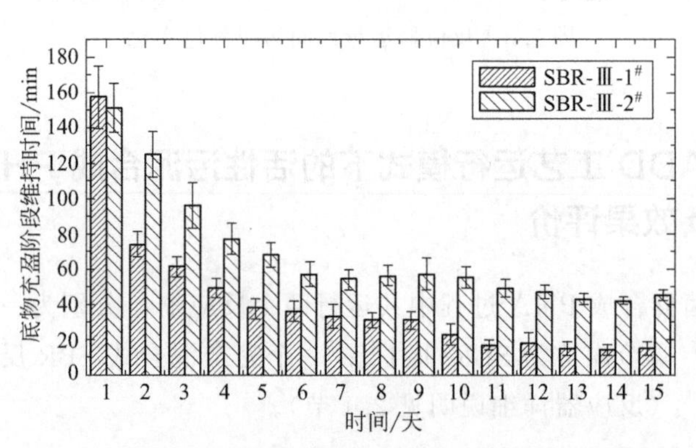

图5.4 不同反应器内底物充盈阶段维持时间变化趋势

因此，SBR-Ⅲ-1#（ADD工艺）的污泥活性恢复时间为5～8天，SBR-Ⅲ-2#（ADF工艺）的污泥活性恢复时间为10～15天。污泥活性恢复对于活性污泥混合菌群合成PHA的富集过程而言是必经阶段，在活性恢复期间，活性污泥内各种微生物菌群处于剧烈变化且不稳定的状态，反应器的各项监测指标没有明显的变化规律。而且，活性恢复阶段结束也不意味着反应器达到稳定富集PHA

的状态，还需要根据 5.1.3 小节的判定指标进行继续监测。SBR-Ⅲ-1# （ADD 工艺）的污泥活性恢复时间明显短于 SBR-Ⅲ-2# （ADF 工艺），说明在相同运行时间内，更多的运行周期数量和更强的污泥筛除强度对加快污泥活性恢复，以及使反应器更早进入富集 PHA 菌群的状态有着明显的积极效果。

5.3.2　污泥浓度与污泥指数

反应器启动时，接种的污泥浓度分别为：SBR-Ⅲ-1#，(4364±100)mg/L；SBR-Ⅲ-2#，(3987±120)mg/L。

反应器运行 30 天时间内，污泥浓度与沉降指标随运行时间的变化趋势如图 5.5 所示。反应器启动时，SBR-Ⅲ-1# 和 SBR-Ⅲ-2# 投加的污泥浓度基本相当。在反应器运行过程中，SBR-Ⅲ-1# 中由于设置了两次排水，其中第一次排水

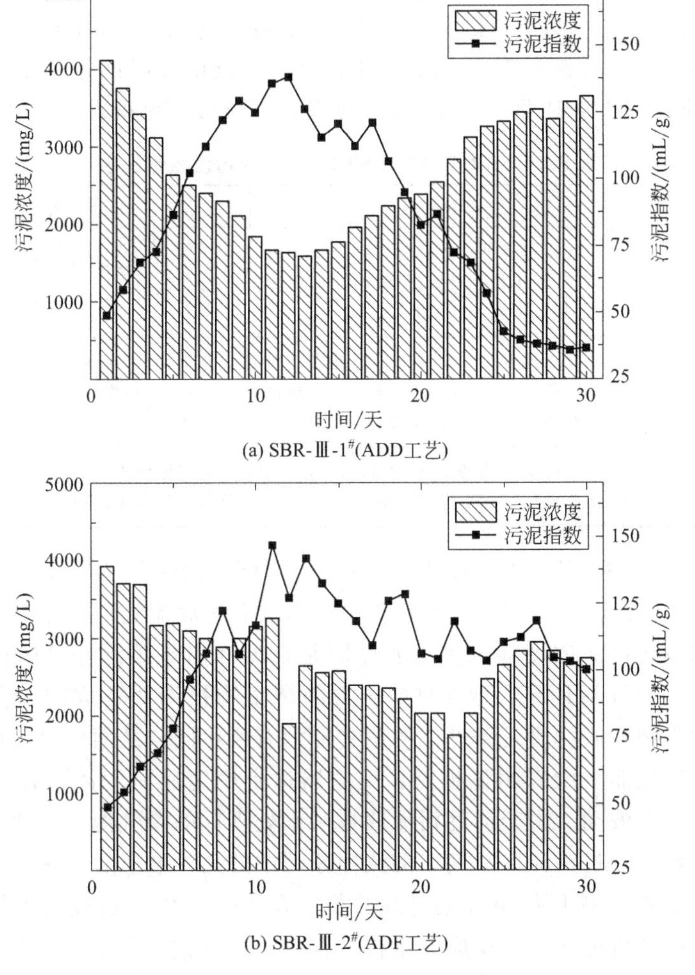

图 5.5　污泥浓度与沉降指标随运行时间的变化趋势

因为有沉降性能筛选的作用，在反应器运行的初始 10 天内有大量的活性污泥随水排出，导致反应器内的污泥浓度显著减小，在反应器运行 10 天后，污泥浓度减小到投加时污泥浓度的 1/3。在此过程中，每周期的污泥流失量有逐渐减少的趋势。

直到运行 10 天后，每周期排水时的污泥流失量逐渐减少，污泥浓度在 10 天出现拐点，停止降低并保持稳定回升。这是因为在 SBR-Ⅲ-1# 的沉降性能筛选作用下，将沉降性较差的微生物淘汰后，剩余沉降性较好的污泥可以在 10min 的沉降时间内沉到出水口以下，从而保证不流失，还可以继续实现污泥生长繁殖。因此从图 5.5(a) 中可以看出，反应器运行 10 天以后，污泥的污泥指数(SVI) 与污泥浓度同时出现拐点，停止增长并迅速下降。说明污泥的整体沉降性得到了明显改善。此时虽然污泥浓度逐渐升高，且在 23 天以后出现污泥浓度增长速度加快的现象，但由于良好的沉降性，仍可以保证每周期的污泥流失维持在一个很低的水平。因此，在 ADD 工艺下，污泥浓度和 SVI 呈现完全相反的变化趋势，即 MLSS 先降后升、SVI 先升后降，拐点出现时间也基本相同。综合比较 SBR-Ⅲ-1# 和 SBR-Ⅲ-2# 的污泥浓度及污泥指数，可得表 5.1 的结论如下。

表 5.1　SBR-Ⅲ-1# 与 SBR-Ⅲ-2# 的污泥特性比较

参数	SBR-Ⅲ-1#	SBR-Ⅲ-2#
污泥浓度	先迅速降低，10 天左右降至投加时的 30% 以下后出现拐点，而后稳定回升，接近污泥投加时的浓度	污泥浓度逐渐缓慢降低，变化曲线没有明显拐点，在 15 天以后趋于稳定
污泥指数(SVI)	先迅速升高，10 天左右接近启动时的 3 倍，而后迅速降低，反应器达到稳定状态后，沉降性低于投加时的状态	逐渐升高，10 天以后开始在投加水平的 2～2.5 倍之间波动并最终稳定在投加水平的 2 倍左右
污泥状态	污泥浓度为投加时的 60%～70%，沉降性明显优于投加状态	污泥浓度为投加时的 70%～80%，沉降性明显弱于投加状态

采用传统 ADF 工艺的 SBR-Ⅲ-2# 在运行期间，由于每个周期末的沉降时间长达 30min，可保证在每周期排水过程中基本没有污泥流失，因此可认为在反应器运行初期造成污泥浓度降低的主要原因是在循环出现碳源耗尽的微生物“饥饿”状态下，大量不具有合成 PHA 能力的微生物被淘汰造成的。在混合菌群中，不同微生物在底物匮乏条件下的耐受能力有所不同，从而使得污泥浓度呈现缓慢降低，变化曲线没有明显拐点，反应器达到稳定后污泥浓度在投加浓度的 80% 左右水平上波动。由于活性污泥取自污水处理厂的曝气池，因此污泥投加时的沉降性较好，经过污泥恢复期，淘汰掉原泥中的无机杂质后，污泥呈现絮状状态，沉降性变差，SVI 从 50 左右升高并稳定在 100～120。通过激光粒度分析仪对污泥的粒径分析可知，在反应器运行过程中，污泥的平均粒径均达到 150μm，即未形成好氧颗粒污泥。说明活性污泥在 ADD 工艺运行模式下，可以在沉降性

能筛选作用下提高整体的沉降性，但仍以絮状的活性污泥状态存在，与好氧颗粒污泥相比，更有利于后期的PHA产物提取。

5.3.3 富集阶段ADD工艺下的底物吸收与PHA合成

当SBR-Ⅲ-1[#]与SBR-Ⅲ-2[#]分别进入反应器稳定状态后，即开展对反应器在富集PHA期间的典型周期内底物（包括碳源、氮源）、DO、COD以及PHA含量的实时监测。在一个周期内，从反应器中连续取泥水混合样本。底物充盈阶段，取样间隔为5min，待DO发生突跃后，采样时间间隔可逐渐增加到30min。如图5.6所示，以反应器运行21天的第二周期为例，对比SBR-Ⅲ-1[#]和SBR-Ⅲ-2[#]内活性污泥的底物吸收与PHA合成情况。

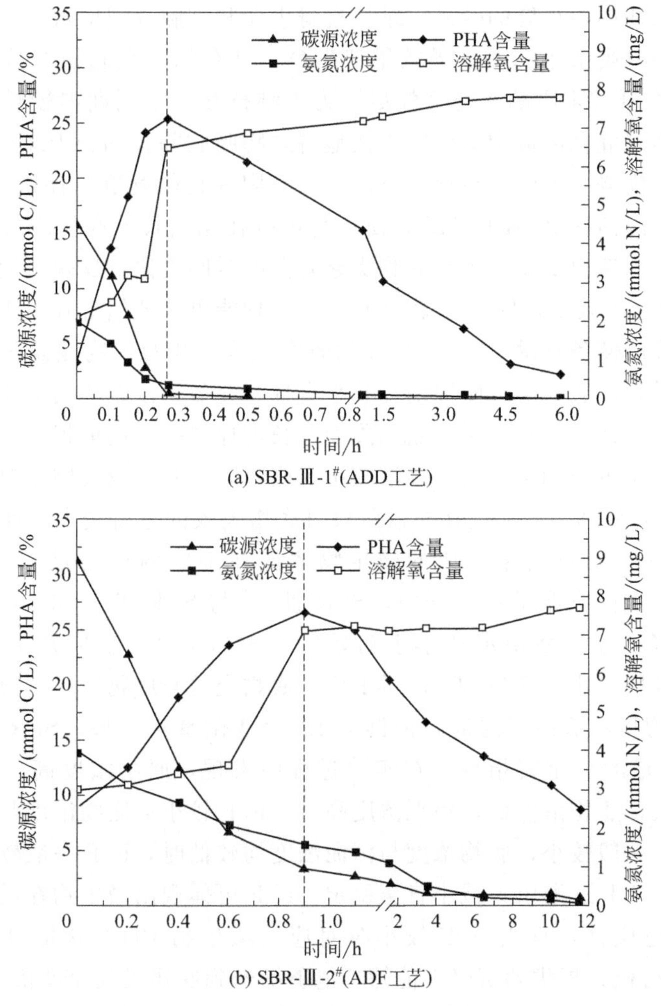

图5.6 一个运行周期内底物消耗与PHA合成过程（21天）

在反应器运行稳定后，SBR-Ⅲ-1#和SBR-Ⅲ-2#内的活性污泥均有明显的底物充盈-匮乏阶段分界，但两者在碳源吸收速度、F/F以及富集阶段的PHA合成能力等方面存在较大差异。SBR-Ⅲ-1#反应器启动时的底物吸收过程用时超过2h，在反应器运行期间底物充盈阶段维持时间逐渐变短，运行21天后达16min。即污泥在16min内消耗了97%以上的碳源，其中一部分碳源以PHA的形式存储在细胞内，另一部分碳源则用于细胞的分裂增殖和自身生命维持。SBR-Ⅲ-2#反应器启动时的底物吸收过程用时与SBR-Ⅲ-1#基本相同，但在反应器运行一段时间后，底物充盈阶段维持时间明显长于SBR-Ⅲ-1#，见图5.6。底物吸收速率产生差异，是由于ADD工艺运行模式和ADF工艺运行模式对污泥筛选强度的不同造成的。当两个反应器都达到稳定状态后，SBR-Ⅲ-1#中的污泥与SBR-Ⅲ-2#中的污泥相比，沉降性较强，底物吸收速度更快。有研究发现，在底物匮乏阶段，微生物消耗体内存储的碳源，维持自身生命和细胞分裂增殖，当细胞内存储碳源消耗完毕时则微生物无法继续维持生命，且有细胞在底物充盈阶段合成的PHA，在底物匮乏阶段基本完全耗尽。为了维持在一个周期内较长的底物匮乏阶段，活性污泥混合菌群中那些能更快地将底物吸收并存储为PHA的菌种在竞争中逐渐获得优势。因此，在充盈阶段，对有限底物的竞争，有利于PHA合成菌更快地在体内储存更多的PHA，使自身可以在相当长的底物匮乏阶段维持生存。一个典型周期内底物充盈与底物匮乏阶段的时间之比，反映了活性污泥利用底物合成PHA的效率，即F/F较高时，微生物能更快地储备好用于度过更长的底物匮乏阶段的储备碳源PHA。Van的研究认为，相对底物充盈阶段而言，微生物将会在漫长的底物匮乏阶段消耗几乎全部在充盈阶段合成的PHA。

因此，可以认为，在人工设定的周期总长度保持一致的前提下，通过活性污泥内部的种群竞争与淘汰，F/F逐渐减小，底物匮乏时间越长则需要用于维持生命和消耗的PHA越多，从而在充盈阶段对底物吸收的量就越大，而有限的底物必然使得只有底物吸收速度快的微生物才能在细胞内储备足量的PHA。由图5.7可见，在反应器运行过程中，SBR-Ⅲ-1#与SBR-Ⅲ-2#的F/F以相同的趋势迅速下降，并最终稳定在小于初始值1/4的水平，反应器运行30天时，SBR-Ⅲ-1#的F/F小于SBR-Ⅲ-2#的F/F。底物充盈与底物匮乏阶段持续时间之比（F/F），为指示活性污泥混合菌群PHA合成菌富集效果，SBR反应器中微生物PHA含量的最重要指标。在实验过程中发现，底物浓度高，污泥浓度低时，F/F较大；底物浓度低，污泥浓度高时，F/F较小；底物浓度与污泥浓度均较高时，F/F一般较小；底物浓度与污泥浓度均较低时，F/F一般较大。随着反应器的运行，F/F逐渐由大减小直至稳定。F/F可体现出微生物在反应器微环境内对底物的适应性，且当F/F较小时对应的微生物PHA含量也较高，说明ADD工艺运行模式提供的沉降性能筛选能够筛选到底物吸收速度快、PHA合成速度快的微生物，以度过相对长的底物匮乏阶段。

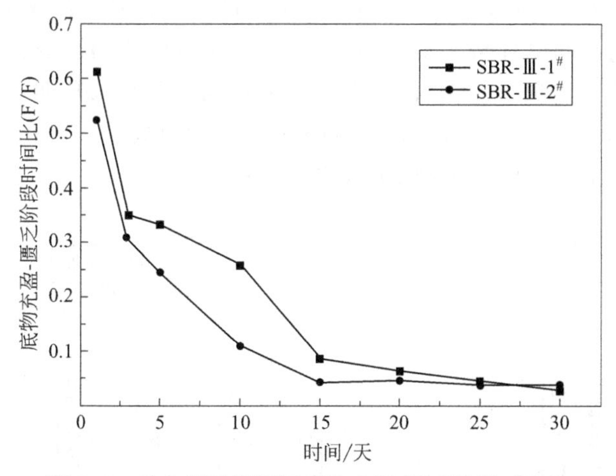

图 5.7 反应器运行期间底物充盈-匮乏阶段时间比

虽然两个反应器的运行周期时长不同，但以反应器运行 24h 为基准，在此期间 SBR-Ⅲ-1# 的底物充盈阶段时间总长为 4×0.26h=1.06h；底物匮乏阶段时间总长为 22.94h。而 SBR-Ⅲ-2# 与此对应的时间长度分别为 2×0.9h=1.80h 和 22.2h。即以天为时间单位计，SBR-Ⅲ-1# 的总体底物匮乏时间长度比 SBR-Ⅲ-2# 的还要长。从 SBR-Ⅲ-1# 和 SBR-Ⅲ-2# 在 PHA 富集阶段典型周期末的细胞 PHA 含量在反应器运行期间的变化规律可印证上述假设的正确性，如图 5.8 所示。与此对应，根据图 5.8 可知，随着反应器的运行，SBR-Ⅲ-1# 和 SBR-Ⅲ-2# 中通过一个周期内的积累，在底物充盈阶段末期取样，检测到 PHA 含量占细胞干重的比例逐渐上升，说明两个反应器都可以有效地提高活性污泥混合菌群合成 PHA 的能力，完成 PHA 合成菌的富集过程。但采用 ADD 工艺的 SBR-Ⅲ-1#，PHA 富集效果明显优于 SBR-Ⅲ-2#，反应器运行 10 天时，SBR-Ⅲ-1# 中污泥的 PHA 含量为 10.6%，而 SBR-Ⅲ-2# 中污泥的 PHA 含量为 9.4%，两者相当。30 天稳定运行后，SBR-Ⅲ-1# 中的 PHA 含量（26.8%）比 SBR-Ⅲ-2# 中的 PHA 含量（22.9%）高 17%。说明 ADD 运行模式在促进活性污泥富集 PHA 和提高 PHA 合成能力方面相对传统 ADF 运行模式而言具有一定优势。

5.3.4 合成阶段 ADD 工艺下的 PHA 合成能力

根据前期研究表明，在 PHA 合成阶段，需对活性污泥混合菌群投加不均衡的营养物质，并将其转移到批次投料的反应器中用以最大化合成 PHA，本书采用间歇补料实验进行，实验方法见第 2 章。从反应器启动后，每隔 5 天将从反应器排泥口收集来的活性污泥进行批次补料实验，每次实验需保证底物充盈时间超过 10h，实验结果如图 5.8 所示。由间歇补料实验可知微生物在反应器运行至某阶段时最大 PHA 合成能力是多少，SBR-Ⅲ-1# 中活性污泥混合菌群的 PHA 合成能力显著强于 SBR-Ⅲ-2# 中活性污泥合成 PHA 的能力。合成阶段 PHA 含量增长曲线的规律，间歇补料实验与 SBR 富集反应器中相同，但在间歇补料实验中 SBR-Ⅲ-1# 的优势更大，运行 30 天时，SBR-Ⅲ-1# 与 SBR-Ⅲ-2# 中污泥 PHA 含量分别为 61.3%和 41.5%，采用 ADD 工艺运行模式后，可在传统 ADF 工艺运行模式的基础上，将混合菌群 PHA 含量提高 47%。

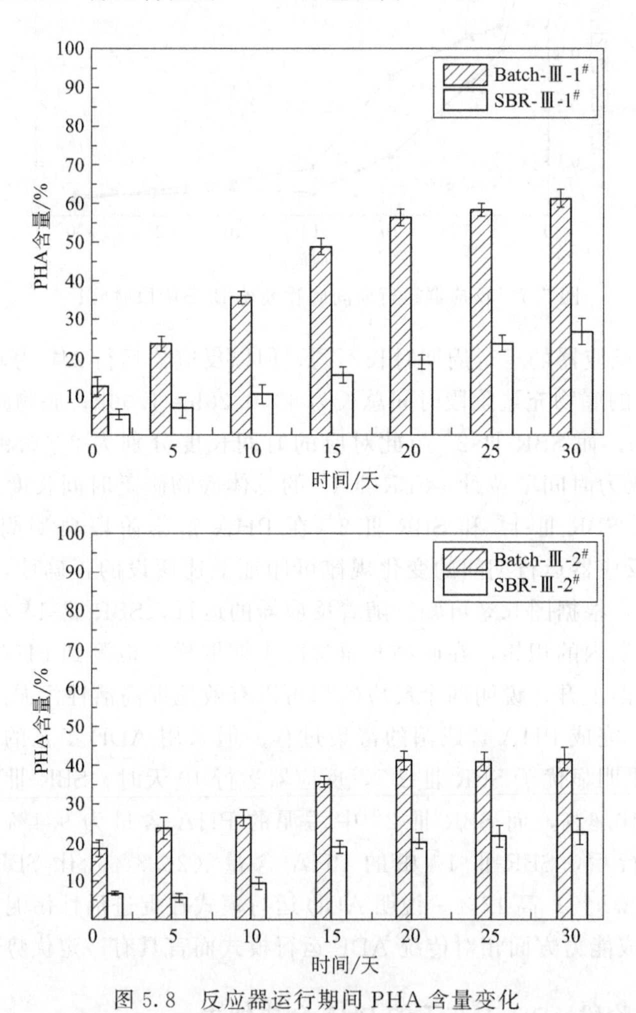

图 5.8 反应器运行期间 PHA 含量变化

5.3.5 基于混菌扩大培养内嵌的改进型三段式 PHA 合成工艺研究

本研究提出的改进工艺，提升 PHA 产量的关键是在扩大培养过程中向混合菌群施加高有机负荷的同时并不会对富集反应器产生任何影响，使得富集反应器可以在较低有机负荷和工作体积下稳定运行，从而稳定地向富集反应器提供优质的接种混合菌群。

对于改进型的三段式工艺而言，生物量增殖阶段消耗了总输入碳量的约 40%（294.24g COD/天），净生物量为 41.74g COD/天，对应的底物转化率约为 0.36g COD 生物量/g COD 底物碳源。如果考虑将扩大培养结束阶段混合菌群细胞内尚存的 PHA 含量（约 15%VSS）进一步转化为生物量，对应的理论生物量产量将会更高。基于碳通量的分布，表 5.2 比较了 PHA 合成阶段（第三阶段）和整个统一过程中的 PHA 转化率及容积生产率。表 5.2 中的参考值是根据文献报道的数据计算得出的，其中涉及了两个实验室规模的研究、一个中试规模的案例研究和一个模拟工业规模的案例计算。PHA 合成段的底物转化率主要取决于混合菌群的积累能力，以及考虑了合成反应废水中残留底物利用效率和可能 PHA 内源降解的底物利用效率。在本研究中，用于 PHA 合成的混合菌群在扩大培养过程当中其 PHA 合成能力得到了一定程度的强化，因此尽管在 PHA 合成过程中有一部分底物随生产废水排出被浪费掉，但最终仍得到了高达 0.84g COD PHA/g COD VFA 的底物转化效率，该值高于本研究中的对照组结果，与已报道的参考实验室规模下运行的最佳 PHA 合成工艺参数所推算的理论底物转化效率相似。PHA 合成阶段的容积产率主要取决于 PHA 底物转化率和给定工作体积中混合菌群的生物量浓度。生物固体产量得到明显提升，混合菌群的 PHA 合成能力也得到了保持甚至强化，因此改进型工艺在第三阶段获得的 PHA 产量［1.22g PHA/(L·h)］要远高于先前报道的产量（表 5.2）。从整个工艺过

表 5.2　不同工艺的 PHA 合成性能对比

工艺形式	底物	合成过程(第三段)			工艺整体		文献
		PHA 转化率 /(g COD PHA/g COD VFA)	容积产率 /[g PHA/(L·h)]	终生物量(含 PHA) /(g/L)	PHA 转化率 /(g COD PHA/g COD VFA)	容积产率 /[g PHA/(L·天)]	
实验室小试；三段式	合成底物	0.62	0.46	—	0.23	0.63	Duque 等(2014)
中试；三段式	制糖废水	—	0.50	—	0.30	1.00	
工业化规模(理论推算)；三段式	合成底物	0.86	1.40	—	0.42	0.53	
实验室规模；传统三段式(无发酵阶段)	合成底物	0.84	1.22	17.22	0.49	1.21	
实验室规模；改进三段式(无发酵阶段)	合成底物	0.54	0.46	7.42	0.30	0.42	

程来看，约40%的流入碳源被转化为PHA生产中的有效生物量（具备PHA合成能力的微生物群体），同时较高的有机负荷也提高了PHA容积产量，因此得到的总PHA转化效率（0.49g COD PHA/g COD VFA）和PHA容积产率[1.21g PHA/(L·天)]明显高于其他相关研究所报道的产率。

本书提出的混合菌群扩大培养模式实质上仍遵循于充盈-匮乏模式，可以通过与传统充盈-匮乏工艺相似的控制程序实现。此外，计算表明，为了获得与扩大培养相同的生物固体产量，在相同的有机负荷率[1.2g COD/(L·天)]和SRT（10天）下，传统的三段式工艺中富集反应器的工作体积需要增加53倍，显然在这种情况下工艺的容积效率将会非常低。在混合菌群PHA合成工艺所获得的PHA含量与纯菌株发酵相当的前提下，容积效率将是评估PHA生产工艺应用潜力的关键因素，因为它与投资成本紧密相关。因此，本研究提出的产PHA混合菌群扩大培养工艺在大规模实践中将是一个很有吸引力的选择。

5.4 活性污泥在ADD工艺下合成PHA富集阶段的工艺优化

利用活性污泥混合菌群合成PHA，主要分为碳源制备过程（如厌氧产酸作为碳源等，本章实验采用人工配水作为活性污泥合成PHA的碳源）、产PHA混合菌群富集过程以及活性污泥混合菌群合成PHA过程三个环节。其中ADD工艺运行模式作用于第二阶段即PHA合成菌富集过程的反应器中。在4.3节中讨论过沉降性能筛选对活性污泥混合菌群驯化过程的影响之后，本节继续就底物浓度、反应器运行周期、温度以及SRT等参数进行讨论，这对富集反应器运行关键参数的识别以及优化是具有积极意义的。

5.4.1 底物浓度

Doinisi研究表明，在利用活性污泥合成PHA时，进水底物浓度与菌群的PHA合成率成正相关，而过高的底物浓度会导致系统失稳。在本实验中，设每周期时间长度为8h，采用相同的ADD工艺运行模式即每周期的底物投加频率一致，因此在本实验中考察底物浓度的变化即可代表底物浓度对活性污泥混合菌群富集PHA过程的影响。由图5.9可以看出，三个反应器在不同的底物浓度环境下运行，并达到稳定状态。

SBR-Ⅳ-1#的碳源浓度为500mg COD/L，在反应器运行的10天内，由于沉降性能筛选的作用，污泥浓度迅速下降。16天以后达到最低值后，污泥浓度开始回升。但由于碳源浓度较低，混合菌群生物量增长速度慢，导致污泥浓度在30～60天之间维持在2000mg COD/L左右，降低到污泥投加浓度的45%。污泥指数SVI最大值为200，在30～60天期间逐渐降低到70左右，比投加时增加9%。SBR-Ⅳ-2#的碳源浓度为1000mg COD/L，在15天同时出现污泥浓度最小

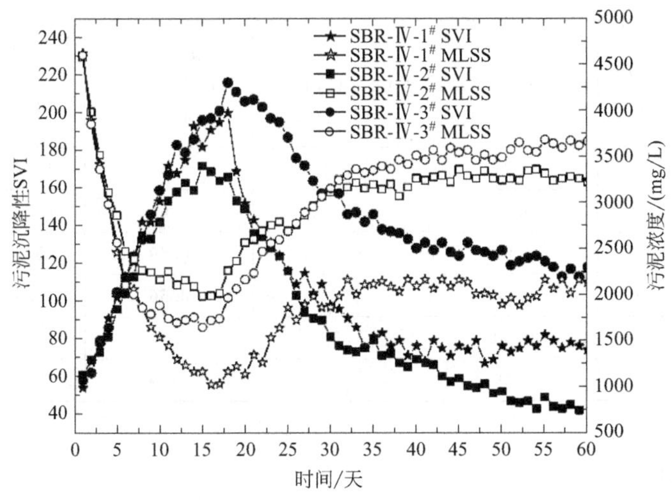

图 5.9　不同底物浓度条件下污泥浓度与污泥指数指标趋势

值［(1986±50)mg/L］和污泥指数最大值（172）。30～60 天，污泥浓度回升到 3200mg/L 左右，SVI 回落到 40 左右，沉降性明显改善，比污泥投加时的 SVI 降低 34%，污泥浓度为投加时的 70%。SBR-Ⅳ-3# 的碳源浓度为 2000mg COD/L，在 18 天时出现污泥浓度的最小值［(1967±50)mg/L］和 SVI 的最大值（216），由于增加了碳源浓度，混合菌群生物量增长速度较快，30～60 天期间污泥浓度稳定在 3600mg/L 左右，为投加时的 78%，为三个反应器中污泥浓度最高的。在反应器运行过程中，SBR-Ⅳ-1#（碳源浓度 500mg COD/L）和 SBR-Ⅳ-3#（碳源浓度 2000mg COD/L）不同程度地出现了沉降性变差的现象，在沉淀Ⅰ和沉淀Ⅱ过程中，反应器内上清液出现浑浊悬浮物的现象。经显微镜观察，活性污泥出现了丝状菌生长。

根据前期研究成果，发生丝状菌膨胀的活性污泥依然存在合成 PHA 的能力。同时通过表 5.3 也可以看出，SBR-Ⅳ-1#、SBR-Ⅳ-2# 和 SBR-Ⅳ-3# 在反应器运行 30 天内的 PHA 含量有一定差异，说明碳源浓度对 ADD 工艺运行模式下活性污泥合成 PHA 的能力有一定的影响。

表 5.3　SBR 与间歇补料实验过程中动力学参数与 PHA 含量

反应器	运行时间/天	$-r_S$ /[(mol C-Ac/mol C-X)/h]	r_P /[(mol C-PHA/mol C-X)/h]	$Y_{PHA/S}$ /(mol C-PHA/mol C-Ac)	PHA 含量(30 天)/%	
					SBR	Batch
SBR-Ⅳ-1#	10	0.31	0.18	0.58	12.5	32.5
	15	0.48	0.31	0.65	15.7	48.8
	30	0.59	0.40	0.68	21.4	53.1

续表

反应器	运行时间/天	$-r_S$ /[(mol C-Ac/mol C-X)/h]	r_P /[(mol C-PHA/mol C-X)/h]	$Y_{PHA/S}$ /(mol C-PHA/mol C-Ac)	PHA 含量(30 天)/%	
					SBR	Batch
SBR-Ⅳ-2#	10	0.38	0.21	0.55	11.3	34.5
	15	0.53	0.34	0.64	18.9	52.6
	30	0.67	0.46	0.69	25.3	57.3
SBR-Ⅳ-3#	10	0.36	0.20	0.56	10.8	32.2
	15	0.58	0.32	0.55	16.4	45.3
	30	0.69	0.41	0.59	22.7	51.2

5.4.2 周期

在不同的运行周期条件下，反应器对 PHA 合成菌的筛选能力有所不同，由于其具备快速将碳源转化为 PHA 作为能源储存，以及在底物匮乏时可以通过分解 PHA 提供能量的能力，故而在长周期内相对非 PHA 合成菌具有优势。本研究讨论不同周期条件下，PHA 菌群富集能力的变化。由图 5.10 可知，采用了不同的周期后，直接影响的是在一个典型周期内的底物匮乏阶段维持时间长度和 F/F。

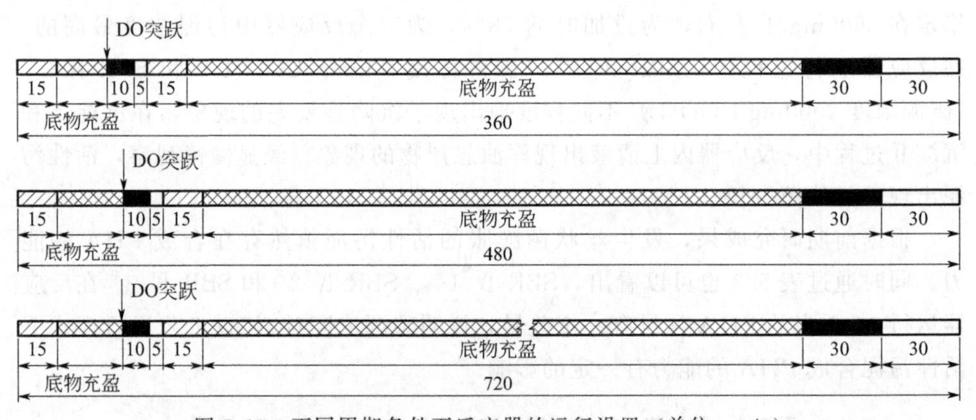

图 5.10 不同周期条件下反应器的运行设置（单位：min）

在传统的 ADF 运行模式下，底物匮乏阶段持续时间相对越长，不具备合成 PHA 能力的微生物被生态筛选淘汰的概率越大，因此常采用较长的周期。但在 ADD 工艺运行模式下，由于活性污泥的 F/F 很小，因而在典型周期内，活性污泥的底物匮乏阶段依然能保持较长时间，而缩短的周期可以增加底物供给次数和单位时间的总量。由图 5.11 可见，当反应器采用的周期越短，一天内反应器中

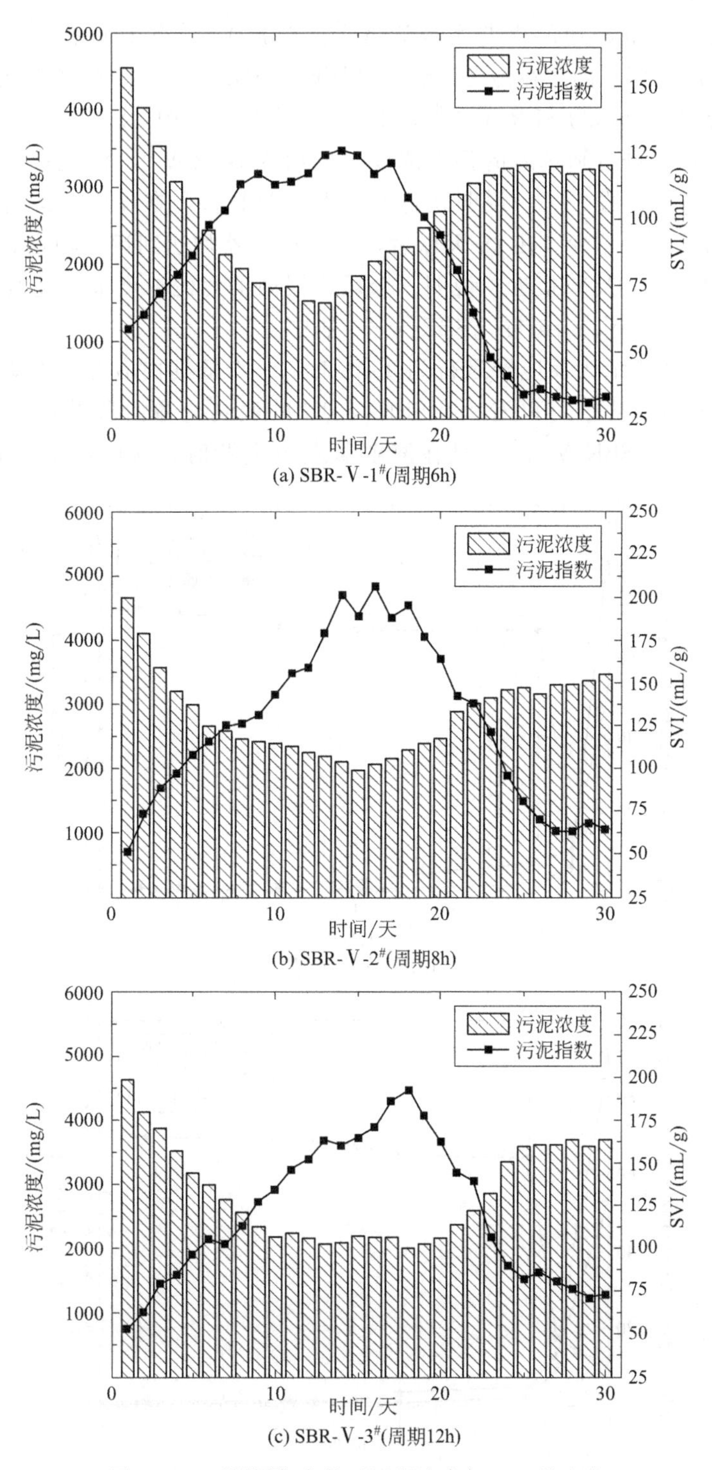

图 5.11 不同周期条件下污泥浓度与 SVI 的变化

活性污泥混合菌群经历的周期次数就越多。SBR-Ⅴ-1# 每日运行 4 个周期，是 SBR-Ⅴ-3# 的 2 倍，因此在污泥活性恢复期间，SBR-Ⅴ-1# 的沉降性能筛选应用次数和碳源总量也均为 SBR-Ⅴ-3# 的 2 倍。三个反应器中，SBR-Ⅴ-1# 经沉降性能筛选，对污泥进行筛选后的污泥浓度最低值为 SBR-Ⅴ-2# 污泥浓度最低值的 76%，SBR-Ⅴ-3# 的 73%，说明运行的周期次数越多，在反应器运行到稳定阶段前损失的污泥量越少。在 25 天以后，三个反应器均达到运行稳定状态，此时污泥浓度和 SVI 均比较接近。说明三个反应器内的污泥浓度增长速度为：SBR-Ⅴ-1# 最快，SBR-Ⅴ-3# 最慢，SBR-Ⅴ-2# 居中。

如图 5.12 所示为反应器运行到 30 天时，一个周期内活性污泥碳源吸收与 PHA 合成过程。从中可以看出，SBR-Ⅴ-1# 的底物充盈阶段持续时间明显短于 SBR-Ⅴ-2# 和 SBR-Ⅴ-3#，且在溶解氧发生突跃时，就已经消耗掉 98% 的

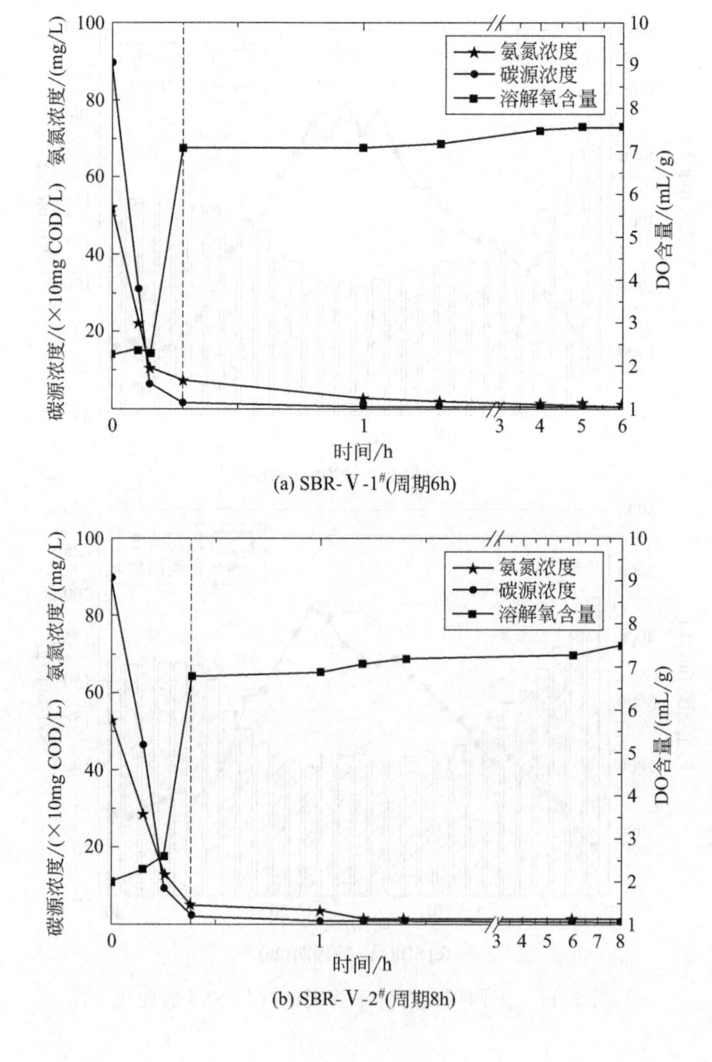

(a) SBR-Ⅴ-1#(周期6h)

(b) SBR-Ⅴ-2#(周期8h)

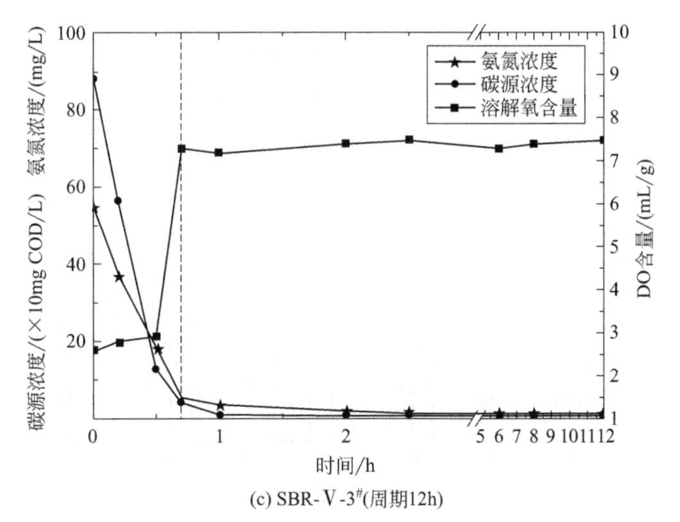

(c) SBR-Ⅴ-3#(周期12h)

图 5.12　一个周期内活性污泥碳源吸收与 PHA 合成过程

碳源和 97%的氨氮，而 SBR-Ⅴ-2# 和 SBR-Ⅴ-3# 中在突跃时均有较多的碳源与氨氮剩余。说明采用更短周期的 SBR-Ⅴ-1#，能使活性污泥在更短的时间内吸收更多的碳源，即碳源吸收的效率提高，有利于 PHA 的富集与积累。从图 5.13 中可以看出，SBR-Ⅴ-1# 中活性污泥的 PHA 含量（PHA 含量为 62.5%）高于其他两个反应器（SBR-Ⅴ-2# 中 PHA 含量为 56.5%，SBR-Ⅴ-3# 中 PHA 含量为 46.7%），说明在反应器运行过程中，活性污泥混合菌群体现出来的较高碳源吸收效率，以及在运行初期反应器对混合菌群较强的沉降性能筛选，对于提高 PHA 含量和混合菌中 PHA 合成菌的富集能力有明显的促进作用。

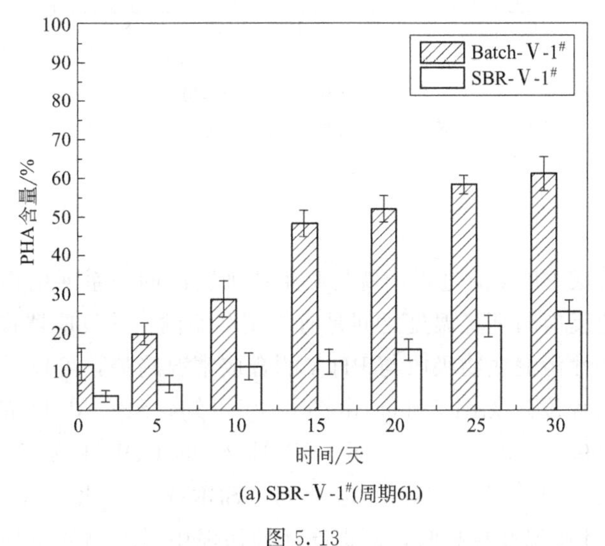

(a) SBR-Ⅴ-1#(周期6h)

图 5.13

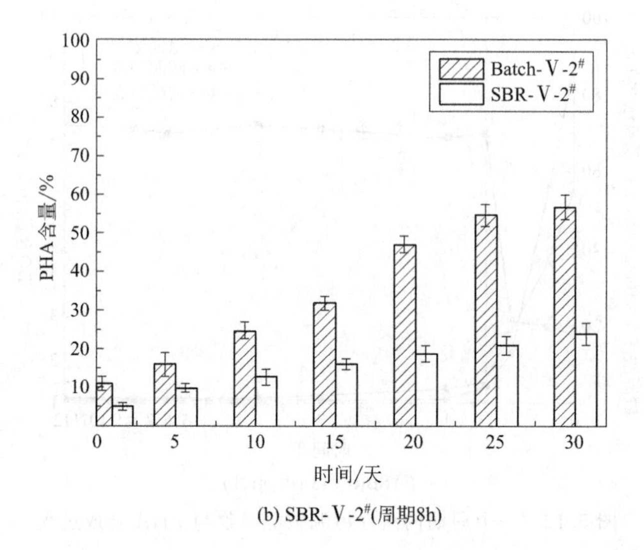

(b) SBR-Ⅴ-2#(周期8h)

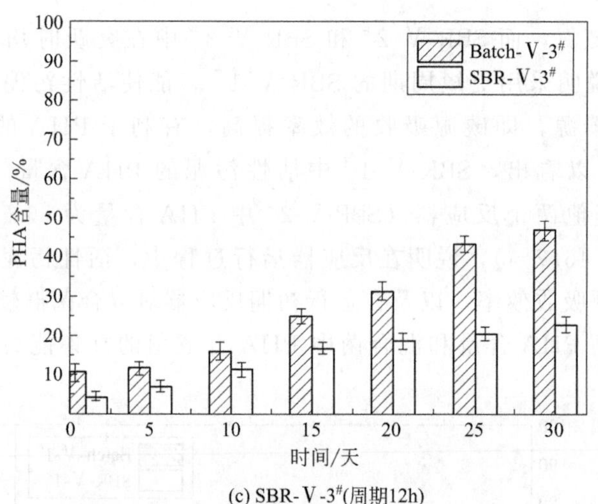

(c) SBR-Ⅴ-3#(周期12h)

图 5.13 反应器运行期间的 PHA 含量（30 天）

5.4.3 温度

活性污泥合成 PHA 的过程，就是微生物细胞内的一系列生物化学代谢反应的过程，而代谢反应与环境温度之间是有一定联系的。从反应器稳定运行后的一个典型周期内活性污泥底物吸收与 PHA 的合成情况趋势，可以看出环境温度对污泥活性的影响程度，见图 5.14。由图 5.14 可知，SBR-Ⅵ-1# 的 COD 和氨氮消耗分别达到 99.2% 和 98.6%，而 SBR-Ⅵ-2# 的 COD 和氨氮的消耗分别为 96.7% 和 96.4%，DO 发生突跃的时间，SBR-Ⅵ-2# 比 SBR-Ⅵ-1# 减少了 20min。说明当环境温度较高时，对提高活性污泥中微生物的生物活性，提高微生物对碳源的吸收率，减小 F/F 比都有促进作用。不同环境温度条件下反应器内活性污泥合成 PHA 的动力学参数见表 5.4。

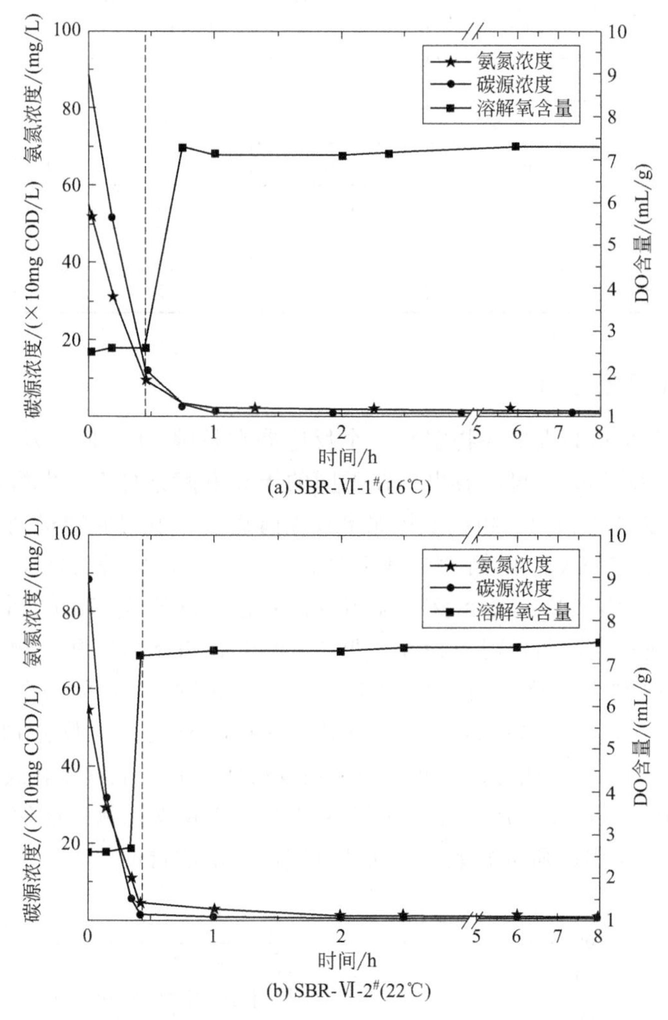

图 5.14　不同温度条件下活性污泥底物吸收与 PHA 合成情况（20 天）

SBR-Ⅵ-1# 与 SBR-Ⅵ-2# 的底物吸收速率、PHA 比合成速率，以及 15 天、20 天、30 天的富集反应器与合成反应器中微生物细胞内 PHA 含量见表 5.4。从表 5.4 可知，虽然环境温度不同，导致两个反应器内活性污泥中的微生物在底物吸收速率和 PHA 合成速率指标上产生了一定的差距，但以 PHA 含量为依据，两者之间的差距在 5%以内。因此可以认为，环境温度对活性污泥合成 PHA 过程有一定的影响，但影响不显著，在反应器运行期间可不对温度进行调控，保持为室温条件即可。

表 5.4 不同环境温度条件下反应器内活性污泥合成 PHA 的动力学参数

反应器	运行时间/天	$-r_S$ /[(mol C-Ac/mol C-X)/h]	r_P /[(mol C-PHA/mol C-X)/h]	$Y_{PHA/S}$ /(mol C-PHA/mol C-Ac)	PHA 含量(30 天)/%	
					SBR	Batch
SBR-Ⅵ-1#	15	0.29	0.17	0.59	12.5	32.1
	20	0.36	0.23	0.64	15.3	42.6
	30	0.62	0.42	0.68	19.3	49.2
SBR-Ⅵ-2#	15	0.31	0.18	0.58	16.4	36.5
	20	0.49	0.34	0.69	19.1	50.1
	30	0.71	0.51	0.72	22.6	53.4

5.4.4 VFA 组分分析

如图 5.15 所示为发酵底物实验三个反应器在发酵 11 天时，发酵液中 VFA 组分的分析。由图 5.15 可以看出，在不同的厌氧发酵条件下，发酵液最终产物中 VFA 组分也各不相同。相较于污泥单独发酵而言，发酵底物得到的末端发酵液中，乙酸占总 VFA 的比例大幅度下降，污泥空白、发酵底物 C/N 为 10/1、发酵底物 C/N 为 20/1 三个反应器中乙酸比例分别为 78.08%、36.54%、28.56%。显而易见，与污泥空白反应器 VFA 组分相比，发酵底物使丙酸在总 VFA 中所占比例大幅度上升，污泥空白、发酵底物 C/N 为 10/1、发酵底物 C/N 为 20/1 三个反应器中丙酸在总 VFA 中所占的质量分数分别为 3.60%、51.22%、67.58%。由此可以推断，当采用发酵底物时，能够显著改变发酵末端酸性发酵液中 VFA 的组成，通过调节不同的发酵底物比例，能够有效调控乙酸、丙酸在 VFA 中的质量分数，从而达到定向产酸的目的。

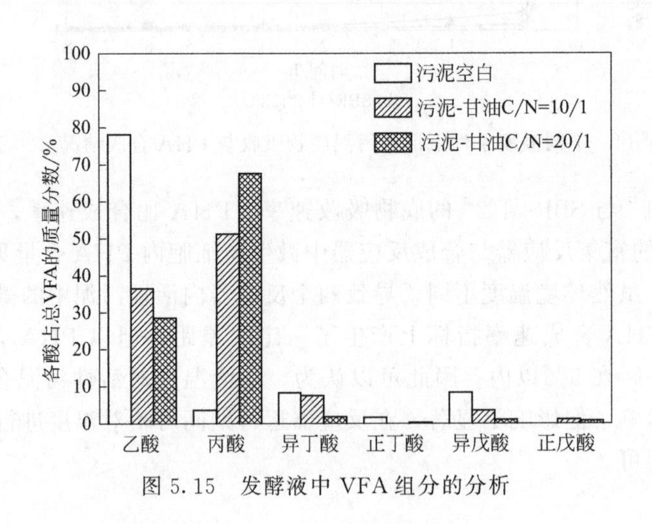

图 5.15 发酵液中 VFA 组分的分析

5.4.5　生物固体停留时间

生物固体停留时间（SRT）决定了系统中微生物的世代更新时间，对选育富集微生物有很大影响。SRT 越短，越能有效地实现对惰性微生物的筛选，污泥浓度相对越低，微生物吸收底物的机会更多，从而有机会诱导高 PHA 合成能力菌群富集。如何优化选择合适的污泥龄，缩短富集周期，提高富集效率，避免污泥膨胀，可作为实验需要考虑的问题之一。当反应器达到稳定运行状态时，在第一次排水过程中已经不再存在污泥流失，因此若要保证反应器内污泥浓度基本稳定，需要设置 SRT 的时间，使得在每个周期内生长的污泥量与排泥排出的污泥量基本相当，如图 5.16 所示。

从图 5.16 中可以看出，SBR-Ⅶ-1# 设置 SRT 为 5 天后，因为在每个周期末

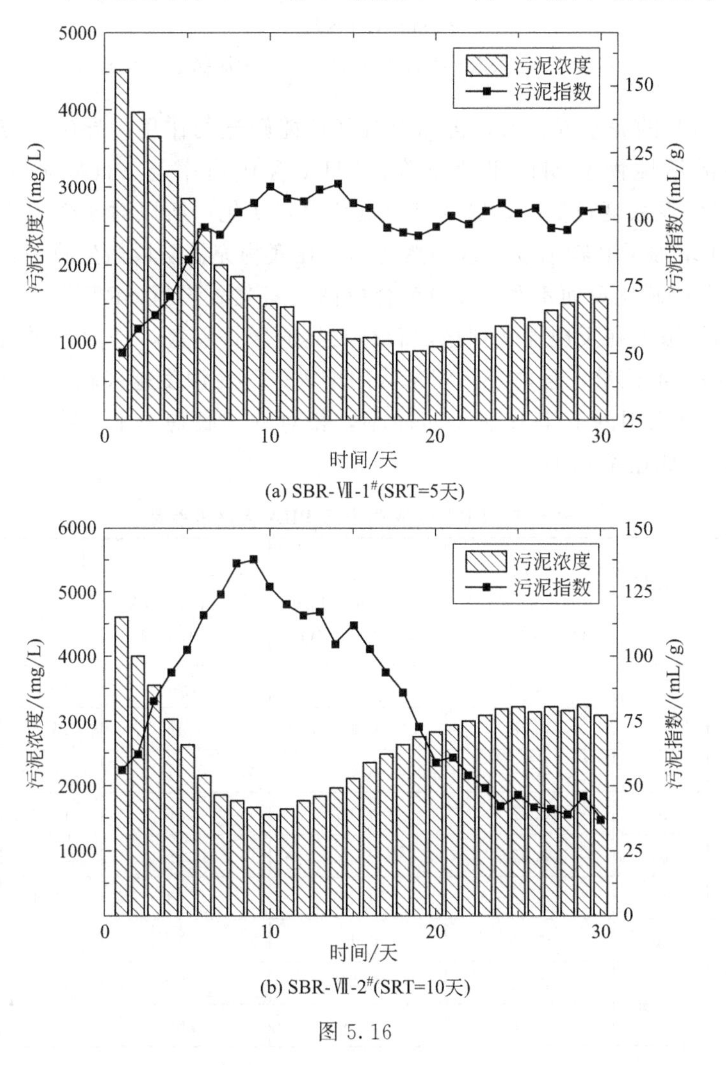

(a) SBR-Ⅶ-1#(SRT=5天)

(b) SBR-Ⅶ-2#(SRT=10天)

图 5.16

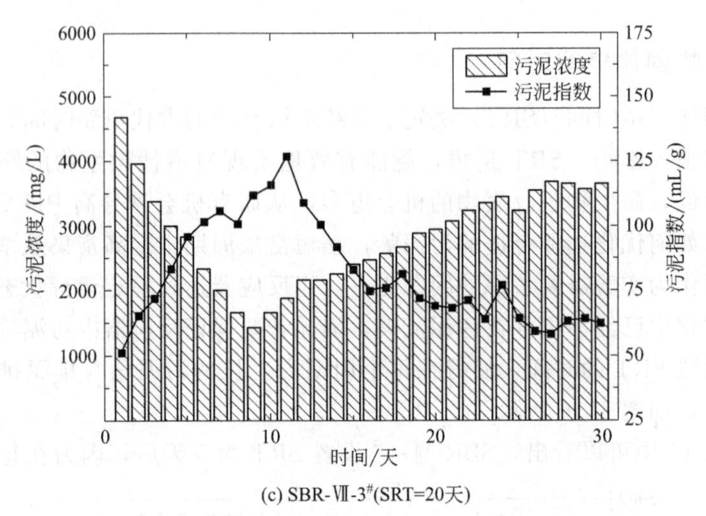

图 5.16　不同 SRT 条件下污泥浓度与污泥指数变化趋势

要排出 400mL 的泥水混合液，再加上沉降性能筛选的作用，导致反应器中污泥浓度在污泥活性恢复期内迅速下降。PHA 合成速率与 PHA 含量等参数见表 5.5。当污泥浓度较低时，底物有机负荷没有变化，所以对于微生物而言，实际上相当于增加了底物浓度，这必然增加了在底物充盈阶段微生物消耗碳源的时间，增大的 F/F 比反而不利于 PHA 合成菌的富集。设置 SRT 为 20 天的 SBR-Ⅶ-3#，污泥浓度在反应器达到稳定后有明显的增长趋势，是因为每周期的排泥量少于污泥的生长量，且由于污泥基数的增大，污泥浓度越来越大，增多的污泥会使得反应器周期内 F/F 比进一步减小，相对的“底物不足”状态，使得污泥活性 PHA 合成速率减小。

表 5.5　PHA 合成速率与 PHA 含量等参数

反应器	运行时间/天	$-r_S$ /[(mol C-Ac/mol C-X)/h]	r_P /[(mol C-PHA/mol C-X)/h]	$Y_{PHA/S}$ /(mol C-PHA/mol C-Ac)	PHA 含量(30 天)/%	
					SBR	Batch
SBR-Ⅶ-1#	10	0.19	0.07	0.37	10.2	28.5
	15	0.28	0.13	0.46	15.4	36.7
	30	0.56	0.32	0.57	18.8	44.3
SBR-Ⅶ-2#	10	0.32	0.18	0.56	15.8	33.7
	15	0.47	0.31	0.66	20.1	51.5
	30	0.64	0.47	0.73	23.4	56.1
SBR-Ⅶ-3#	10	0.35	0.17	0.49	11.5	32.7
	15	0.62	0.33	0.53	14.4	41.1
	30	0.76	0.5	0.66	21.3	54.2

5.4.6　微生物群落结构变化规律

发酵底物实验经过 11 天的厌氧发酵后，反应器中的接种微生物与发酵末端微生物群落结构 T _ RFLP 分析如图 5.17 所示。图 5.17 表明，经过 11 天的发酵后，各个反应器中的微生物群落结构都发生了明显的改变。接种污泥中的微生物种类繁多，且没有明显的主要功能菌群，长度为 187bp 的基因片段所代表的微生物在接种污泥中的相对丰度最高为 16.61%，长度为 190bp 的基因片段其次，其相对丰度为 15.08%，而长度为 90bp、177bp、180bp、183bp 的基因片段所代表的微生物的相对丰度分别为 13.12%、9.15%、13.91%、13.23%，其他基因片段的相对丰度均小于 10%，因此在接种污泥中，微生物的种类相当丰富，没有占主导功能的微生物。

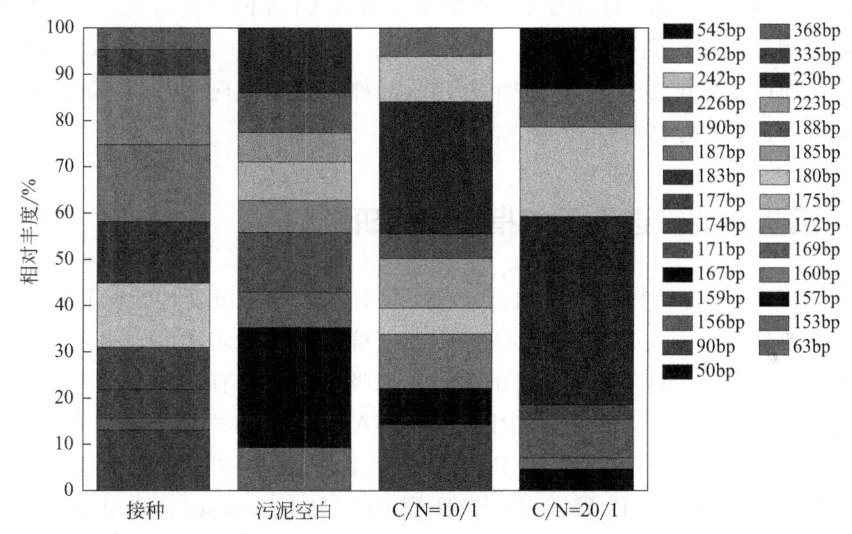

图 5.17　反应器中的接种微生物与发酵末端微生物群落结构 T-RFLP 分析

在经过 11 天的厌氧发酵期后，污泥单独发酵反应器中的微生物群落结构明显发生改变，出现了三种主要的功能菌群。长度为 167bp 的基因片段所代表的微生物是污泥空白发酵末端反应器中数量最多的微生物，其相对丰度为 26%，长度为 230bp 的基因片段所代表的微生物则是污泥空白反应器中的第二大种群，相对丰度为 13.97%，而长度为 172bp 的基因片段的相对丰度则为 12.85%，其余的基因片段的相对丰度均小于 10%。与接种污泥的微生物群落结构对比来看，厌氧发酵后微生物的群落结构出现了明显的改变，长度为 167bp、230bp 与 172bp 的基因片段所代表的微生物能够很好地适应厌氧发酵的环境。

发酵底物 C/N 为 10/1 的反应器中，在发酵 11 天时，长度为 230bp 的基因片段代表的微生物是该反应器中的主要功能菌，其相对丰度最高为 28.51%，长度为90bp、60bp的基因片段代表的微生物也是反应器中的主要微生物，其相对丰度分别为14.90%、11.73%。除此之外，其他的基因片段的相对丰度均小于10%。但是与接种污泥相比，出现了长度分别为242bp、362bp的基因片段，其相对丰度为9.81%、6.10%。而对于发酵底物C/N为20/1的反应器而言，长度为230bp的基因片段的相对丰度达到了40.69%，242bp、362bp的基因片段代表的微生物的相对丰度也增加到19.42%、8.16%。同时，在该反应器中出现了相对丰度为13.16%、长度为545bp新的基因片段。与接种污泥相比，在发酵末端三个反应器中微生物都有适应厌氧发酵环境的表现，如图5.17所示。相对于污泥单独发酵而言，两个发酵底物反应器中的微生物群落结构更趋向于单一性，优势菌种更加明显。由2.6.2小节关于反应器中奇数碳VFA比例变化趋势可知，发酵底物反应器中的奇数碳VFA比例大幅度提升，推断长度为230bp、242bp、362bp与545bp的基因片段可能与奇数碳VFA的产生有关。由发酵底物实验微生物群落结构变化图可知，共发酵可能在反应器中富集产奇数碳VFA的菌群，从而改变发酵液中VFA的组分，从某种程度上实现VFA中奇数碳VFA与偶数碳VFA比例的调控。

5.5 沉降性能筛选作用的指示指标研究

在ADD工艺运行模式下，通过设置沉淀时间来调节沉降性能筛选是工艺流程中的重要环节，也是对反应器富集PHA菌群效果影响较大的因素之一。已经有文献证实，具有PHA合成能力的菌种，在吸收碳源后有明显细胞内存储物增多的现象。通常认为，细胞内的PHA以PHA颗粒的形式存在，这种PHA颗粒的组成，结构为：内部是PHA聚合物核心，外部包裹着磷脂层（Phospholipid layer）和聚合酶与解聚酶（Polymerase and depolymerase enzymes），且细胞内储存物的体积与细胞的重度是正相关的关系。这就为利用活性污泥混合菌群沉降性这个特征对微生物环境建立更加有利于PHA合成菌群形成竞争优势的沉降性能筛选模式提供了理论基础。

沉降性能筛选概念源于好氧颗粒污泥培养过程中的选择压力概念，在SBR中，对选择压力有贡献的参数包括：底物浓度，上升剪力，底物充盈-匮乏机制、运行工艺补料策略，DO，反应器结构形态，SRT，周期时间，沉降时间和体积交换比。Liu提出了对于好氧颗粒污泥广泛适用的选择压力理论，该理论将对选择压力有重要影响的参数，统一成一个指标——污泥沉降速率（v_s）。污泥沉降速率指的是泥水混合液中的固体颗粒沉降速度。Liu的选择压力理论的核心在于将排水过程细分为固体颗粒排出和液体全部排出同时发生，但维持时间不同的两个步骤。由于停止了曝气，污泥固体颗粒的密度大于水的密度，因此在排水的过程中，排水口以上的部分会出现因污泥快速沉降而导致的泥水分离出现上清液的现象，而与此同时一部分原本在排水口以上的污泥，则沉降到排水口以下，不会随水排出。v_s 的定义见式(5.1)。

$$(v_s)_{min}=\frac{L}{t_s+\frac{(t_d-t_{d,min})^2}{t_d}} \tag{5.1}$$

式中　t_s——设计沉降时间，从排水开始到液面降低至排水口处的时间间隔，即设计沉降时间。

根据 t_s 的定义，如果污泥中的悬浮颗粒沉降的时间超过 t_s，将会被 SBR 反应器从排水口排出。因此存在一个最小的沉降速率 $(v_s)_{min}$，若污泥的沉降速率小于 $(v_s)_{min}$，则污泥沉降时间会过长，且因大于设计沉降时间，还未沉降到排水口就被排出。而所有沉降时间小于设计沉降时间的，也就是沉降速率大于 $(v_s)_{min}$ 的污泥颗粒，则可以保留在反应器内。

如图 5.18 所示，t_d 为排水口以上的悬浮物（活性污泥）从排水口排出的时间间隔。选择压力的大小，是通过调整 t_s 和 t_d 施加的（图 5.18）：通过调整排水装置的流速，控制 t_s；调整沉淀的时间，即通过控制污泥沉降过程中排水口打开的时刻，控制 t_d 的大小。$t_{d,min}$ 是最短的污泥排出时间。当反应器内活性污泥沉降性良好，几乎全部为好氧颗粒污泥时，存在最短的排水时间 $t_{d,min}$，如果排水时间 $t_d \geqslant t_{d,min}$，则在排水的过程中，一部分位于排水口上方正在排出的污泥会因为同时发生的沉淀而降低了选择压力的筛选效果。当 $t_d > t_{d,min}$ 时，需要调整设计沉淀时间 t_s 来设置排水时间。在本书中采用的 ADD 运行模式，借鉴好氧颗粒污泥培养过程中的选择压力的设置与量化表达方法，定量表达沉降性能筛选机制，因此对式(5.1) 进行调整，如下所示

$$(v_s)_{min}^{feast\_end}=\frac{L}{t_s+\frac{(t_d-t_{d,min})^2}{t_d}} \tag{5.2}$$

$$\Phi=\frac{C_{famine\_start}}{C_{feast\_end}} \tag{5.3}$$

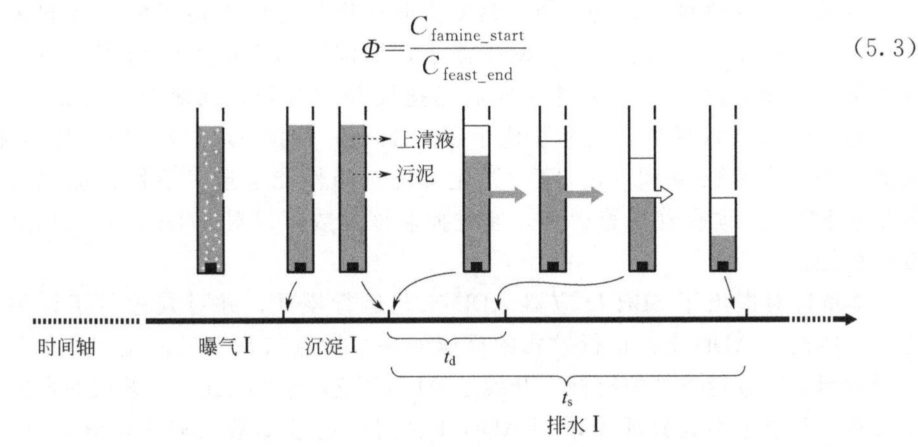

图 5.18　污泥沉降性能筛选的具体描述（t_d 和 t_s）

式中 Φ——沉降性能筛选过程的筛选强度系数。

用式(5.2)和式(5.3)共同来描述沉降性能筛选机制。其中，$(v_s)_{min}^{feast_end}$作为反应器在第一次排水时的控制参数，通过调整沉降时间和监测排水时间来完成沉降性能筛选的设置。同时引入筛选强度系数Φ，定义为经过排水Ⅰ过程后，底物匮乏阶段初始时的污泥浓度与底物充盈阶段末期的污泥浓度之比（污泥浓度检测均在曝气阶段取样）。筛选强度系数Φ的数值直接与$(v_s)_{min}^{feast_end}$的大小相关联，用来量化反应器沉降性能筛选作用的大小。每设定一个$(v_s)_{min}^{feast_end}$，就确定了一个Φ的初始值，记为Φ_0。因为Φ属于后验性参数，不能直接设置，同时随着反应器的运行，活性污泥的沉降性会逐渐变化，即在$(v_s)_{min}^{feast_end}$与Φ初始值不变的情况下，每周期Φ的数值都会逐渐减少，直至在周期的排水Ⅰ过程中不再出现污泥流失，即宣告沉降性能筛选过程结束，Φ终值为1，这期间Φ值始终处在变化的过程中。

启动一组柱状上流式SBR反应器Ⅱ，采用ADD工艺运行，对三个反应器分别设置不同的$(v_s)_{min}^{feast_end}$，从而得到三组不同的初始Φ值。为使反应器内沉降性能筛选保持较高强度，选择6h周期，SRT为10天。当Φ_0在(0.9，1)区间内，$(v_s)_{min}^{feast\_end}=3m/h$，如图5.19(a)所示，较大的$\Phi$值意味着在排水过程中，每个周期淘汰的污泥占总量的10%以下，沉降性能筛选强度偏小，导致在PHA合成菌群富集过程中的筛选作用不明显，反应器运行30天期间内的细胞内合成PHA速度增长相对缓慢。当Φ_0小于0.8，$(v_s)_{min}^{feast\_end}=7m/h$，如图5.19(b)所示，较小的$\Phi$值意味着在排水过程中，每个周期淘汰的污泥总量过20%，沉降性能筛选强度过大，流失的污泥量超过了每个周期污泥的新增生长量，反应器内污泥浓度迅速减少，导致反应器运行不稳定，几乎所有的污泥全部流失并最终造成反应器崩溃，微生物的PHA合成速率也几乎为零。当Φ_0在(0.8，0.9)区间内，$(v_s)_{min}^{feast\_end}=5m/h$，如图5.19(c)所示，$\Phi$取值较为合理，在PHA菌群富集过程中对污泥的筛选起到了积极作用。由图5.19可知，在反应器运行期间，污泥浓度经历了先因沉降性能筛选作用而降低，在筛选完成后迅速回升的过程，同时微生物的PHA合成速率因筛选效果良好而明显优于图5.19(a)和图5.19(b)的两种情况。由此可知，由参数Φ和$(v_s)_{min}^{feast_end}$定义的沉降性能筛选对活性污泥混合菌群富集PHA过程有着显著影响，通过控制该参数可以对PHA富集效果进行有效调控。

本章针对提出了SBR反应器ADD工艺运行模式，并对其进行了详细论述，具体包括ADD工艺运行模式的反应器基本特点与基本工艺流程，以及反应器达到稳定运行条件的指标。开展了ADD工艺与传统ADF工艺反应器的对比实验，并通过实验验证了采用ADD工艺可以有效缩短污泥活性恢复阶段，提高微生物底物吸收速度，相对较快达到PHA富集最佳状态的F/F比，增强

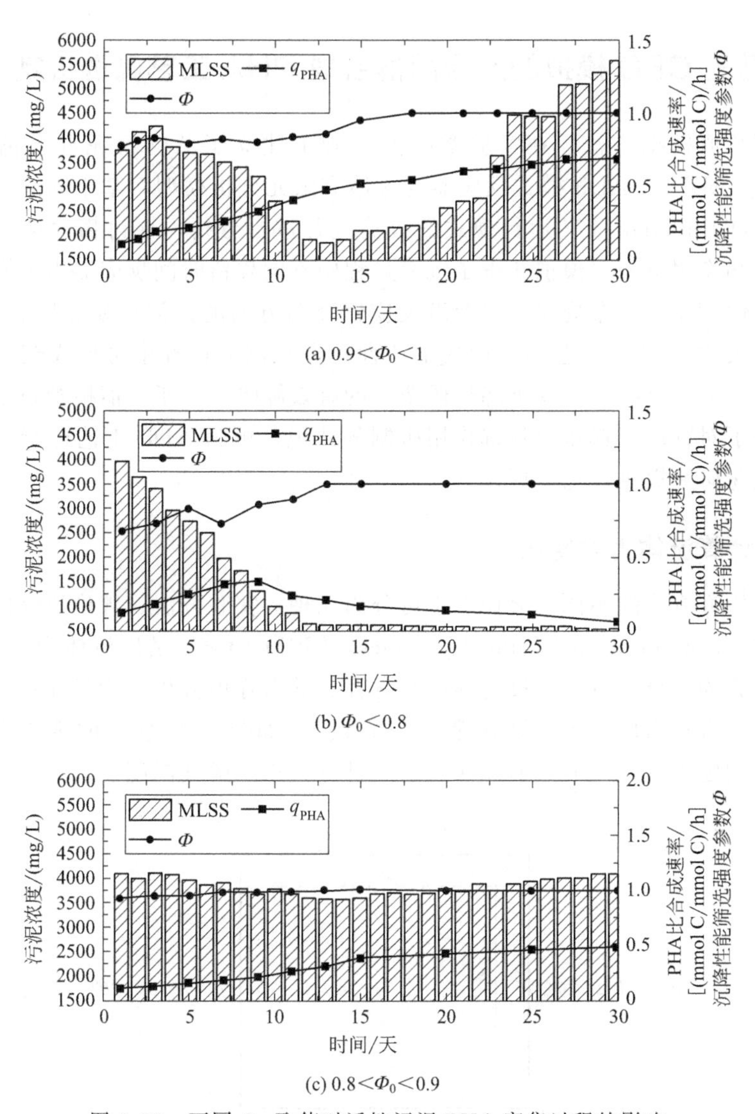

(a) $0.9<\Phi_0<1$

(b) $\Phi_0<0.8$

(c) $0.8<\Phi_0<0.9$

图 5.19　不同 Φ_0 取值对活性污泥 PHA 富集过程的影响

对 PHA 合成菌的筛选效果，并对提高活性污泥混合菌群合成 PHA 能力有显著作用。实验对沉降性能筛选的设置进行了量化分析，通过实验确定了适合 ADD 工艺运行模式的沉降性能筛选参数初值 Φ_0 为 0.8～0.9。经过对 ADD 工艺运行模式下反应器参数的优化分析可知：底物浓度（以碳源浓度计）为 1000mg COD/L，周期为 6h，SRT 为 10 天时，有利于活性污泥 PHA 含量的提高。在反应器运行期间，活性污泥在沉降性能筛选作用下，整体的沉降性得到提高，但并未形成好氧颗粒污泥，达到了在提高 PHA 含量的同时，又有利于后期 PHA 产物提取的目的。

5.6 基于 CFD 模拟的混合菌群合成 PHA 工艺筛选机制

利用数值模拟方法，在实验数据的基础上建立了活性污泥混合菌群合成 PHA 工艺 ADD 与 ADF 模式反应器的流体有限元分析模型，基于固液二相流体理论对 ADD 和 ADF 工艺运行模式的沉淀过程进行分析，探讨物理选择压力的产生原理和作用机制。模拟获得了沉淀过程中不同停留时间反应器内不同沉降速率等级活性污泥的分布规律，以及沿反应器竖向方向的污泥体积分数分布规律。分析结果表明，ADD 工艺运行模式下活性污泥在沉淀过程中可形成较为稳定的沉降性差异分层界线，实现沉降性弱菌类的有效筛除。基于数值模拟技术的分析过程促进了对物理选择压力筛选作用机制的认识，可为 ADD 工艺运行模式反应器参数优化研究提供理论依据。

5.6.1 计算流体力学简述

根据研究方法的不同，流体力学可分为三种：实验方法、理论研究以及计算流体力学（Computational Fluid Dynamics，CFD）。CFD 是以流体力学为基础，以数值计算为计算工具，通过对连续性方程、动量守恒方程、能量守恒方程进行离散化得到方程组后，求解该方程组的过程。以如图 5.20 所示的某二维物体的稳态导热问题为例，可通过前面所述的三种方法来求解其温度场。

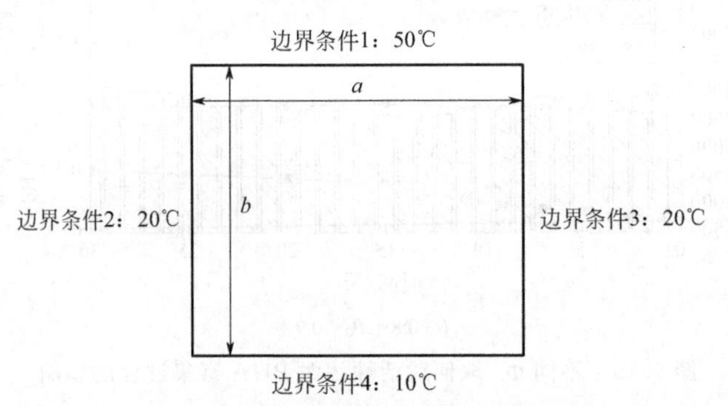

图 5.20 某二维物体的稳态导热问题

若该问题以实验的方法求温度场时，需要如图 5.21 所示的电源、控制板、数据采集器、温度探头等实验设备和仪器。实验方法的优点为其结果准确、可靠、可信度高，但其缺点也很明显：高昂的设备、人力、时间等的成本，且实验结果易受周围环境的干扰。

① 为了精确测量和掌握该物体各个点的温度，需要数量众多的温度探头和多个数据采集器，且随着该物体尺寸的增大，所需温度探头数量将急剧增加。而该物体尺寸越小，温度探头对该物体的温度场的分布影响越大。

② 若某个边界条件为绝热，但实际情况是不能达到完全绝热，会有一定的热损失。

③ 电加热板的温度具有波动性，不能维持所需的恒定的温度。

④ 难以达到如超高温、超高压或无重力等特殊的实验环境，且成本高、危险度也高。

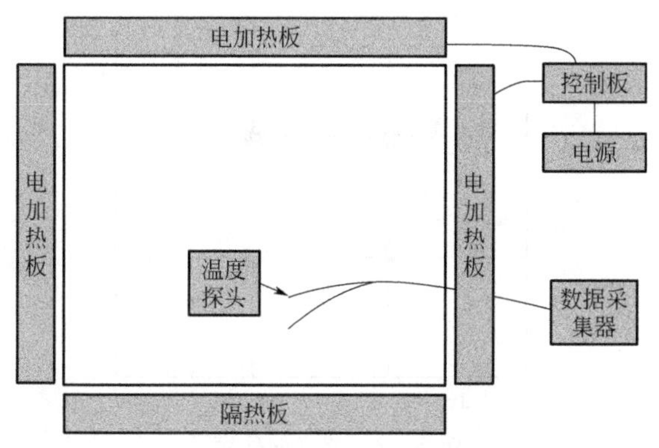

图 5.21　实验方案

理论研究方法一般是直接求解控制方程。式(5.4) 为导热微分方程，其中 c、ρ、λ 分别为该物体的比热容、密度和热导率，$\dot{s}$ 为该物体的热源。

$$c\rho \frac{\mathrm{d}t}{\mathrm{d}\tau}=\lambda \nabla^2 t+\dot{s} \tag{5.4}$$

由于该问题为二维的稳态导热，所以导热微分方程可简化为式(5.5)，左下定点为原点建立坐标轴，则其边界条件为式(5.6)～式(5.9)。

$$0=\frac{\partial^2 t}{\partial x^2}+\frac{\partial^2 t}{\partial y^2} \tag{5.5}$$

$$x=0, t=20℃ \tag{5.6}$$

$$x=a, t=20℃ \tag{5.7}$$

$$y=0, \frac{\mathrm{d}t}{\mathrm{d}y}=0 \tag{5.8}$$

$$y=b, t=50℃ \tag{5.9}$$

对于式(5.5)，可通过分离变量法来求解，且该问题的解析解如下所示。该式由无穷多个项构成，求解起来非常困难，且求解对象为简单几何形状和简单的边界条件，如不规则复杂形状、非稳态导热、非常物性、热源等情况下几乎不可能通过理论方法来求解。

$$\theta=\frac{2}{\pi}\sum_{n=1}^{\infty}\frac{(-1)^{n+1}+1}{n}\sin\left(\frac{n\pi x}{a}\right)\frac{\sinh(n\pi y/a)}{\sinh(n\pi b/a)} \tag{5.10}$$

CFD 方法求解上述问题的思想在于：把物体用有限个点的集合来代替，并把微分方程离散化得到代数方程，通过有限个点的温度来求解温度场。该过程包含了如下内容。

① 建立控制方程，即导热微分方程。

$$0=\frac{\partial^2 t}{\partial x^2}+\frac{\partial^2 t}{\partial y^2} \tag{5.11}$$

② 节点的确定（图 5.22）：确定节点 $a_1 \sim a_4$，且间距为 $\mathrm{d}x=\mathrm{d}y$。

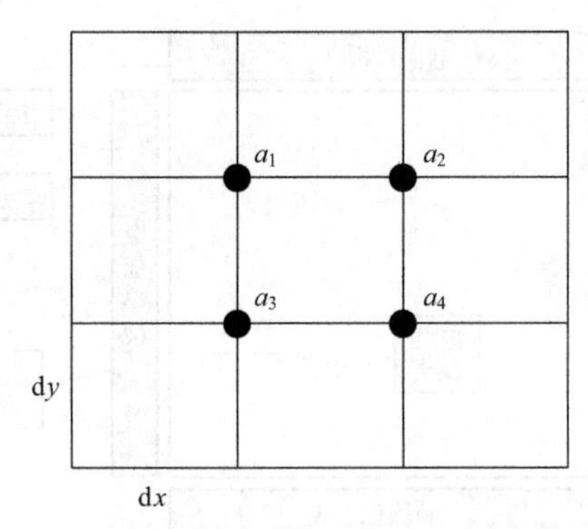

图 5.22 节点的确定

③ 离散化：通过热平衡法或泰勒展开式进行离散。本章节利用泰勒展开式进行离散，可得到式(5.12) 和式(5.13)。

$$t_{x-\mathrm{d}x,y}=t_{x,y}-\frac{t'_{x,y}}{1!}\mathrm{d}x+\frac{t''_{x,y}}{1!}\mathrm{d}x+\cdots \tag{5.12}$$

$$t_{x+\mathrm{d}x,y}=t_{x,y}+\frac{t'_{x,y}}{1!}\mathrm{d}x+\frac{t''_{x,y}}{1!}(\mathrm{d}x)^2+\cdots \tag{5.13}$$

两式相加可得到式(5.14)。

$$\frac{\mathrm{d}^2 t}{\mathrm{d}x^2}=\frac{t_{x+\mathrm{d}x,y}+t_{x-\mathrm{d}x,y}-2t_{x,y}}{2\mathrm{d}x} \tag{5.14}$$

同理可得到式(5.15)。

$$\frac{\mathrm{d}^2 t}{\mathrm{d}y^2}=\frac{t_{x,y+\mathrm{d}y}+t_{x,y-\mathrm{d}y}-2t_{x,y}}{2\mathrm{d}y} \tag{5.15}$$

若 $\mathrm{d}x=\mathrm{d}y$，式(5.14) 和式(5.15) 代入式(5.5) 中可得到式(5.16)，从中可知某一个节点的温度为周围节点的平均温度。

$$t_{x,y}=\frac{t_{x+\mathrm{d}x,y}+t_{x-\mathrm{d}x,y}+t_{x,y+\mathrm{d}y}+t_{x,y-\mathrm{d}y}}{4} \tag{5.16}$$

④ 通过式(5.16) 建立节点 $a_1 \sim a_4$ 的方程组。

$$a_1=\frac{a_2+a_3+20+50}{4}$$

$$a_2=\frac{a_1+a_4+20+50}{4}$$

$$a_3=\frac{a_1+a_4+20+10}{4}$$

$$a_4=\frac{a_2+a_3+20+10}{4}$$

⑤ 求解方程组，确定各个点的温度。

从上述三种方法比较可知，CFD 方法的优点在于费用、时间、人力等成本低，可信度高，可求解各种复杂的问题和各种苛刻的环境以及边界条件。作为一种科研工具，CFD 可用于帮助解释某些物理化学实验中的现象和结果，而且还可以作为工程工具，广泛应用于航空、航天、船舶、汽车、发动机、桥梁等领域中。目前成熟且市场化的 CFD 商用软件有 Fluent、CFX、Star-CC、Comsol 等，其主要流程如下。

① 模型的建立。

② 网格生成。

③ 物理模型的选择和边界条件的设定。

④ 计算。

⑤ 后处理。

5.6.2　CFD 模拟的混合菌群概况

自 20 世纪 80 年代初期，Schamber、Larock 与 Imam 等应用湍流模型对初沉池的速度场进行了模拟计算及实验研究，1977 年 Larsen 作为数值模拟的先驱之一，将 CFD 模拟应用于多个沉淀池。很多反应器中有污水和悬浮活性污泥，其流动相为液固两相流，本研究采用液固两相流来计算 PHA 合成反应器中的活性污泥沉降情况。PHA 合成反应器属于一个固液两相流反应器，双流体模型是一种近期得到广泛应用的多相流模型，它把每一相都看成是充满整个流场的连续介质，颗粒相是与流体相互渗透的拟流体，然后建立每一相的动量、能量和质量方程来求解。本研究利用流体数值模拟方法对 ADD 工艺运行模式工作流程中筛选作用模式进行分析，探讨不同反应器中流体场对物理选择压力形成的影响，在减小实验工作量的同时，得到筛选过程反应器内流体状态定量描述，为反应器合理参数的确定提供科学依据 .

本书通过 ANSYS. inc 的 CFD 商用软件进行 PHA 的降沉和筛选的模拟研究，使用的主要模块为 Geometry、Mesh、Fluent、Results。在 ANSYS workbench 的左侧菜单栏中依次双击 Geometry、Mesh、Fluent、Results 后，如图 5. 23 所示，通过拖动鼠标右键将四个模块相连。

(1) 模型建立

由于反应器结构较为复杂，在利用 FLUENT 软件进行数值模拟时，对其进行了适当简化，其几何模型如图 5. 24 所示，两种反应器均为圆筒形，其高和直

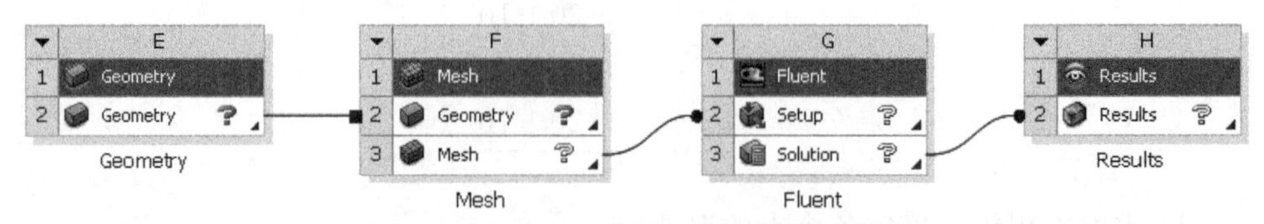

图 5.23 PHA 的降沉和筛选的模拟研究

径分别为 1m/0.09m 和 0.25m/0.1m。

在 ANASYS workbench 中建立三维模型的思路在于：先建立或选择二维草图，然后拉伸该草图生成三维模型。

① 在 ANASYS workbench 中启动 Geometry，用鼠标右键选择 new Spaceclaim Geometry。

② 如图 5.25 所示，在上方菜单栏中用鼠标左键选择草图“”，再选择 *XZ* 平面作为草图所在平面。

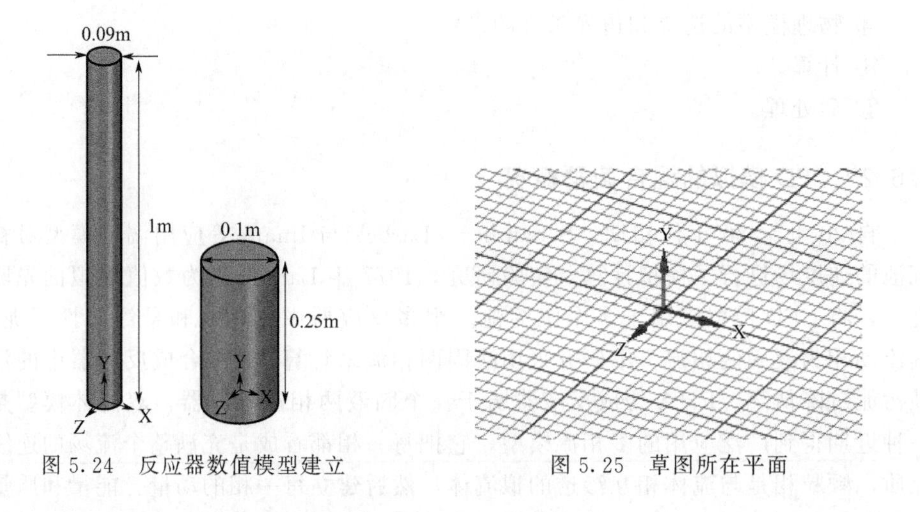

图 5.24 反应器数值模型建立

图 5.25 草图所在平面

③ 在上方菜单栏选择圆“”，以草图原点为圆心，输入 100 并按回车键，绘制直径为 100mm 的圆（图 5.26）。

④ 在上方菜单栏选择“”三维模式后，选择拉动“”。

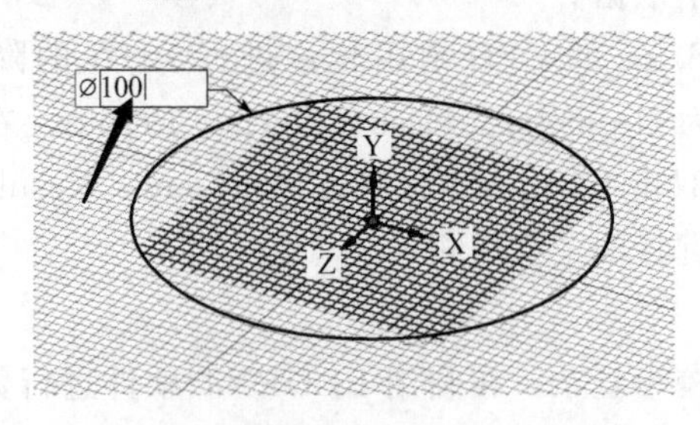

图 5.26 绘制直径为 100mm 的圆

⑤ 用鼠标左键选择步骤③生成的圆后，通过鼠标左键在向 y 方向拖动一段距离，并输入 250 后按回车键（图 5.27）。

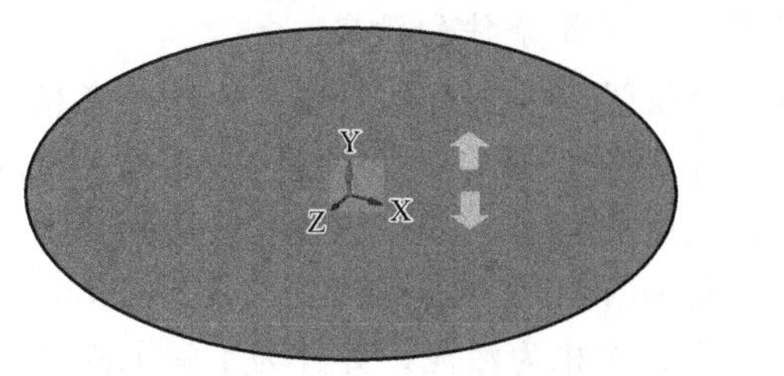

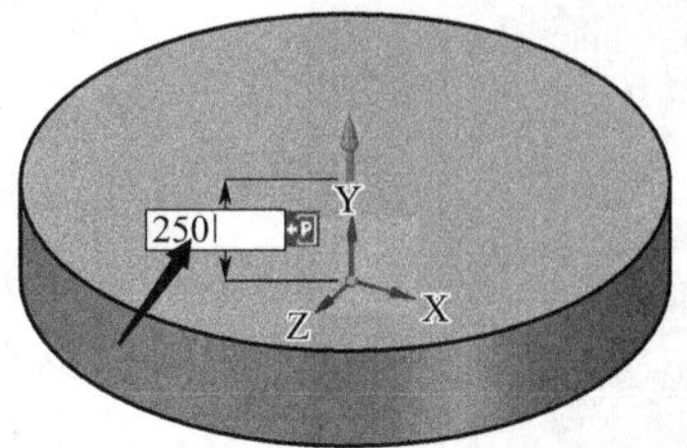

图 5.27　圆生成圆柱

最终可得到如图 5.27 所示的直径为 100mm、高为 250mm 的圆柱。同样的方法可画出直径为 90mm、高为 1000mm 的圆柱（图 5.28）。

（2）生成网格

在 ANSYS workbench 中启动 Mesh 模块。如图 5.29 所示，在左侧菜单栏中：Physics Preference 的选项设定为 CFD；Size Function 设定为 Proximity and Curvature；Smoothing 设定为 High。

网格的大小和数量可通过 Min size、Max Face size、Max Tet size 等来调整。

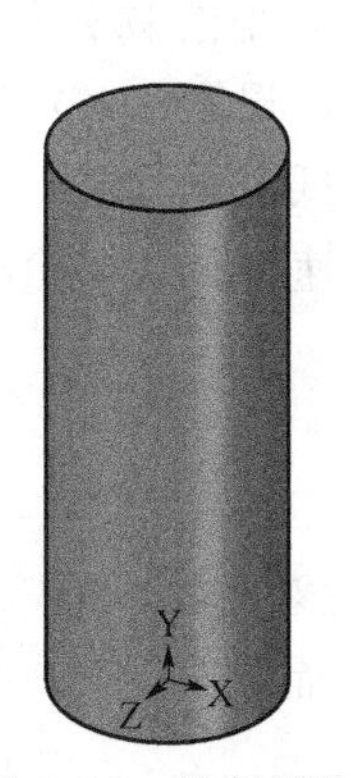

图 5.28　绘制圆柱

（直径为 90mm、高为 1000mm）

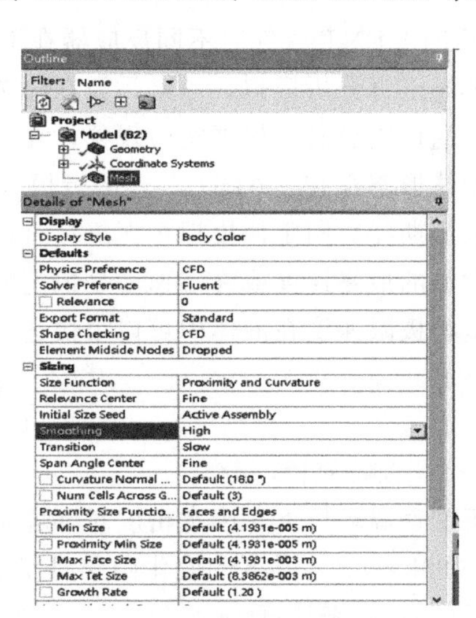

图 5.29　菜单栏

用鼠标左键单击图 5.29 上方菜单栏中的“Generate Mesh”生成网格，其网格形状如图 5.30 所示。

生成网格之后，单击“ ”，在选择圆柱体所有的面后，右键点击 Create

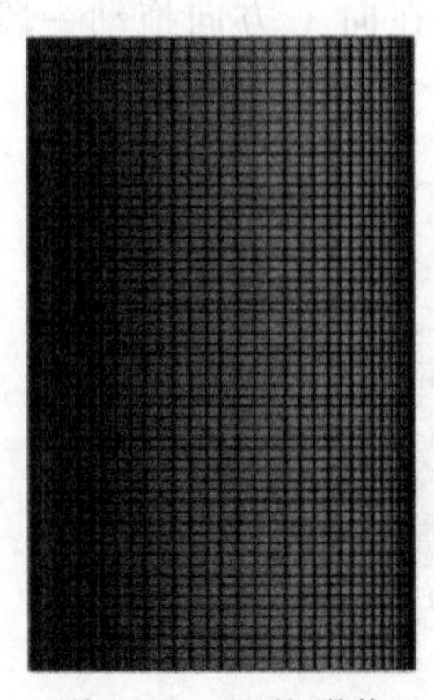
图 5.30 网格形状

Named Selection，将所有的壁面命名为 wall。同理点击"[icon]"，选择圆柱体之后，命名为 body。

（3）模型以及边界条件的设定

活性污泥降沉过程中只有重力和浮力且两者相差甚小，所以其流速相对缓慢。故本研究中采用了层流模型。由于活性污泥的含水率高达 99%，可将其作为液相，所以本次仿真采用了两相流的混合（Mixture）模型，其主相为水，次相为污泥。并且为了解沉降过程中各个位置处的浓度变化，采用了非稳态求解，其时间步长设为 0.01s，每个时间步长的迭代次数为 20，初始时刻次相的体积分数设为 60%。假设其为不可压缩黏性流体，污泥密度为 1.06g/cm^3，投加入反应器的 MLSS 为 5g/mL，动力黏度为 0.02Pa·s，水的密度为 1.0g/cm^3，动力黏度为 0.001Pa·s。式(5.17) 所示的是污泥黏度与浓度、温度的关系，本研究中的设计参数求得的污泥黏度为 1.39×10^{-3}Pa·s。

$$\mu=0.63\exp\left(\frac{120}{T}+0.078\text{MLSS}\right) \tag{5.17}$$

利用 FLUENT 软件对不同反应器在不同运行模式下的筛选过程中固相流体流动速度场进行分析模拟，考察污泥在筛选过程中的流动状态，进一步明确物理选择压力的作用机制。根据实验现象，在 ADF 工艺运行模式的污泥沉淀过程中主要以絮体形态存在，ADD 工艺运行模式中则主要以微小的颗粒状形态存在。因此可采用斯托克斯定律模拟污泥沉淀过程的状态变化，根据这一定律，在沉淀池中，颗粒的最终速度或终端速度是恒定的。当摩擦力抵消重力时，就实现了这一点。这种极限速度在液体中可以很快达到。颗粒沉降速度由式(5.18) 给出。

$$v=\frac{d^2(\rho_\omega-\rho_0)\gamma\omega^2}{18\eta} \tag{5.18}$$

式中 d——颗粒粒径，m。

在正常室温环境下，废水密度对环境温度变化不敏感，因此在模型中可采用标准值 1000kg/m^3。黏度的变化则受温度影响较明显，而 FLUENT 中混合相的黏度以式(5.19) 来计算。

$$\mu=\mu_1(1-\alpha)+\mu_2\alpha \tag{5.19}$$

式中 μ_1，μ_2——主相和次相的黏度；

α——次相的体积分数；

μ——污泥的黏度，Pa·s。

模型以及边界条件的设定的步骤如下。

① 在 ANSYS workbench 中启动 Fluent 模块，将左侧菜单栏 General 中的

Time 设定为 Transient。勾选 Gravity 并打开，在 Y（m/s^2）中输入－9.8。

② 将 Models 中的 Multiphase 选项设定为 Mixture。

③ 将 Viscous 设定为 Lamina。

④ 在 Meaerials 中双击“Air”，将 Name 修改为污泥，Density 改成 $1060kg/m^3$，Viscosity 修改为 $1.39\times10^{-3}Pa\cdot s$。单击 Create/edit Materials→Fluent Database Materials→Water-Liquid 后，单击 Copy。

⑤ 在上方菜单点击 Setting up physics 中的 List/show all phase，设定 Phase-1 为 Water-Liquid，Phase-2 设定为污泥。

⑥ 在 Solution initialization 中，单击 Initialize→Patch，按如图 5.31 所示，将初始时刻的第二项即污泥的体积分数设定为 0.6 后单击 Patch。

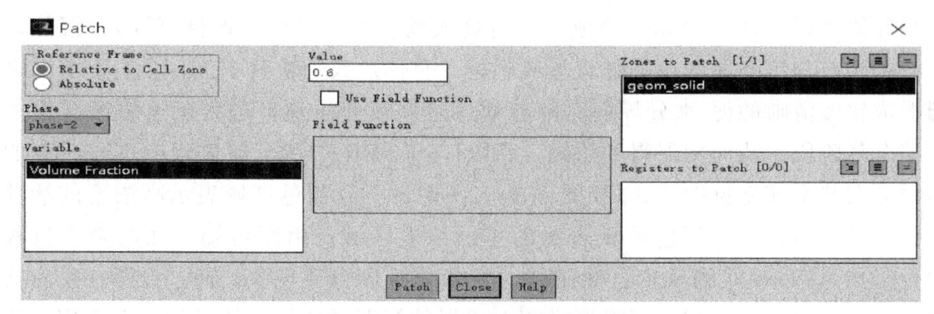

图 5.31　初始体积分数的设置

⑦ 将 Run Calculation 中 Time Step Size 设定为 0.01s，Number of Time Steps 设定为 18000 后，点击 Calculate 开始进行计算。

（4）后处理

在 Fluent 模块中计算完毕之后，通过后处理过程可以把仿真结果以数据或图片导出来以供研究者进行分析和讨论，其过程如下。

① 在 ANSYS workbench 中启动 Results 模块。

② 在上方菜单栏中，Location→Plane 和 Line 可创建如图 5.32 所示的平面 Plane-1 和 Line-1。

③ 点击上方菜单栏“”，创建云图并命名为 Contour 1 后，在 Locations 中选择 Plane-1，将 Variable 选项设定为 Phase1. volume faction，单击 Apply 可生成平面 Plane-1 上的水的体积分数云图。

④ 点击上方菜单栏中 Time“”，在 Time Step Selector 窗口中双击某个时间步骤即可生成该时间步骤时的水的体积分数的

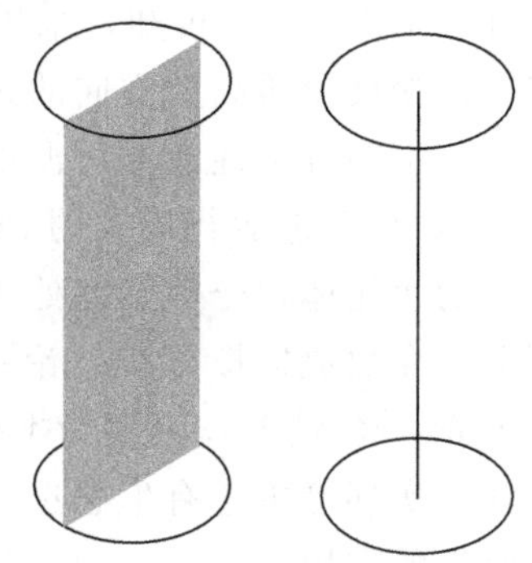

图 5.32　Plane-1 和 Line-1

云图。

⑤ 单击“”，创建图表并命名为 Chart 1。在 Details of Chart 1 的窗口栏中，在 Data Series 的 Location 中选择步骤②生成的 Line-1；X-Axis 中的 Variable 选项为 Y；Y-Axis 中的 Variable 选项为 Phase1. volume faction 后，单击 Apply 可生成 Line-1 上的水的体积分数的图标。

⑥ 点击上方菜单栏中 Time “”，在 Time Step Selector 窗口中双击某个时间步骤即可生成该时间步骤时的水的体积分数的图标。

5.6.3 模拟结果与分析

污泥沉降开始首先是絮凝过程，形成较大絮体，然后沉降速度不断加快，如絮凝性能良好，则 1～2min 完成。然后进入成层沉淀阶段（拥挤沉降），沉降速度大的颗粒与沉降速度小的颗粒形成超越，整体形式为快速下沉，会与上清液之间形成比较清晰的泥-水分界面。随着絮体之间彼此压迫，进入沉速逐渐减慢的压缩沉降阶段，从而污泥得到浓缩。SBR1# 与 SBR2# 在沉淀过程中不同时刻的污泥分布状态演变见图 5.33 和图 5.34，图中最下方灰色区域表示高浓度的活性污泥区域，而最上方深色区域表示的是低浓度区域。由图可知，在沉降全过程中，采用 ADD 模式的 SBR1# 存在明显的沉降速度分界现象，通过设置在反应器中部的排水口，可达到将沉降速度相对较慢的污泥循环排出的目的。而采用传统 ADF 工艺运行模式的 SBR2# 反应器，在沉淀过程中则不同沉降速度的污泥絮体之间存在明显干扰，无法形成稳定的沉降性差异界线。在排水过程中，沉降性能各异的颗粒容易被一并排出，对颗粒的区分度较弱，无法形成对沉降性能较弱污泥的筛除效应。

根据前期研究表明，对于具有碳源内存储能力的微生物，在匮乏阶段末期，其沉降性与 PHA 合成能力存在正相关性，因此通过一定的筛分机制，保留沉降性较强的污泥，实质上起到了对高 PHA 合成能力菌群的强化筛选作用。考察沉降过程中不同时刻沿反应器高度方向的累计污泥体积分数，见图 5.35。由图 5.35 可知，采用 ADD 工艺运行模式的 SBR1# 反应器，在沉降过程中，盐反应器高度方向的累计污泥体积分数分布基本稳定，说明在其沉降过程中，不同沉降性能的污泥以较均匀的速度实现整体稳定沉降的状态。而采用传统 ADD 工艺运行模式的 SBR2# 反应器，则在其沉降过程中，沿反应器高度方向的污泥体积分数始终处于紊乱状态，单从沉降性方面无法对污泥进行有效区分。在数值模拟分析结论中，未出现实验中 SBR1# 内污泥沉降速度显著高于 SBR2# 的情况，是因为本研究建立的有限元模型只考虑物理选择压力情况，而真实环境中还有生态选择压力同时存在，对物理选择压力的提升起到了加速筛选的作用。

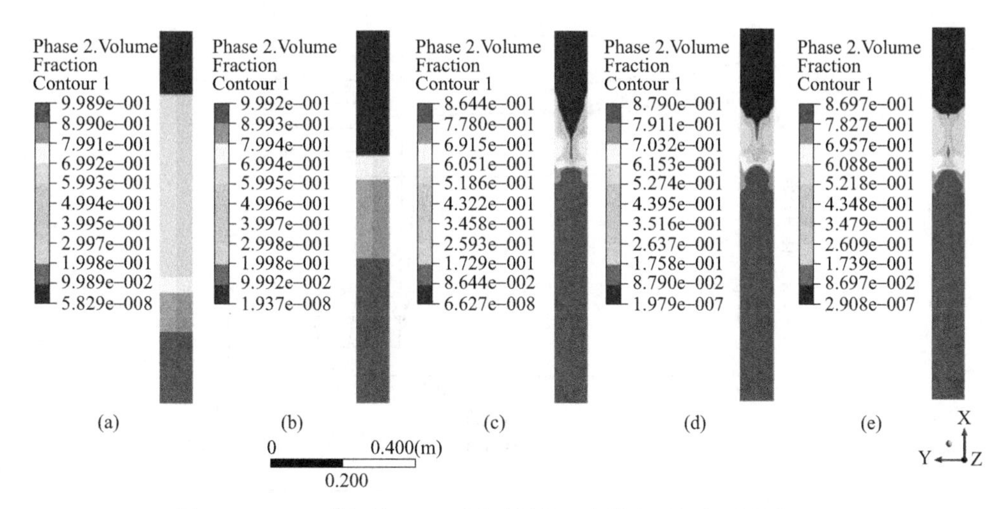

图 5.33　SBR1[#] 沉淀过程不同时刻的反应器内固相物质分布云图

沉淀时刻：(a) 为 5min；(b) 为 10min；(c) 为 15min；(d) 为 20min；(e) 为 25min

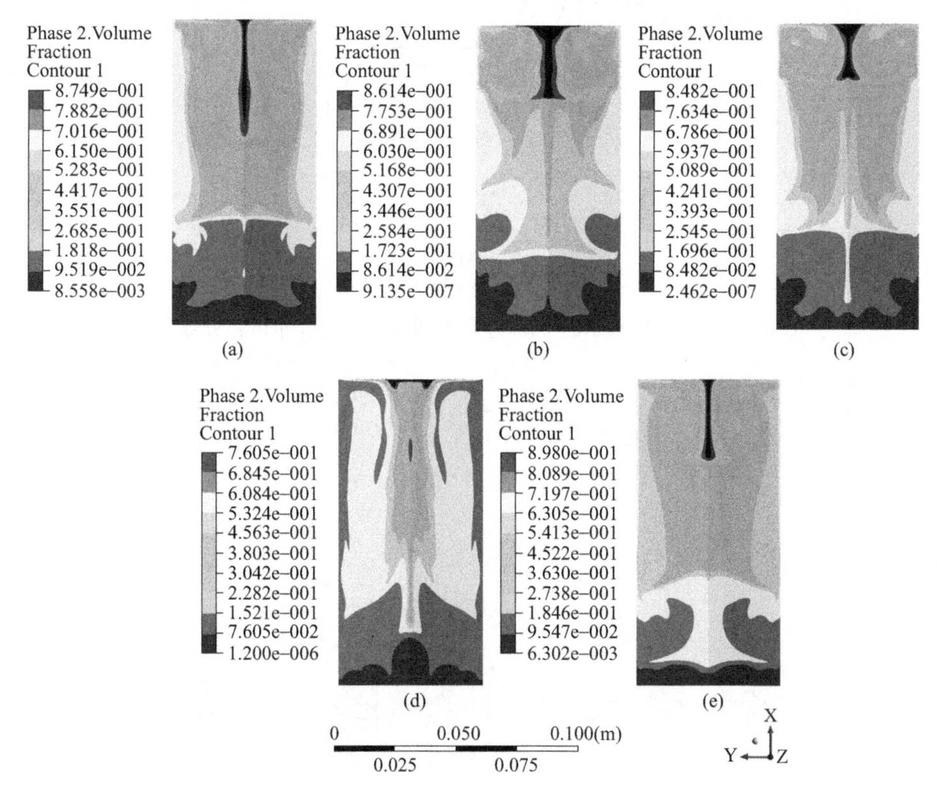

图 5.34　SBR2[#] 沉淀过程不同时刻的反应器内固相物质分布云图

沉淀时刻：(a) 为 5min；(b) 为 10min；(c) 为 15min；(d) 为 20min；(e) 为 25min

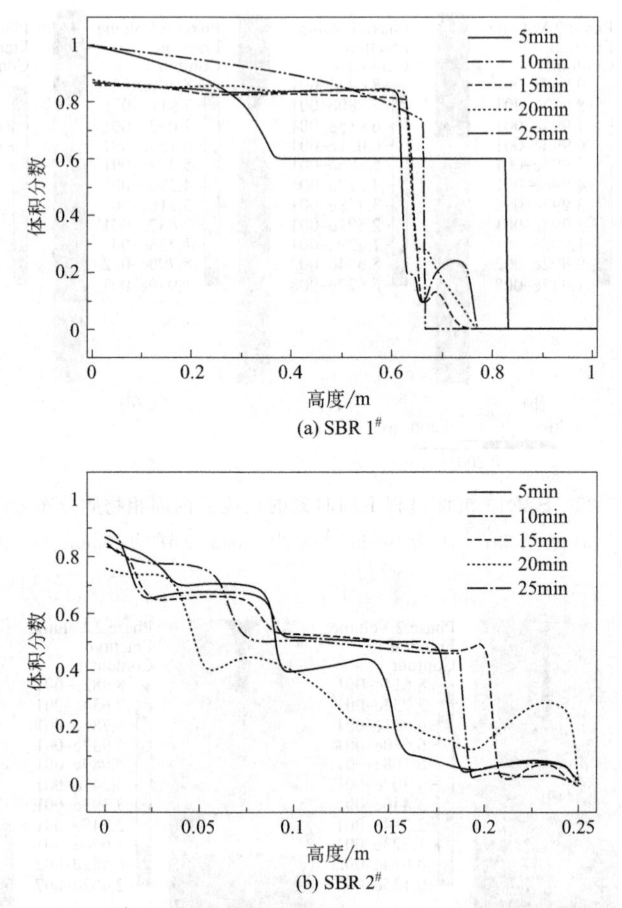

图 5.35 SBR1# 和 SBR2# 沉降过程不同时刻污泥分布体积分数分布

第6章

ADD工艺下活性污泥ANN参数优化与代谢模型

数学模型的建立可以评估活性污泥利用不同底物碳源生产PHA的经济性。通过数学模型，可以获得较高的比生长速率、较高的底物利用率和较高水平的PHB生产，从而获取最大化收益。O_2 和氮源的变化会对 *Methylosinus trichosporium* OB3b 和 *Methylocystis parvus* OBBP 的生长及 PHB 的积累产生影响，可以通过建立化学计量学和动力学模型对其进行描述，从而为生物反应器设计、大规模生产和生命周期评估（LCA）提供更有价值的信息。通过批量实验数据建立 *Methylocystis hirsuta* 的化学计量学和动力学的模型，所获得的模型和参数不仅有利于生物反应器的设计及操作，而且还能从不同环境中筛选出Ⅱ型甲烷氧化菌进行具体研究。建立 *Methylocystis parvus* OBBP 的基因组规模代谢模型（GSMM）与 PHB 和甲烷共同消耗的模型，并将其与 *Methylocystis hirsuta*、*Methylocystis* sp. SC2 的模型进行比较，可阐明 MMO 的甲烷氧化机理，准确预测生物量的产量和耗氧率，并揭示 PHB 降解的回补作用。

如前所述，提出了活性污泥混合菌群合成 PHA 的动态间歇排水瞬时补料（ADD）工艺运行模式，以及对 ADD 工艺进行了优化。但在反应器的实际运行过程中，各影响因素对 PHA 含量的影响是存在相互偶合作用的，基于单参数敏感性分析方法的优化实验结论并不能够反映实际情况。因此，在本章首先引入了人工神经网络技术，对各个影响因素与 PHA 含量之间建立起映射关系。建立 ADD 工艺下活性污泥合成 PHA 的神经网络模型，通过对多参数偶合作用下的活性污泥混合菌群合成 PHA 的影响因素敏感性进行分析，并且利用神经网络模型对影响 ADD 工艺活性污泥 PHA 含量的主要参数进行迭代分析，得到反应器在 ADD 工艺运行模式下最有利于活性污泥合成 PHA 的合理参数设置。与以往常用的、通过正交实验设计法开展的优化研究相比，基于人工神经网络模型参数优化的研究优势体现在：可大量减少实验工作量，大部分工作可以交给神经网络模型来完成，且可达到较为理想的计算精度；可实现影响因素之间重要性的定量比较，确定各参数之间的相对重要性系数，从而更便于确定反应器运行条件的主要优化指标，而以往常用的多为单参数优化，且无法得到影响因素之间的量化关系。在模型优化的基础上，根据模型计算得到的最优参数组合开展实验，用实测的 PHA 含量验证人工神经网络对反应器运行参数优化的有效性。最后，在基于底物充盈-匮乏机制的细胞代谢模型基础上进行拟合计算，研究适合描述活性污泥混合菌群在 ADD 运行模式下的代谢模型。

6.1 基于 ANN 模型的反应器多参数敏感性分析与优化

在利用活性污泥混合菌群合成 PHA 的过程中，针对菌群的 PHA 合成能力，通常表示为单位碳源的 PHA 产率或微生物中 PHA 质量占细胞干重比率，这些指标同时也是反应器优化的主要目标。然而在以往针对反应器运行参数优化的研究中，往往只采用单参数分析法，即只允许某一个参数在一定范围内变化，反应器的其他参数则保持不变条件下，各因素对目标的影响。多采用正交实验法进行实验设计，这种实验设计易于理解，但需要大量的平行实验，成本较高，又与实际实验中的各因素相互关联偶合情况不符。相对单参数敏感性分析，同时考虑多个因素对目标的影响，则称为多参数敏感性分析。多参数敏感性分析方法是指，对影响活性污泥混合菌群 PHA 产量的各个反应器运行参数进行综合分析计算，将各个影响因素视为变量，将菌群 PHA 质量占细胞干重的比例作为各变量的多元函数，令每个变量在其各自允许的范围内变化，在考虑各因素相互影响的条件下，考察变量对菌群 PHA 产量的影响，并最终得到各因素对混合菌群 PHA 产量的敏感性系数数值。因此，开展对于 PHA 产量的多参数敏感性分析具有一定的现实意义。对于多参数敏感性分析，需要建立多个影响因素对目标的复杂非线性函数，本研究利用人工神经网络技术来实现多参数敏感性分析的过程。

6.1.1 人工神经网络模型设计

人工神经网络（Artificial Neural Network，ANN）是一种用于高度非线性关系数据处理的数学模型，它的特点是模仿人类大脑神经元与突触之间进行信息交流的方法，进行信息的存储和自主学习。人工神经网络可以在存储知识和通过神经元之间的连接（体现为神经元之间的权值和阈值）来进行强化学习等方面模仿人脑工作。相对于其他数学模型方法，神经网络技术可以利用更少的样本获得较精确的计算结果。

神经网络输出，则根据不同类型神经网络的特点以及不同的网络连接方式，选择不同的激励函数、权值，对某种复杂的算法或函数进行逼近。神经网络的具体模型多种多样，但其共同的特征是：擅长大规模并行处理、采用分布式存储和强调自适应、自主学习。人工神经网络擅长完成将因素与目标之间复杂的非线性关系进行自主学习，并建立映射关系，从而实现从因素到目标的数值模型建立。BP(Back Propagation) 人工神经网络，简称为 BP 网络，是一种“误差向后算法”，即可以利用在本层输出的计算误差进行反向传播，估计前一层的计算误差，然后用这个误差向更前一个层级进行反向计算和估计。一层一层地反向传递，从而获得所有其他各层对于误差的估计。虽然随着误差向后传播，会导致误差精度逐渐降低，而且相对于其他神经网络算法，BP 神经网络还有一些不足，比如训练速度慢、高维曲面上局部极小点逃离问题、算法收敛等问题，但因其具有相当广泛的适用性，可逼近任意的非线性函数等优点，因而受到各界的广泛关注。神经元是构成 BP 神经网络模型的基本结构，BP 人工神经网络的三层结构模型见图 6.1。

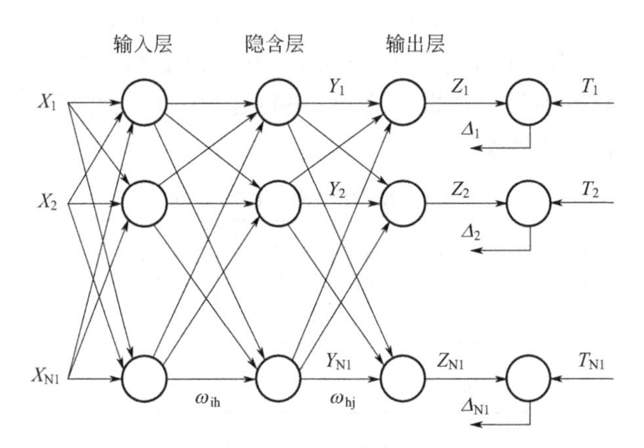

图 6.1　BP 人工神经网络的三层结构模型

神经元的激活函数要求处处可导，通常多采用 S 型函数，单个神经元在网络模型中的输入函数为

$$\text{net}=x_1w_1+x_2w_2+\cdots+x_nw_n \tag{6.1}$$

式中　x_1，x_2，…，x_n——神经元接收的输入数据；

w_1，w_2，…，w_n——从输入层到隐含层各个神经元对应的连接权值。

神经元的输出函数为

$$y=f(\text{net})=\frac{1}{1+\text{e}^{-\text{net}}} \tag{6.2}$$

当 net=0 时，$y=0.5$；当 $-1<\text{net}<1$ 时，y 的变化幅度很小。

对 y 求导并整理，有

$$f'(\text{net})=\frac{1}{1+\text{e}^{-\text{net}}}-\frac{1}{(1+\text{e}^{-\text{net}})^2}=y(1-y) \tag{6.3}$$

一般情况下，BP 网络选用二层或三层网络。

6.1.2 人工神经网络模型的建立与多参数敏感性分析

选择对活性污泥合成PHA过程影响较大的因素，包括沉降性能筛选强度(沉降时间与排水时间)、底物浓度、周期、环境温度、SRT、沉降性能筛选初始Φ值，以活性污泥富集PHA的结果为神经网络模型的计算目标，即对应的间歇补料实验中的PHA含量的数据。以第5章实验数据为基础，建立活性污泥在ADD工艺运行模式下的微生物细胞PHA含量与各影响因素之间的非线性函数关系。由于对反应器和工艺的优化主要在PHA合成菌富集阶段，且微生物在PHA合成菌富集阶段和PHA合成阶段的含量发展趋势正相关，即在富集阶段具有较高的PHA含量，即可认为在积累阶段，微生物的最大PHA产量也较高。因此，可将计算目标简化为考察活性污泥在PHA富集阶段所达到的细胞PHA含量为唯一目标。以在不同实验条件下，反应器运行30天时对应的反应器运行参数与对应的PHA含量检测结果见表6.1，其中以底物浓度、周期、反应环境温度、SRT和沉降性能筛选系数初值Φ_0进行建模，均为在反应器运行过程中，可对其进行调整的独立参数。

表6.1 BP神经网络校验数据

序号	底物浓度/(mg/L)	周期/h	环境温度/℃	SRT/天	沉降性能筛选初始Φ值	PHA含量/%	网络预测PHA含量/%	误差/%
1	1000	8	20	20	0.88	54.2	56.7	4.61
2	1000	8	20	10	0.85	59.7	57.3	4.02

本研究对于ADD工艺运行模式中反应器参数优化相关的多组实验，活性污泥混合菌群取自同一个污水处理厂的曝气池，认为在实验过程中，混合菌群的种群结构保持稳定，混合菌群合成PHA的能力和PHA合成菌的富集效果仅与反应器不同的运行条件的影响相关。利用表6.2中数据作为样本数据，建立人工神经网络模型，对BP神经网络进行训练。通过网络训练，BP神经网络可建立不同参数与SBR反应器中活性污泥混合菌群微生物PHA含量之间的映射关系。并在此基础上，从完成训练的网络中提取出从输入层到隐含层的权值，以及隐含层到输入层的阈值，即可进行多参数相互偶合影响作用下的敏感性分析。多参数偶合条件下的参数敏感性分析，采用Garson算法，可利用从已经训练完毕的人工神经网络中，提取出从输入层到隐含层之间的权值，以及从隐含层到输出层之间的阈值，则各输入变量对输出的影响为

$$Q_{it}=\frac{\sum_{j=1}^{p} v_{ij}w_{jt}/\sum_{r=1}^{n} v_{rj}}{\sum_{i=1}^{n}\sum_{j=1}^{p}\left(v_{ij}w_{jt}/\sum_{r=1}^{n} v_{rj}\right)} \tag{6.4}$$

式中，输入层、隐含层、输出层的单元数量分别为 n、p、q。v_{ij} 为输入层至隐含层的连接权值，$i=1$，2，…n；$j=1$，2，…，p。w_{jt} 为隐含层至输出层的连接权值，$j=1$，2，…，p；$t=1$，2，…，q，且式中各权值与阈值均取绝对值参与计算。样本在输入人工神经网络进行训练操作前，因各参数的量纲不同，导致数值差异巨大，如污泥浓度的取值普遍大于 3000mg/L，而沉降性能筛选初始 Φ 值为无量纲参数，取值<0.9。差异过大的数据，在神经网络的学习过程中容易出现小值数据而被大值数据淹没，导致无法计算的情况。因此，一般需要在向神经网络输入数据前，进行数据归一化处理，将所有输入数据划归到区间[0,1]，常见的数据归一公式如下。

表 6.2　神经网络模型的样本数据

序号	底物浓度 /(mg/L)	周期 /h	环境温度 /℃	SRT /天	沉降性能筛选初始 Φ 值	PHA 含量 /%
1	1000	8	20	10	0.82	54.0
2	500	8	20	10	0.85	53.1
3	1000	8	20	10	0.85	57.3
4	2000	8	20	10	0.85	51.2
5	1000	6	20	10	0.87	62.5
6	1000	8	20	10	0.87	56.5
7	1000	12	20	10	0.87	46.7
8	1000	8	20	10	0.89	54.3
9	1000	8	16	10	0.83	49.2
10	1000	8	22	10	0.83	53.4
11	1000	8	20	5	0.88	44.3
12	1000	8	20	10	0.88	56.1

$$X'=A+B\frac{X-X_{\min}}{X_{\max}-X_{\min}} \tag{6.5}$$

其中，为计算方便，设 $A=0.1$，$B=0.8$，$X_{\max}$、$X_{\min}$ 分别为每组数据的最大值和最小值，X 和 X'分别为进行数据归一化之前和之后的数值。经过归一化操作后，全部数据将被划归到[0.1,0.9]，这样有利于加快网络学习和收敛的速度。在建立 BP 神经网络模型之前，首先需要确定的是神经网络模型中隐含层的神经元数量。通常地，神经元数量可以利用经验值和试算来确定。对于最佳隐含层神经元数量的确定，本研究采用经验公式［式(6.6)］计算得到。

$$p=\sqrt{n+m}+a \tag{6.6}$$

式中　m——输出单元数；

n——输入单元数；

a——[1,10] 之间的常数。

对于本研究采用的神经网络模型，输入单元数 $n=5$，输出单元数 $m=1$。为了保证神经元数量达到神经网络模型的计算精度，通常认为可取初始值 $a>5$，并在此基础上进行试算。将不同的神经元数量带入 BP 网络进行试算，并根据经验适当增加，试算结果见图 6.2。可知，当隐含层神经元数量为 14 时，神经网络计算结果的误差最小，为 1.5%。因此，采用的隐含层神经元数量为 14，建立人工神经网络模型。

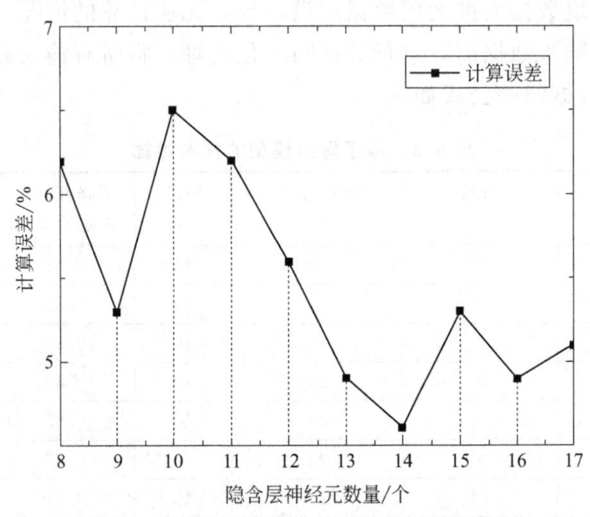

图 6.2 BP 神经网络隐含层神经元数量设计

将表 6.2 中数据经过归一化处理后，输入神经网络进行训练。表 6.1 中的实验条件数据，为从表 6.2 中选出的两组 ADD 工艺下活性污泥混合菌群合成 PHA 能力的实验数据。认为当神经网络模型建立后，模型会根据表 6.1 中的实验条件数据，通过神经网络迭代计算，误差满足小于 10^{-6} 的要求，得出相对应的 SBR 中微生物 PHA 含量预测值。计算结果见表 6.1，计算误差分别为 4.61% 和 4.02%，可见其对 PHA 含量的预测计算较为准确，因此可以通过已建立的神经网络模型，调整参数来达到模拟实验的目的。由于用于神经网络训练的 12 组数据是通过间歇补料实验得到的，因此各个批次在时间上是不连续的，而模型预测的结果也没有表现出明显的时间相关性，表明神经网络模型具有良好的抗干扰能力。同时，表 6.1 中的数据用于验证模型预测计算结果准确性，不是和训练数据同间歇补料实验得到的，没有参加网络训练，仍能得到从输入层到输出层的正确映射关系，说明神经网络模型具有较好的泛化能力。

建立 ADD 工艺运行模式下，活性污泥混合菌群合成 PHA 过程的人工神经网络模型后，分别提取输入层各参数到隐含层的权值，以及隐含层到输出层的阈值，见表 6.3 和表 6.4。利用 Garson 算法，求得每个因素对 SBR 中微生物 PHA

含量的影响贡献值，见表 6.5，即为各因素的敏感性参数分析结果。

表 6.3 输入层各参数到隐含层的权值

序号	权值				
1	2.0557	3.3218	2.1951	0.8271	1.3338
2	2.9214	2.4785	0.042	2.8056	0.2935
3	0.7628	1.8948	2.3194	2.5375	2.5575
4	1.8794	3.7003	1.2528	2.124	0.4099
5	1.8556	0.0706	3.7992	0.9782	2.7026
6	2.8028	3.5082	0.8227	0.7786	2.3663
7	0.7041	2.8468	2.7055	2.1226	1.6661
8	1.6422	3.2545	0.1708	2.833	2.6804
9	0.0718	3.9677	1.0173	1.7803	0.9745
10	1.158	0.5193	4.3953	1.4247	0.1505
11	2.0621	1.732	2.1654	2.5759	1.9457
12	2.4753	0.3953	0.356	2.1827	4.2241
13	2.2916	2.3059	2.771	1.6643	1.1736
14	1.8689	1.1405	2.4982	2.349	2.4335

表 6.4 隐含层到输出层的阈值

序号	阈值	序号	阈值
1	0.4945	8	1.3333
2	0.4879	9	0.4467
3	1.2565	10	0.5727
4	0.4423	11	0.7119
5	1.0834	12	1.9949
6	1.0468	13	0.665
7	1.1708	14	0.354

表 6.5 各影响因素对活性污泥 PHA 产量的敏感性系数 单位：%

底物浓度	周期	环境温度	SRT	Φ_0
18.27	20.68	17.77	20.23	23.05

由表 6.5 可知，按各反应器控制参数对活性污泥混合菌群 PHA 合成菌富集过程中，微生物合成 PHA 最大产量的影响，贡献从大到小的顺序为：沉降性能

筛选初值 Φ_0>周期>SRT>底物浓度>环境温度。

6.2 基于人工神经网络模型的反应器多参数敏感性建立分析与优化

在 6.1 节通过人工神经网络对活性污泥混合菌群合成 PHA 过程各参数敏感性分析的基础上可知，当调整神经网络中各参数取值时，可得到人工神经网络预测的 SBR 反应器中混合菌群 PHA 含量值。利用 MATLAB 软件，按表 6.6 对各参数赋值，利用 6.1 节得到的神经网络模型进行迭代计算，以 PHA 含量预测结果最高值的参数组合为最优组合。考虑到实验实际情况，以及计算方便，最终确定一组参数组合，通过人工神经网络模型预测其 PHA 含量可达到 77.5%，见表 6.6。

表 6.6　迭代优化计算中的各参数取值范围与计算结果

序号	参数名称	取值范围	步长	计算后拟取值
1	底物浓度/(mg/L)	[500,2000]	50	1000
2	沉降性能筛选初始 Φ 值/(mg/L)	[0.8,0.9]	0.1	0.84
3	周期/h	[6,12]	2	6
4	环境温度/℃	[14,26]	2	24
5	SRT/天	[5,20]	5	10

根据表 6.6 中的反应器参数，启动一组两个柱状上流式 SBR 反应器Ⅰ，两个反应器中污泥来源与参数设置相同，用于指标检测平行取样。反应器启动后运行 30 天内，污泥浓度与污泥指数的变化见图 6.3，为典型的 ADD 工艺影响下的变化趋势。

经过沉降性能筛选和生态筛选的共同作用，污泥浓度最低值达到 760mg/L，污泥指数最大值达到 130。达到稳定状态后，污泥浓度稳定在 3000mg/L 左右，

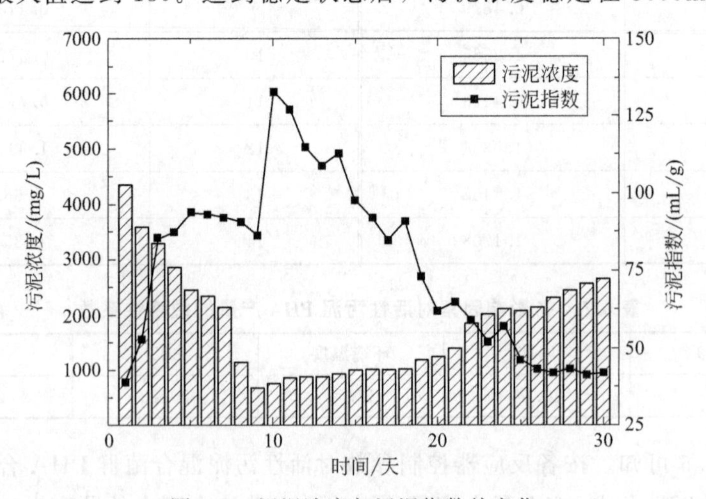

图 6.3　污泥浓度与污泥指数的变化

SVI＜40，沉降性良好。在反应器运行 16 天后，在沉淀 Ⅰ 过程中，只需要 2min 污泥就沉淀到排水口以下，且在排水 Ⅰ 过程中无污泥流失。

在污泥沉降性提高的同时，在一个典型周期内，底物充盈与底物匮乏时长之比（F/F）逐渐降低。在反应器运行到 30 天时，在一个周期内的底物浓度、细胞 PHA 含量、氨氮浓度以及溶解氧水平的变化趋势，见图 6.4。由图 6.4 可知，在碳源投加后 10min，溶解氧发生突跃，F/F 比从污泥投加时的 0.55 左右降低到 0.029。Dionisi 认为在 ADF 工艺下，F/F 比不低于 0.25，本实验的 F/F 显著小于此值。相对于 ADF 工艺，ADD 工艺可更有效地促进底物吸收速率，甚至在 1 天内，采用 ADD 工艺的反应器，底物匮乏阶段的总时间比 ADF 工艺反应器的还要少。在反应器运行期间，每 5 天从 SBR 反应器中取样进行间歇补料实验，用来检测活性污泥混合菌群的最大 PHA 合成能力。测试结果见图 6.5 所示，反

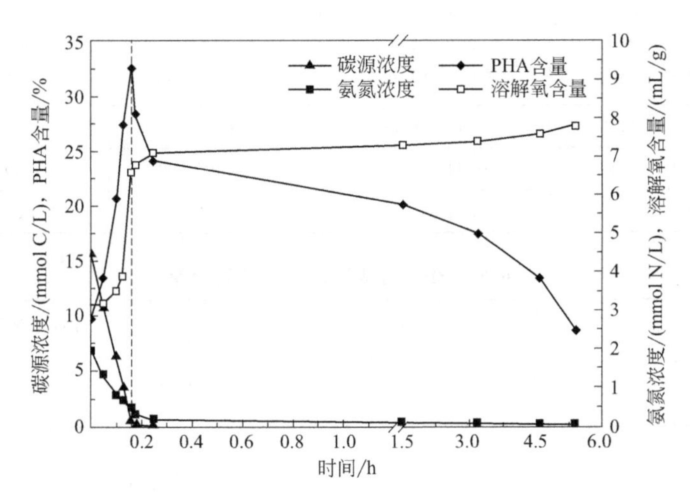

图 6.4　反应器一个周期内碳源浓度、氨氮浓度、污泥 PHA 含量与溶解氧含量指标的变化

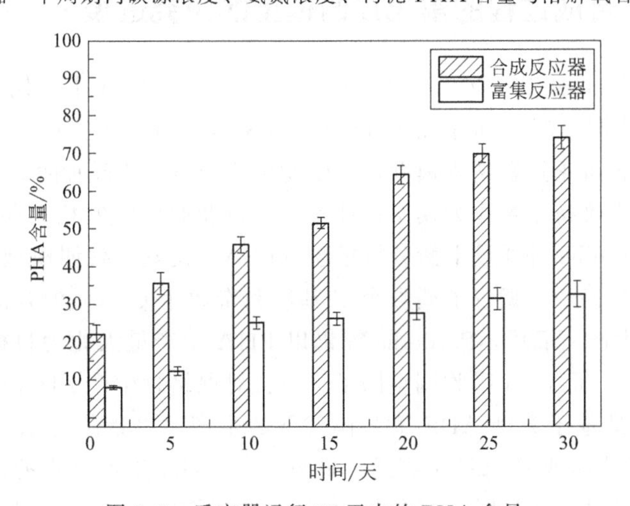

图 6.5　反应器运行 30 天内的 PHA 含量

应器运行 5 天后，PHA 含量就达到了 35.5%；反应器运行 15 天时，PHA 含量超过了 50%；在反应器运行 30 天后，PHA 含量已达 74.2%。

在 SBR 反应器和间歇补料实验反应运行过程中，通过对泥水混合样取样检测，可得污泥的 PHA 比合成速率、生物量比增长速率、底物比吸收速率等动力学参数，见表 6.7 与表 6.8。从动力学参数中可以看出，经过 30 天的富集，活性污泥混合菌群的 PHA 比合成速率从 5 天的 0.43 增长到 30 天的 0.77，增长了 79%。同时，底物吸收速率增长了 3 倍，PHA 存储速率增长了 5 倍之多。在间歇补料实验中，反应持续到 6.5h 后不再出现溶解氧突跃，达到细胞 PHA 含量为 74.16%。

表 6.7 SBR 反应器的动力学参数

反应器运行时间/天	$Y_{PHA/S}$/(mol C-PHA/mol C-Ac)	$Y_{X/S}$/[(mol C-PHA/mol C-X)/h]	$-r_S$/[(mol C-Ac/mol C-X)/h]	r_P/[(mol C-PHA/mol C-X)/h]
5	0.43±0.03	0.40±0.06	0.28±0.05	0.12±0.03
15	0.60±0.04	0.24±0.01	0.65±0.02	0.39±0.04
30	0.77±0.05	0.21±0.01	0.82±0.03	0.63±0.06

表 6.8 PHA 合成阶段的产量及含量

$Y_{PHA/S}$/(mol C-PHA/mol C-Ac)	反应时间/h	PHA 含量/%
0.72±0.07	6.5	74.16±0.03

6.3 PHA 合成过程的常见代谢模型的研究进展

Dias 等提出了混合基质（乙酸+丙酸）下的混培 PHA 生产代谢模型，延展了 PHA 生产代谢模型。Jiang 等在 Dias 等的基础上进行了扩展，新模型有不同的四点考虑：将匮乏过程纳入模型，微生物生长受益于乙酰辅酶和丙酰辅酶的过程分开考虑，将维持系数作为模型估计参数，以及假设丙酸独立存在时 TCA 循环不活跃。Pardelha 等通量平衡分析模型（FBA）是基于代谢模型，以 PHA 生产最大化为目标函数，调查了偶数个 C 基质和奇数个 C 基质混合的复杂基质条件下的 PHA 生产。而后，Pardelha 等仍以 PHA 生产最大化为目标（即最小化 TCA 作用）引入了 VFA 吸收调整因子。过去对混培物生产 PHA 的过程进行模拟，文献大多是基于典型 ADF 工艺模式下的生产。“储存-生长”策略下生产 PHA 工艺的数学模型还未见于报道。此外，对 PHA 生产过程的描述，大多数报道仅考虑了 PHA 抑制项，而未考虑基质抑制项对 PHA 生产过程的影响。本章在PHA生产代谢模型的基础上，引入基质抑制项函数，基于实验结果校核了代谢模型中的主要参数。基于模型校核得到的模型参数，对不同基质浓度下的PHA合成情况进行了模拟，对等体积和等初始反应器浓度进料的PHA合成情况进行了模拟。

6.4 ADD工艺下混合菌群合成PHA的代谢模型

6.4.1 混合菌群合成PHA的代谢模型的建立

代谢模型从描述纯菌合成PHA过程发展到用于描述混合菌群合成PHA的过程，活性污泥在好氧状态下的充盈-匮乏机制中，PHA合成菌群微生物在底物吸收、微生物生长、PHA合成与消耗等过程的数学描述，其经典理论中指出细胞存储-消耗PHA的过程包括7个主要步骤。

① 微生物吸收碳源，消耗ATP的同时合成乙酰辅酶A、二氧化碳和NADH。

② 乙酰辅酶A和NADH进一步可以合成PHA，以细胞内存储物质的形式储存在细胞内。

③ PHA分解过程，即PHA作为细胞储能物质分解，生成乙酰辅酶A和NADH。

④ 细胞内的分解代谢作用，即底物吸收分解成乙酰辅酶A后，其中一部分用于合成PHA，另一部分直接代谢成NADH和CO_2。

⑤ 氧化与磷酸化作用，细胞内的NADH会和渗透进来的O_2反应，生成ATP。

⑥ 细胞生长与繁殖。

⑦ 细胞在缺乏底物摄入的情况下，细胞内ATP逐渐减少，处在维持基本生命体征的状态。对于VFA组分（将VFA分为奇数碳小分子酸和偶数碳小分子酸），通过活性转移被微生物吸收，随后在体内转化为乙酰辅酶A，其中简单的VFA（乙酸和丙酸）直接变为乙酰辅酶A和丙酰辅酶A；而其他VFA需要经过β-氧化途径后变为乙酰辅酶A和丙酰辅酶A，而后两分子乙酰辅酶A依次经β-酮基硫解酶，经NADPH依赖的乙酰乙酰辅酶A还原酶和PHA合成酶的催化，最后合成PHB；一分子乙酰辅酶A与一分子丙酸辅酶A合成PHV，直到ATP基本耗尽。大多数微生物在NADH/NAD水平升高是有普遍意义的代谢反应，以PHB为例，在合成PHB的过程中，将NADH经氧化反应形成NAD，从而完成NAD循环，避免NADH的堆积。PHA的合成消耗了大量的乙酰辅酶A，引起副产物乳酸、乙酸、二氧化碳和水产量的减少，使得微生物的生长环境得到改善。本书中的研究均以人工配制乙酸钠为碳源，最终合成产物统一称为

PHA，均为PHB或PHV单体。对于细胞代谢机理的描述，详见表6.9。

在微生物的代谢模型中，可从底物充盈和底物匮乏两个方面分析细胞存储和分解PHA的过程。在底物充盈阶段，细胞吸收大量碳源并利用乙酸钠合成乙酰辅酶A。乙酰辅酶A与NADH一起合成PHA，这个细胞机制是以PHA在细胞中的含量为度量，当PHA的含量接近饱和时，合成PHA阶段终止。

微生物的底物比吸收速率（q_s）通常利用莫诺德方程来表达，见表6.9中的式(Ⅰ.1)，PHA合成速率（q_{PHA}）在化学计量学上与q_s数值相关［表6.9中式(Ⅱ.1)］。当微生物细胞中PHA含量较高时，会抑制q_s的升高，从而抑制q_{PHA}，因此在“抑制条件”下的底物吸收速率与PHA合成速率受细胞内PHA含量影响，并通过一个抑制系数的形式添加到底物吸收和PHA合成过程的数学表达式中，见表6.9中式(Ⅰ.2)和式(Ⅱ.2)。关于PHA的合成路径，需要说明的是，很多微生物有利用脂肪酸合成PHB的能力，是通过将脂肪酸β-氧化产生的乙酰辅酶A用于合成PHB的路径来实现的，即PHB合成是以多余乙酰辅酶A为渠道，转换为NADH和NAD+的过程。

表6.9 活性污泥代谢模型

阶段	反应	公式
底物充盈	底物吸收过程	$\tilde{q}_{s,1}(t)=\tilde{q}_S^{max}\frac{\tilde{c}(t)}{K_S+\tilde{c}_S(t)}$ 如果 $\tilde{q}_{PHA,1}^{feast}\leqslant\tilde{q}_{PHA,2}^{feast}$ (Ⅰ.1)
	PHA抑制条件下的底物吸收过程	$\tilde{q}_{s,2}(t)=\tilde{\mu}^{feast}(t)\frac{1}{Y_{biomass/S}^{feast}}+\tilde{q}_{PHA}^{feast}\frac{1}{Y_{PHA/S}^{feast}}+m_S$ 如果 $\tilde{q}_{PHA,1}^{feast}>\tilde{q}_{PHA,2}^{feast}$ (Ⅰ.2)
	PHA合成过程	$\tilde{q}_{PHA,1}^{feast}(t)=\left(\tilde{q}_{Ac}(t)-\mu^{feast}(t)\frac{1}{Y_{biomass/S}^{feast}}-m_S\right)Y_{PHA/S}^{feast}$ 如果 $\tilde{q}_{PHA,1}^{feast}\leqslant\tilde{q}_{PHA,2}^{feast}$ (Ⅱ.1)
	PHA抑制条件下的合成过程	$\tilde{q}_{PHA,2}(t)=\tilde{q}_{PHA}^{max}\frac{\tilde{c}_S(t)}{K_S+\tilde{c}_S(t)}\left\{1-\left[\frac{\tilde{f}_{PHA}(t)}{\tilde{f}_{PHA}^{max}(t)}\right]^{\alpha}\right\}$ 如果 $\tilde{q}_{PHA,1}^{feast}>\tilde{q}_{PHA,2}^{feast}$ (Ⅱ.2)
	微生物增殖过程	$\tilde{\mu}^{feast}(t)=\tilde{\mu}^{max}\frac{c_{NH_3}(t)}{K_{NH_3}+\tilde{c}_{NH_3}(t)}\times\frac{\tilde{c}_S(t)}{K_S+\tilde{c}_S(t)}$ (Ⅲ)
	维持生命过程	$m_S=\frac{m_{ATP}}{Y_{ATP/S}^{feast}}$ (Ⅳ)
底物匮乏	PHA降解过程	$\tilde{q}_{PHA,1}^{fam}(t)=k\tilde{f}_{PHA}(t)^{\frac{2}{3}}$ (Ⅴ)
	微生物增殖过程	$\tilde{\mu}^{fam}(t)=Y_{biomass/PHA}^{fam}[\tilde{q}_{PHA}^{fam}(t)-m_{PHA}]$ (Ⅵ)
	维持生命过程	$m_{PHA}=\frac{m_{ATP}}{Y_{ATP/PHA}^{fam}}$ (Ⅶ)

PHA 含量影响着 PHA 的合成，当细胞内 PHA 含量接近饱和时，PHA 合成速率会下降。通常，微生物在达到底物充盈阶段的末期达到细胞内的 PHA 含量峰值，然而在反应器运行过程中，由于发生 DO 突跃，反应器内仍然有残留的底物存在，因此使得底物充盈阶段与底物匮乏阶段的界限并不清晰。一些研究者指出，在合成 PHA 过程中的各种物质含量变化，可以通过底物吸收总量，以及底物用于微生物生长、PHA 合成和维持生命等过程的数量关系来描述。在微生物吸收底物的同时，在细胞内合成 RNA 和蛋白质，因此在底物充盈阶段主要依靠底物吸收来实现细胞的增殖。根据 Van Loosdrecht 和 Heijnen 提出的假说，在底物匮乏阶段，由于细胞分裂而使得蛋白质分解与稀释，这使得微生物的 RNA 会调节并设定生长过程中用于细胞内存储的流量的比例，使得微生物在底物充盈阶段吸收更多的细胞内碳源用于在底物匮乏阶段继续维持生长。因此，细胞内 PHA 含量会在底物充盈阶段末期实现。

PHA 降解会在底物匮乏阶段出现，见表 6.9 中的公式Ⅴ。变量 k 的取值与 SBR 反应器中菌群富集环境和适应行为有关。为了保证生物量的稳定，至少要保证最小临界的生长速率，因此可以假设底物匮乏阶段足够长，在底物匮乏阶段末期，微生物为了能已经将在底物充盈阶段存储的 PHA 全部耗尽。为了描述微生物在 ADD 工艺运行模式下的代谢情况，实验对微生物的动力学参数进行实测分析，从而确定在一个 SBR 反应器典型周期内和一次完整批次 Batch 实验中的模型参数。利用 MATLAB 软件，将 PHA 富集过程和生产过程中的实验数据进行非线性拟合，即可得到代谢模型中的参数解答，在拟合计算过程中，保证相对置信区间在 95%以上，从而保证计算结果的准确性，结果见表 6.10。

表 6.10　ADD 工艺运行模式下 PHA 富集阶段的代谢模型参数

参数	数值	备注
乙酸吸收过程中的半饱和常数(K_s)	0.16mmol C/L	常数
氨氮吸收的半饱和常数(K_{NH_3})	0.0001mmol/L	常数
缩减粒子模型中的比率参数(k)	0.30(mmol C/mmol C)$^{\frac{1}{3}}$/h	拟合值
最大底物吸收速率($\tilde{q}_s^{max}$)	−3.86(mmol C/mmol C)/h	拟合值
ATP 维持状态参量(m_{ATP})	0.011(mmol C/mmol C)/h	拟合值
底物充盈阶段最大生物量增长速率($\tilde{\mu}^{max}$)	0.07(mmol C/mmol C)/h	拟合值
最大 PHA 合成速率($\tilde{q}_{PHA}^{max}$)	2.3(mmol C/mmol C)/h	常数

6.4.2　混合菌群在 PHA 富集阶段的代谢模型

底物充盈阶段：SRT 对反应器中 PHA 富集过程的影响，在本书 5.4 节中已有论述。然而在反应器启动初期，每个周期内在排水过程中都有一定量的污泥流失，这使得在反应器达到稳定状态前，SRT 始终处于一个波动状态。随着反应器对活性污泥富集 PHA 驯化过程的进行，活性污泥的 PHA 含量逐渐增多，说明通过反应器的富集作用，使得强合成 PHA 的微生物在混合菌群中所占比例有所上升，同时宏观表现为活性污泥的底物吸收能力增强，即在更短的时间内完成底物吸收，出现溶解氧突跃。

反应器运行 30 天内 PHA 含量与底物吸收速率的变化见图 6.6。

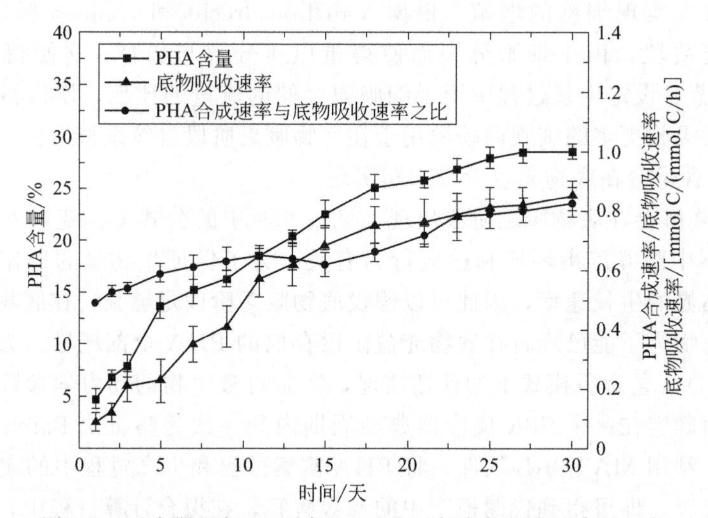

图 6.6　反应器运行 30 天内 PHA 含量与底物吸收速率的变化

随着反应器的运行，底物比吸收速率逐渐增大，最大底物吸收速率达到 (−0.82±0.03) mol C-AC/(mol C-X · h)，且在 30 天富集后，SBR 反应器中 PHA 含量达到 28.6%。在底物充盈阶段，PHA 合成速率与底物吸收速率之比 ($q_{PHA}^{feast}/q_s^{feast}$，由于在模型中 q_s 为负数，因此比值为两者的绝对值之比）可体现出消耗单位量的底物可合成 PHA 的数量大小。Beun（2002 年）报道过在 ADF 工艺中，此 $q_{PHA}^{feast}/q_s^{feast}$ 比值为常数 0.6mmol C/mmol C，而本研究达到了 0.83mmol C/mmol C，说明在 ADD 工艺下可以显著提高活性污泥混合菌群的 PHA 积累效率。

SBR 反应器内，周期内活性污泥 PHA 含量、生物量和底物吸收速率模拟如图 6.7 所示，利用 MATLAB 软件进行数据拟合，得到的代谢模型曲线与实测值符合度较高（第 30 天），R^2 均在 0.95 以上，说明模型可以较好地评价实验结果。参数计算得到最大底物吸收速率 $\tilde{q}_s^{max}=-3.86$(mmol C/mmol C)/h，$m_{ATP}=0.011$(mmol C/mmol C)/h。在底物匮乏阶段，PHA 降解过程见图 6.8，降解曲线的表达式见表 6.9，降解过程采用 2/3 阶动力学方程，反映微生物细胞内 PHA 颗粒表面缩减过程中的比表面积剩余量。模型的拟合结果显示，k 值可

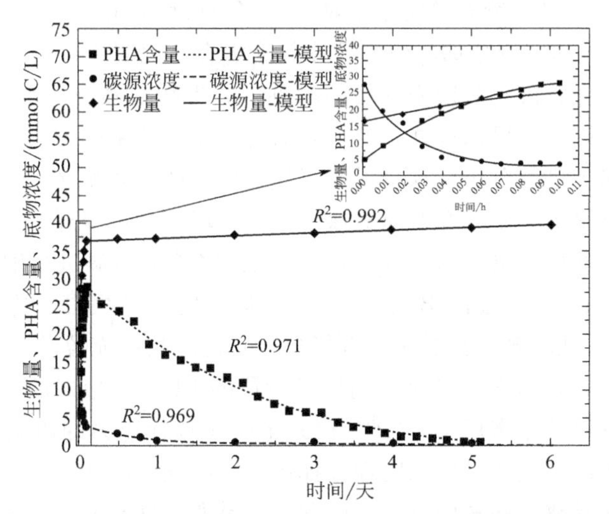

图 6.7 周期内活性污泥 PHA 含量、生物量和底物吸收速率模拟

取为 0.30(mmol C/mmol C)$^{1/3}$/h，m_{ATP} 取值为 0.011(mmol C/mmol C)/h，见图 6.8。

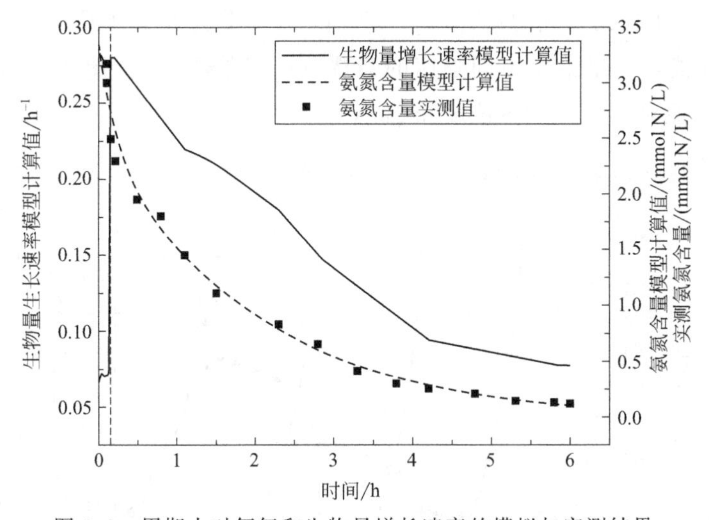

图 6.8 周期内对氨氮和生物量增长速率的模拟与实测结果

根据实际观测情况可知，在整个周期内，微生物增殖在全周期内都保持增长。在底物充盈阶段，微生物的生长速率显著提高，符合 Van Loosdrecht and Heijnen 提出的假设。生物量的增长取决于在底物充盈阶段的底物吸收，以及底物匮乏阶段的 PHA 降解情况。因此高 PHA 降解速率会导致在底物匮乏初期的高生物量增长速率。在底物匮乏阶段，生长速率因为缺乏碳源摄入而持续降低。在底物匮乏阶段开始时，模型中计算得到的生长速率（μ^{max}=0.279(mmol C/

mmol C)/h 较高，是底物充盈阶段末期 [$\mu^{max}=0.07$(mmol C/mmol C)/h] 的4倍以上，而氨氮的实测数据与模型计算数据吻合，说明可以用模型来描述微生物反应过程，在底物匮乏阶段刚开始的时刻，微生物的确有一个快速生长过程。而以往通过在不同时间段内取样，通过差值计算生长速率的方法，无法对某一个时刻的动力学状态进行分析，这也说明了代谢模型的重要意义。

大部分生物量损失发生在快速提取（Ⅰ）阶段选择过程开始时添加模式下的操作循环，由三种微生物（B_1、B_2 和 B_3）的沉降能力差异进行解释。选择沉降能力好、PHA积累能力强的 B_1 污泥，可降低生物质量损失。这种有效的选择在ADF模式下无法实现，只有生态选择压力，这反映在充盈/匮乏（F/F）比率上。普遍认为，较高的F/F比率会对匮乏阶段的PHA反应器的选择提供足够长的时间来施加有效的生态压力。ADF模式下生态选择压力的限制是克服了物理选择压力引入了添加模式。如果物理选择压力不够强，B_2 将与 B_1 一起在系统中受到限制，从而导致对底物的竞争，因此无法获得PHA生产。然而，物理选择压力应该不要太强，因为它也会使 B_1 生物质量损失，导致操作不稳定。

最小沉降速率与 Φ 值相关，这里引入一个参数作为评价物理选择压力的指标，即 $(v_s)_{min}^{feast-end}$。在SBR运行过程中，每个 $(v_s)_{min}^{feast-end}$ 值都与初始设置的 Φ 值相关，为了找到最优的 $(v_s)_{min}^{feast-end}$ 值，实验分为3组开展。根据不同的微生物沉降性能，这里给出不同强度的筛选 $(v_s)_{min}^{feast-end}$ 值。图6.9给出了不同 $(v_s)_{min}^{feast-end}$ 值对应的MLSS浓度和 q_{PHA}。

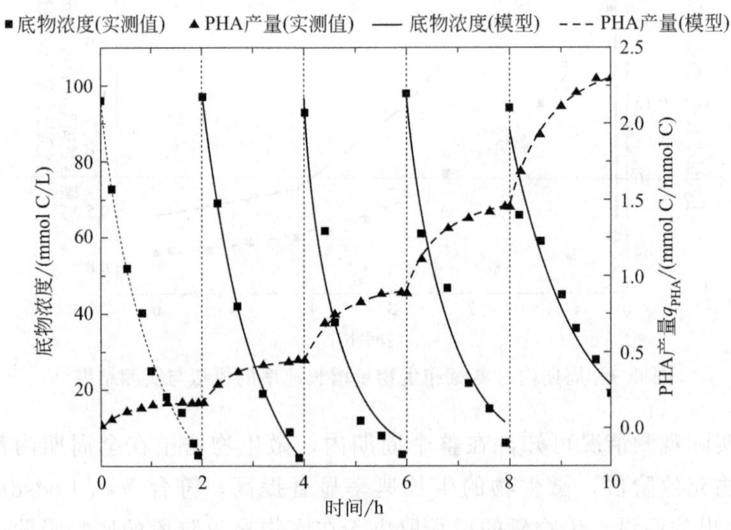

图6.9 不同 $(v_s)_{min}^{feast-end}$ 值对应的MLSS浓度和 q_{PHA}

当物理选择压力值较低时，初始的 Φ 值为0.85～1时，对应的 $(v_s)_{min}^{feast-end}$ 值取3m/h，较少的生物量随着反应器的运行从排水口流出，此时 B_1、B_2、B_3

都保留在反应系统之中。这种方式与传统的 ADF 运行模式几乎相仿。当污泥浓度趋于稳定时，$(v_s)_{min}$ 为 3～5m/h，q_{PHA} 值更低。当初始 Φ 值小于 0.75 时，如图 5.19(b) 所示，大量的活性污泥在充盈阶段末期被排出反应器，这种高强度的筛选可能会使得反应器出现不稳定的运行状况。基于以上，对于 $(v_s)_{min}^{feast\_end}$ 值的设置，应控制在一个较为合理的水平，即将 B_1 留在反应器内，将 B_2 和 B_3 筛选淘汰掉。这里探讨 Φ 值的问题，Φ 值指示可以施加的物理选择压力的强度，也反映着反应器在 PHA 积累时期微生物混合菌群的富集能力。当 Φ 值小于一定数值筛选作用会发挥作用。当 Φ 值等于 1 的时候，意味着生物量没有损失且筛选强度为 0。关于 Φ 值的设计将对于中试运行提供非常关键的作用，其中不同 Φ 值对应的底物吸收速率和 PHA 富集速率见表 6.11。

表 6.11　不同 Φ 值对应的底物吸收速率和 PHA 富集速率

初始 Φ 值	充盈阶段最大碳源吸收率 $(\tilde{q}_s^{max})$/(mmol C/mmol C)/h	批次实验中的最大 PHA 产率 $(\tilde{q}_{PHA}^{max})$/(mmol C/mmol C)/h
0.69±0.02	−0.78	0.47
0.78±0.02	−2.97	1.89
0.93±0.02	−2.01	1.46

注：数据在反应器运行 15 天达到稳定后获取。

6.4.3　混合菌群在 PHA 合成阶段的代谢模型

通常来讲，在 PHA 合成阶段的补料分批实验中，对于底物来说提供的都是充盈的状态，一般都会明显高于 SBR 富集工艺中的底物浓度。在补料分批试验中，各参数具体数值如表 6.12 所示。在补料分批实验（限氮）情况下，线性回归系数 R^2=0.97。实验数据和过程模拟之间的一致性较好。该模型用于解释 ADD 工艺富集过程，评估施加物理选择压力的影响并找到合适的参数控制范围。

表 6.12　补料分批试验中各参数具体数值

参数	数值
$\tilde{q}_s^{max}$	2.13(mmol C/mmol C)/h
$\tilde{q}_{PHA}^{max}$	2.3(mmol C/mmol C)/h
a	1
m_{ATP}	0.1(mmol C/mmol C)/h

本章先前提出 ADD 工艺运行模式，在进行反应器参数优化实验的基础上，进一步运用数学模型的方法对 ADD 工艺运行模式中 PHA 产量提高进行机理解释和多参数优化。

① 根据实验数据，建立了基于 BP 人工神经网络的 ADD 工艺运行模式，在多参数偶合作用下，各参数对 SBR 反应器中 PHA 含量影响（用来描述混合菌群中提高 PHA 合成菌富集效果）的多参数敏感性进行了分析。分析结果显示，

对于ADD工艺下的各参数重要性排序为：沉降性能筛选初始Φ值>周期>SRT>底物浓度>环境温度。根据人工神经网络模型，给出各参数设置取值范围后，通过迭代计算结合实验过程中的实际情况与经验，得到能在短时间内PHA产量达到较高状态的优化参数组合。

② 通过实验对最优化参数组合进行验证，并得到在30天内达到PHA产量为74.16%。与其他文献报道相比，可初步实现在较高PHA产量的前提下，缩短PHA菌群富集驯化时间，从而降低成本的目标。

③ 以Van提出的，基于底物充盈-匮乏机制微生物细胞新陈代谢模型的基础上，对其模型进行改进，提出适用于ADD运行模式的代谢模型。模型与实测数据吻合程度较好，能够对一个典型周期内的微生物从底物吸收、细胞内存储PHA，到消耗利用PHA为碳源维持菌群增殖与细胞生存过程中每个时刻的底物浓度、PHA含量和微生物的生物量等参数进行计算。

第7章 活性污泥在ADD工艺下利用混合碳源合成PHA的研究

餐厨垃圾指的是餐饮企业、宾馆以及企事业单位食堂在进行食品加工制作过程中产生的废物、废弃的剩饭菜以及食物残渣，它容易对环境造成恶劣影响。餐厨垃圾在厌氧产甲烷过程中由于其有机质含量高，易酸化，容易产生产气抑制。而这些小分子有机酸却是混合菌种 PHA 合成的良好碳源。随着人们环境意识的提高，垃圾分类收集逐步展开，我国一些城市已经开展餐厨垃圾资源化利用的试点工作，这为餐厨垃圾集中处置及资源化利用奠定了基础。其中水解酸化为厌氧发酵进行废弃物资源化的前期预处理过程之一。作为一种城市有机固体废物，餐厨垃圾中的有机质高达 80%以上，通过微生物的厌氧发酵作用，可将大分子有机质转变成小分子有机酸，进而可用于合成生物可降解塑料（PHA）或甲烷气体，具有较高的资源开发价值。将餐厨垃圾处置工艺和活性污泥混合菌群合成 PHA 工艺偶合，既能实现餐厨垃圾的废物资源化，又能降低 PHA 合成成本，具有极佳的研究前景。若将餐厨垃圾处置与混合菌种合成 PHA 工艺偶合，既能实现餐厨垃圾资源化，又能拓展混合菌群产 PHA 的碳源空间。本研究结合餐厨垃圾发酵产酸产物组成特点及混合菌种 PHA 合成对碳源的需求，在课题组前期研究基础上，针对模拟餐厨垃圾进行厌氧发酵产生的 VFA，以基于物理-生态双重筛选作用的 PHA 合成菌富集模式（ADD）为核心工艺，开展混合碳源合成 PHA 的研究。本书第 4 章与第 5 章所述，利用活性污泥合成 PHA 的 ADD 工艺、工艺优化分析和第 6 章介绍的污泥合成 PHA 的代谢机理及动力学模型，都是利用单一碳源进行合成的，本章建立基于模拟餐厨垃圾发酵液混合碳源的细胞新陈代谢模型。碳源的选取对混合菌群富集 PHA 过程有重要的影响，其中包括 PHA 组成、底物吸收速率、PHA 存储及降解过程的反应动力学参数等。因此，有必要利用活性污泥混合菌群在 ADD 工艺运行模式下的代谢模型计算方法与本章实验的数据结合，得到混合菌群在混合碳源条件下的代谢模型中的各动力学参数。通过人工神经网络技术，实现对活性污泥混合菌群的 PHA 含量进行预测。

7.1 餐厨垃圾处置概况

7.1.1 混合菌群利用餐厨垃圾产酸液合成 PHA 概述

目前，采用两相厌氧消化技术处理餐厨垃圾，主要集中在产甲烷方面，针对厌氧酸化液的研究也多考虑其作为污水处理厂的碳源和化工原料使用。限制餐厨垃圾产酸液直接用于合成 PHA 的因素主要是其成分复杂，除了能被微生物直接利用的 VFA，产酸液中还存在高盐分和高氨氮以及其他非 VFA 成分，这些因素对于菌群利用 VFA 合成 PHA 的过程研究较少，产生的影响也知之甚少。考虑到污水处理厂活性污泥具有丰富的微生物种群，且混菌合成 PHA 的研究已被众多学者所证实，餐厨垃圾厌氧酸化液中 VFA 是微生物合成 PHA 的优质碳源，因此，若能将两者相结合，一方面可大大降低合成 PHA 的原料成本和运行成本；另一方面可使餐厨垃圾发挥极大价值，促进了其资源化与减量化，对于资源环境的可持续发展有着积极意义。

7.1.2 混合菌群利用餐厨垃圾产酸液合成 PHA 技术研究

混合菌群利用废弃碳源合成 PHA 的研究是目前资源环境领域的研究热点，通过将活性污泥作为混合菌群来源与富含碳源的废水或生物质能源（即造纸厂废水、甘蔗糖蜜、棕榈油废水和餐厨垃圾）进行工艺偶合，既能实现废水和生物质能源的资源化，又能拓展混合菌群产 PHA 的底物空间。餐厨垃圾丰富的有机质含量及较高的酸化率为混合菌群合成 PHA 提供了坚实的底物基础，以下将从混合菌群合成 PHA 工艺研究、PHA 合成因素研究以及餐厨垃圾产酸——生物合成 PHA 技术研究三方面对混合菌群利用餐厨垃圾产酸液合成 PHA 提供工艺和因素技术分析。

7.2 活性污泥利用混合碳源合成 PHA

本节先介绍 ADD 工艺应用于模拟餐厨垃圾发酵液合成 PHA，将碳源从单一碳源转向混合碳源，考察混合菌群合成 PHA 的富集与合成能力，其中 PHA 合成能力分别从间歇补料和连续补料两种积累模式展开，对 PHA 合成的第三段工艺进行优化，从而实现碳源的高效利用，降低 PHA 合成成本。研究结果将为餐厨垃圾资源化和 PHA 低成本合成工艺的实际应用提供技术基础，为下一章采用实际产酸液的详述进行铺垫。

7.2.1　混合碳源条件下 PHA 富集阶段的研究

活性污泥加到反应器中，开始运行后，污泥浓度与污泥指数（SVI）的发展趋势见图 7.1。由图 7.1 可知，与采用单一碳源相比，混合菌群采用模拟餐厨垃圾为碳源时，污泥浓度与沉降性的变化规律相同。污泥颜色在 17 天左右由深褐色逐渐转变为浅黄色，SBR-Ⅸ-1# 的污泥浓度达到最低值，而 SVI 在第 18 天出现最值，导致之后的 MLSS 与 SVI 发展趋势出现拐点。说明采用混合碳源时，活性污泥对底物的适应期比单一碳源要长一些。反应器运行到 19 天后，SVI 稳定在 22～25，污泥沉降性良好，在排水Ⅰ过程中不再有污泥流失。与本书第 4 章相比，由于活性污泥混合菌群对于混合碳源的适应性弱于单一碳源，为了减少在反应器运行初期 ADD 工艺运行模式下排水Ⅰ中的污泥流失，防止出现因污泥

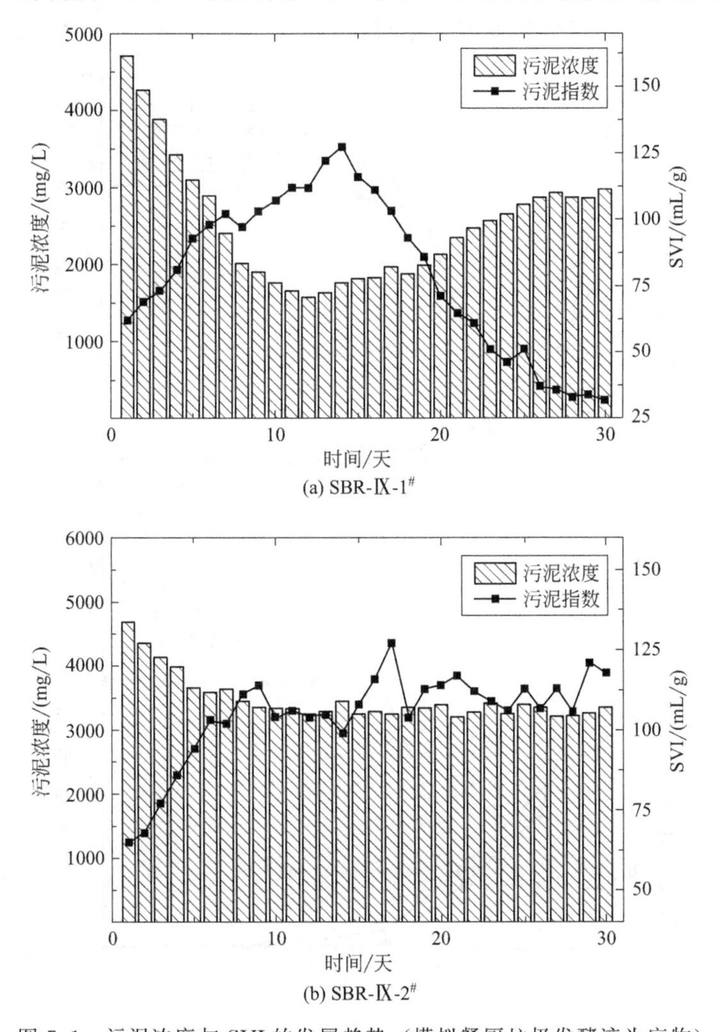

图 7.1　污泥浓度与 SVI 的发展趋势（模拟餐厨垃圾发酵液为底物）

浓度迅速下降而造成的反应器崩溃，所以选择描述沉降性能筛选强度系数初值 Φ_0 为 0.87，略大于单一碳源时的取值。

在反应器运行过程中，通过监测溶解氧突跃的时间来判断底物充盈阶段时长。SBR-Ⅸ-1# 启动的第一个周期内，微生物的底物充盈时长为 2h，占整个周期时长的 1/3。经过 15 天的富集驯化，底物充盈时长缩短到 27min，F/F 为 0.084。此时污泥对碳源已经有较好的适应，在周期开始刚刚投加碳源时，微生物就开始迅速吸收碳源并同时完成将碳源转化为细胞内 PHA 进行存储。随着反应的进行，COD 与氨氮的消耗，也从 1 天的 78% 和 82%，提高到 15 天的 98% 和 97%。在反应器运行 30 天时，SBR-Ⅸ-1# 的碳源吸收速率为 0.59 (mol C-VFA/mol C-X)/h，SBR-Ⅸ-2# 的碳源吸收速率为 0.46 (mol C-VFA/mol C-X)/h，如图 7.2 所示。

SBR 反应器内，活性污泥混合菌群分别在 ADD 与 ADF 工艺下，底物充盈

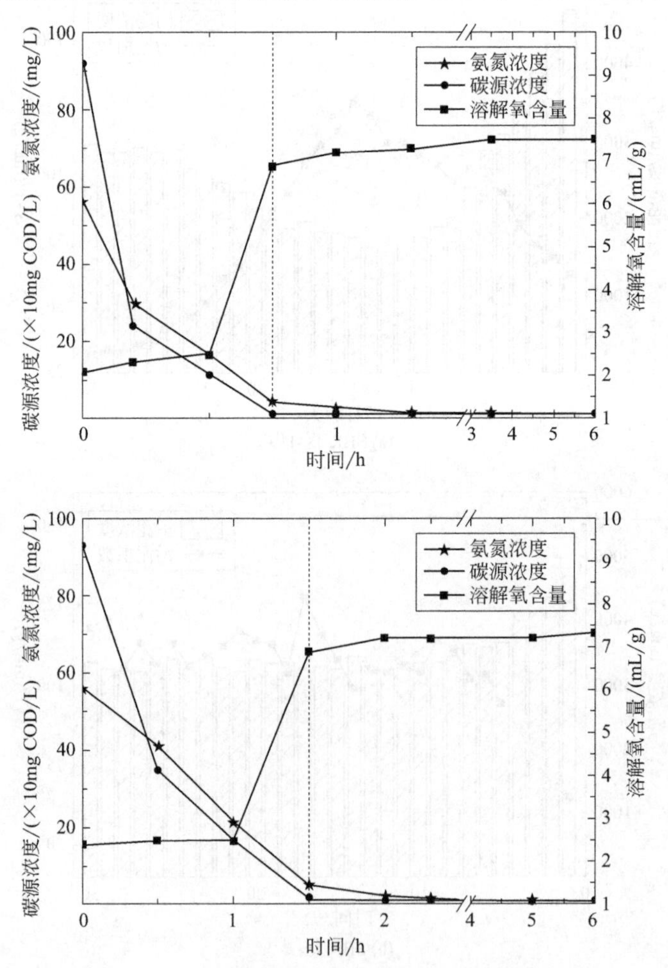

图 7.2 VFA、氨氮降解、溶解氧含量在周期内的变化

阶段末期达到该周期的细胞PHA含量最大值。如图7.3所示，SBR-Ⅸ-1#在反应器运行15天时的PHA含量为16.4%，30天时为22.3%；SBR-Ⅸ-2#在反应器运行15天时的PHA含量为12.6%，30天时为16.7%。可见在以模拟餐厨垃圾发酵液为碳源时，ADD运行模式仍显示出比ADF运行模式更高效的PHA合成菌富集效果。

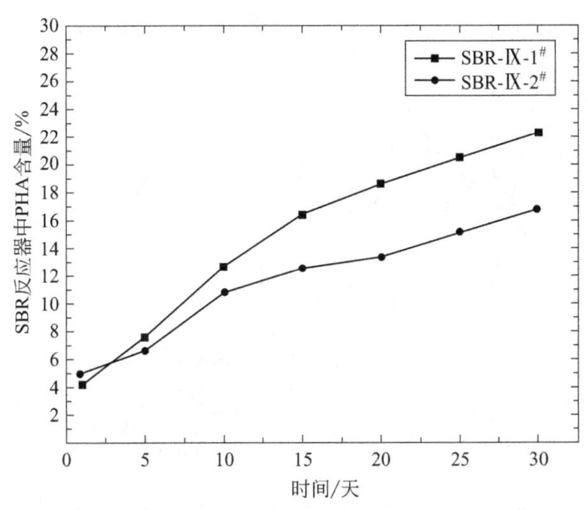

图7.3 SBR反应器中活性污泥PHA含量变化

7.2.2 混合碳源条件下PHA合成阶段的研究

在活性污泥混合菌群合成PHA阶段，本小节考察间歇补料与连续补料对微生物PHA含量的影响。设在富集阶段采用ADD工艺运行模式，合成阶段进行的间歇补料实验为Batch-Ⅸ-1#，进行的连续补料实验为Continue-Ⅸ-1#；在富集阶段采用ADF工艺运行模式，合成阶段进行的间歇补料实验为Batch-Ⅸ-2#，进行的连续补料实验为Continue-Ⅸ-2#。实验过程中，Batch-Ⅸ-1#、Batch-Ⅸ-2#、Continue-Ⅸ-1#与Continue-Ⅸ-2#四组反应器同时运行，投加相同浓度、相同总量的碳源，只是碳源投加方式不同，沿程取样。Batch-Ⅸ-1#和Batch-Ⅸ-2#是通过监测溶解氧含量，在微生物刚刚完成对反应器中碳源消耗的时候进行补料；而Continue-Ⅸ-1#和Continue-Ⅸ-2#则是通过连续补料实验装置，保证反应器中始终处于底物充盈状态。反应器运行时间为12h，如图7.4所示为合成阶段各反应器微生物PHA积累情况。

在Batch-Ⅸ-1#与Batch-Ⅸ-2#中，由于投加的底物浓度为SBR反应器中的4倍，因此在批次反应中，溶解氧指标发生突跃的时间也接近SBR反应器底物充盈时长的4倍。Batch-Ⅸ-1#与Batch-Ⅸ-2#在第3次投加碳源时，PHA含量已达33.4%和24.1%。两个反应器均在第4个批次以后，每批次中微生物将碳源消耗完毕的时间开始持续增加，并在第 5 个批次后不再出现溶解氧突跃现象，而此时微生物细胞 PHA 含量也不再增长。

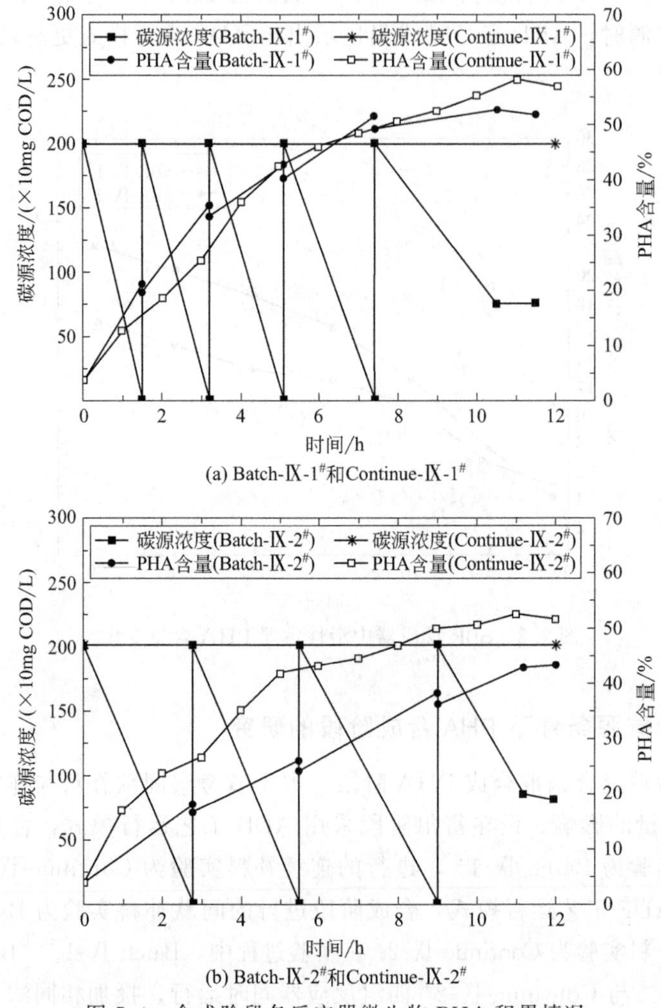

图 7.4 合成阶段各反应器微生物 PHA 积累情况

经过 12h 的实验，Batch-Ⅸ-1# 和 Batch-Ⅸ-2# 中的混合菌群 PHA 含量最终达到了 52.8% 和 45.7%。在 Continue-Ⅸ-1# 与 Continue-Ⅸ-2# 中，混合菌群 PHA 含量在反应开始 118min 内持续上升，且含量高于相对应的间歇补料实验中 PHA 含量，相当于间歇补料实验中的第 4 次投加碳源时。随后，Continue-Ⅸ-1# 和 Continue-Ⅸ-2# 中 PHA 含量曲线增速减缓，并一直持续到 12h 实验结束。Continue-Ⅸ-1# 和 Continue-Ⅸ-2# 中微生物 PHA 含量，在 180min 时分别为 27.5% 和 26.4%，在 12h 实验完成时达到的 PHA 含量分别为 58.4% 和 52.3%。说明在连续补料实验中，微生物主要在前 1/5 的时间内吸收碳源并合成

PHA，PHA 比合成速率达到 0.66mol C-PHA/mol C-VFA。随后，随着细胞内 PHA 含量的增多，而 PHA 合成速率有所下降，在反应持续到 8h 时 PHA 比合成速率降低到 0.21mol C-PHA/mol C-VFA，在 12h 时接近于零。

将本研究得到的结果与其他研究者得到活性污泥混合菌群合成 PHA 的细胞含量和 PHA 产率进行比较，如表 7.1 所示。综合考虑到对于利用废物合成 PHA 来说碳源成本问题是最主要的限制因素，结果说明利用模拟餐厨垃圾发酵液可以在细胞内快速积累 PHA 是可行的，其 PHA 含量占细胞干重的 58%。

表 7.1　活性污泥合成 PHA 的含量及组成

<table>
<tr><th rowspan="2">数据来源</th><th rowspan="2">工艺</th><th rowspan="2">碳源</th><th rowspan="2">PHA 成分</th><th colspan="2">PHA 含量/%</th></tr>
<tr><th>连续补料实验</th><th>批次实验</th></tr>
<tr><td>—</td><td>厌氧-好氧</td><td>市政废水＋乙酸</td><td>PHB</td><td>—</td><td>30</td></tr>
<tr><td>—</td><td>ADF</td><td>VFA 消化液</td><td>HB∶HV(88.1∶11.9)</td><td>—</td><td>56.5</td></tr>
<tr><td>本研究</td><td>ADF</td><td rowspan="2">模拟餐厨垃圾发酵液</td><td rowspan="2">HB∶HV(78.5∶21.5)</td><td>52.3</td><td>45.7</td></tr>
<tr><td>本研究</td><td>ADD</td><td>58.4</td><td>52.8</td></tr>
</table>

模拟餐厨垃圾发酵液中的 VFA，偶数碳源与奇数碳源分别占总碳源的 77.4%（摩尔分数）和 18.7%（摩尔分数），活性污泥混合菌群利用模拟餐厨垃圾发酵液产生的 VFA 合成的 PHA 产物是由 HB 单体和 HV 单体聚合而成的，其中 HB 单体占 PHA 聚合物的 78.5%（摩尔分数）。由于 PHA 组分含量主要是由碳源类型决定的，而且模拟餐厨垃圾发酵液中 VFA 的主要成分即为乙酸和丁酸，两者之和达到 77.4%，所以本研究中 HB 单体组分含量占到总 PHA 聚合物的 78.5%。由于连续补料工艺采用混合酸作为碳源时，混合酸中各成分比例在 PHA 积累过程中保持一致，使得 PHA 最终产物中 HB 与 HV 比例仅与细胞对各组分碳源吸收速率的不同有关，这为通过调控碳源成分定向控制 PHA 产物成分提供了可能。目前，厌氧发酵处理工艺已经成为餐厨垃圾处理的主流工艺，且发酵合成的小分子有机酸中，偶数酸的比例普遍较高。这种高比例的产酸发酵，不利于产甲烷过程的实施，却有利于 PHA 的合成。

7.3　活性污泥利用混合碳源合成 PHA 的代谢模型与 PHA 含量预测

7.3.1　活性污泥利用混合碳源合成 PHA 的代谢模型

采用混合碳源合成 PHA 的微生物代谢模型通常将混合碳源中的混合酸看作一种碳源，将活性污泥混合菌群视为一种菌群，其表现出来的性质，实际上为各个不同菌种的综合特性体现，或根据 VFA 中各种酸的组成成分，分别考虑其对微生物合成 PHA 产量的影响。由于本书的主要研究课题为反应器的 ADD 工艺运行模式对混合菌群中 PHA 合成菌的影响，且便于与单一碳源模式下动力学参数比较，因此采用第一种方法进行计算。微生物在反应器运行 50 天时，VFA 浓度、PHA 含量实测值与模型计算值以及碳源吸收速率变化趋势见图 7.5。

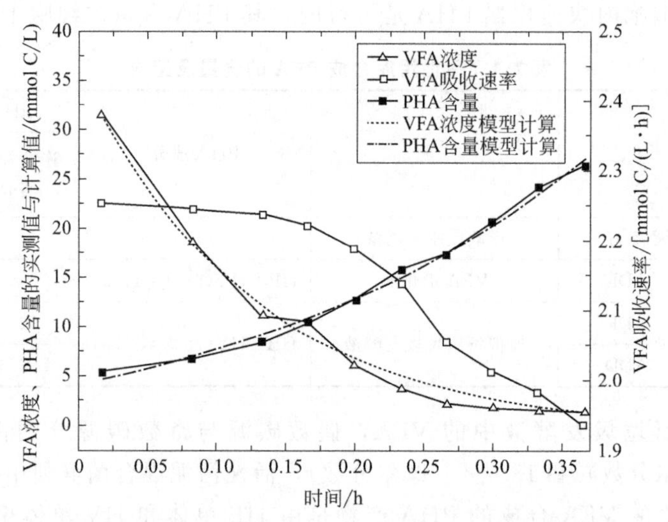

图 7.5 VFA 浓度、PHA 含量实测值与模型计算值以及碳源吸收速率变化趋势（底物充盈阶段）

由图 7.5 可知，在底物刚投加到反应器中时，底物吸收速率 q_s 出现最大值，且在底物充盈阶段开始 0.15h 内，持续保持较高的底物吸收速率。但此时体现的底物吸收速率实际上是混合菌群中底物吸收速率不同的多种菌群的平均水平。在底物充盈阶段开始 0.2h 以后，底物吸收速率开始明显下降，反应器中的剩余碳源也降低到 35%以下，说明在底物充盈阶段的前半段时间内，微生物消耗掉了近 70%的碳源。在底物充盈末期，剩余碳源占投加时的 4.1%。在微生物吸收碳源的同时，进行 PHA 的细胞内积累与细胞分裂增殖活动。在上述底物吸收过程中，经数据拟合后得到 $\tilde{q}_s^{\max}$ 为 −2.27(mmol C/mmol C)/h [见表 6.9 中的式(Ⅰ.1)]。其意义为在底物吸收过程中出现在某一时刻的理论最大吸收速度，无法通过实验检测，是利用代谢模型计算揭示出的规律。相比之下，利用模型计算拟合得到的最大生物量增长速率 $\tilde{\mu}^{\max}$ 为 0.052(mmol C/mmol C)/h（与 $\tilde{q}_s^{\max}$ 的意义相同，微生物在底物充盈阶段生长过程中实际发生的生物量增长速率），远远低于底物吸收速率，说明微生物将吸收的碳源，多数用于 PHA 的存储。反应器运行 50 天时，活性污泥利用混合碳源条件下 PHA 富集阶段代谢模型参数见表 7.2。

表 7.2　活性污泥利用混合碳源条件下 PHA 富集阶段代谢模型参数

参数	值	备注
吸收 VFA 过程的半饱和系数(k_s)	0.23mmol C/L	常数
氨氮吸收的半饱和系数(k_{NH_3})	0.0001mmol/L	常数
PHA 颗粒降解速率常数(k)	0.26(mmol C/mmol C)$^{1/3}$/h	模型拟合
模型中最大底物吸收速率($\tilde{q}_s^{max}$)	−2.27(mmol C/mmol C)/h	模型拟合
细胞维持生命所需 ATP 常数(m_{ATP})	0.016(mmol C/mmol C)/h	模型拟合
最大生长速率($\tilde{\mu}^{max}$)	0.052(mmol C/mmol C)/h	模型拟合
最大 PHA 合成速率($\tilde{q}_{PHA}^{max}$)	1.9(mmol C/mmol C)/h	常数

在 ADD 工艺运行模式中，进水Ⅱ中不包含碳源，实际上使得底物充盈末期已经降低到不足 5%的情况下又被稀释到浓度降低一半，即可认为在曝气Ⅱ开始时，反应器内已没有底物存在。在底物匮乏阶段，活性污泥混合菌群在缺乏碳源的条件下，微生物开始通过降解细胞内的 PHA 维持细胞生长增殖。在代谢模型中，PHA 降解速率拟合计算结果，$k=0.26$，见表 7.2。结合 5.4 节中采用单一乙酸为碳源时的 PHA 降解速率模型计算结果，说明在相同运行模式与环境温度下，碳源的组成决定了 PHA 组分的不同，而 PHB 与 PHV 混合物的降解速度低于单一 PHB 的降解速率，见图 7.6。而这也会影响到底物匮乏阶段混合菌群的细胞生长增殖，刚进入底物匮乏阶段的最大生物量增长速率 μ^{max} 为 0.164(mmol C/mmol C)/h，为单一碳源时对应参数的 62%。

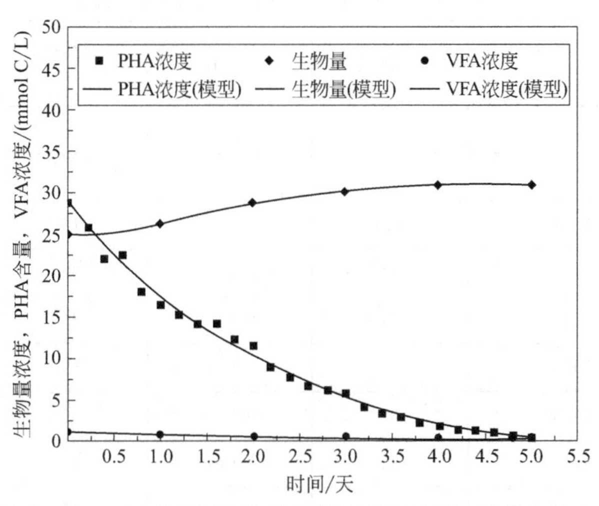

图 7.6　VFA 浓度、PHA 浓度以及生物量的实测值与模型计算值变化（底物匮乏阶段）

7.3.2 人工神经网络对活性污泥利用混合碳源合成PHA的预测

在上章中对采用单一碳源条件下，活性污泥混合菌群合成PHA阶段的人工神经网络预测模型探讨的基础上，本小节对采用混合碳源的混合菌群在富集过程中的检测指标与PHA产量之间联系，建立人工神经网络预测模型，方法详见6.1节所示。本实验运行60天，以MLSS、SVI、F/F、反应器运行时间（天）为监测指标，以PHA合成阶段检测到的PHA含量为预测目标，建立人工神经网络模型。其中，在反应器运行期间，每5天开展一次PHA合成阶段的间歇补料与连续补料实验。由于在6.4节中验证，采用连续补料实验得到的细胞PHA含量作为人工神经网络模型中预测目标的PHA含量数值。反应器运行过程中的参数与PHA含量见表7.3，利用人工神经网络技术建立污泥浓度、污泥沉降性、F/F与反应器运行时间等监测参数与PHA含量之间的映射关系，其中1～50天的数据用于训练，50～60天的数据用于验证，并用55天和60天的实测数据与人工神经网络模型进行对比以验证网络模型预测计算的准确性，详见表7.4。

如表7.4所示，利用人工神经网络计算的结果，与实测数据的误差分别为2.1%和3.6%，说明神经网络模型具有足够的计算精度。当反应器运行到30天以上时，SVI和F/F基本保持稳定，在反应器运行到40～60天期间几乎不变，因此认为在反应器的后续运行过程中，在可控的条件下，SVI和F/F将保持不变。而污泥浓度的变化规律，利用MATLAB软件的假设检验进行处理。取反应器运行35～60天的6组数据进行假设检验，检验结果见图7.7。

表7.3 反应器运行过程中的参数与PHA含量

序号	污泥浓度/(mg/L)	污泥指数	F/F比	运行时间/天	PHA含量/%
1	3105	93	0.542	5	12.6
2	1765	107	0.159	10	28.8
3	1821	116	0.084	15	37.5
4	2134	71	0.077	20	49.6
5	2784	51	0.074	25	56.7
6	2976	32	0.074	30	58.4
7	3055	31	0.070	35	59.1
8	3119	31	0.067	40	59.8
9	3106	30	0.067	45	60.5
10	3137	30	0.064	50	60.2

表 7.4　神经网络校验数据

序号	污泥浓度/(mg/L)	污泥指数	F/F 比	运行时间/天	PHA 含量/%	预测 PHA 含量/%	误差/%
1	3152	29	0.064	55	61.2	59.9	2.1
2	3188	30	0.064	60	60.3	58.1	3.6

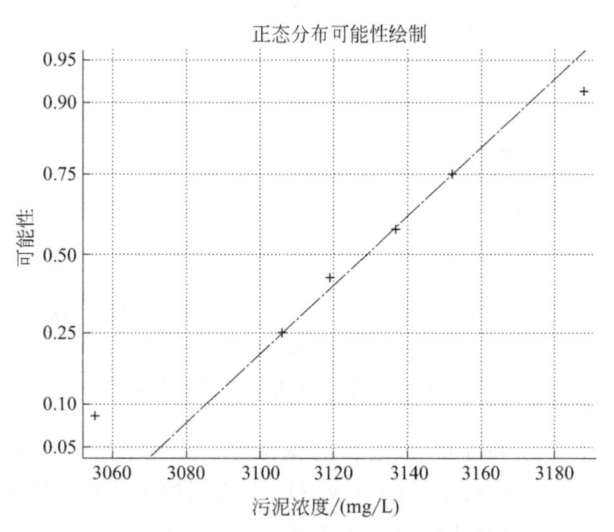

图 7.7　污泥浓度数据的正态分布验证

在图 7.7 中，散点与拟合直线之间的距离越近，说明其符合正态分布的概率越大，由图可知，35～60 天的污泥浓度数据，基本符合正态分布的规律。为进一步确认，利用 MATLAB 的 lillietest 函数进行正态分布的拟合优度测试如下。

[h,p,istat,cv]=lillietest(m,0.05)

式中，m 为包含 35～60 天污泥浓度数据的列向量；0.05 表示显著性水平为 5%。

拟合优度测试结果为

H=0

P=0.5000

istat=0.1604

cv=0.3236

式中，H 为污泥浓度数据为正态分布的假设；P 为支持假设的概率。计算结果显示，污泥浓度数据符合正态分布规律的可能性为 50%，且统计量 0.1604 小于接受假设的临界值 cv=0.3236，因此，H=0，即接受“污泥浓度数据变化符合正态分布”，假设成立。利用 MATLAB 软件求出污泥浓度数据的平均值与标准差，分别为 3126.2 和 45.0，进而利用正态分布规律，生成 100 组随机数，与

SVI、F/F、反应器运行时间等一同输入神经网络模型，对后续进行持续预测，结果见图 7.8。

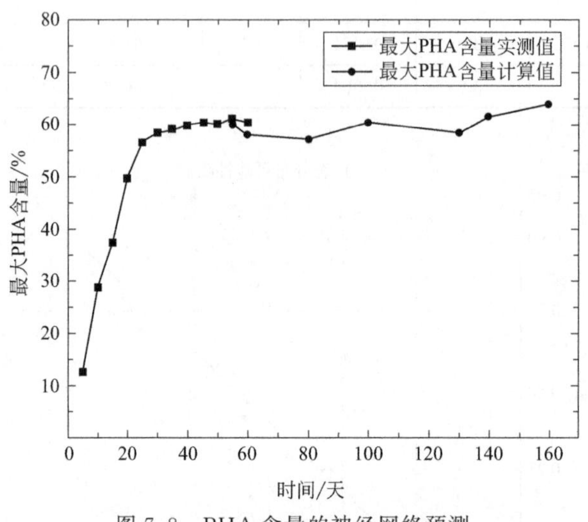

图 7.8 PHA 含量的神经网络预测

由图 7.8 可知，在进行 60 天实验的基础上，根据活性污泥混合菌群的监测指标，对微生物在连续补料工艺的合成反应中达到的 PHA 含量进行预测。结果表明，PHA 含量在后期维持稳定，预测的 160 天 PHA 含量为 63.5%，与 30～60 天的 PHA 含量相当（比 60 天的含量增多 5.3%）。根据预测结果，认为在反应器稳定运行条件下，反应器内的活性污泥混合菌群的 PHA 含量可以在较长时间内保持稳定状态。

7.4 基于 GA-BP 神经网络的餐厨垃圾合成 PHA 工艺产量预测

7.4.1 GA（遗传算法）基本原理

遗传算法（Genetic Algorithms，GA）的基本原理是通过模拟遗传学的机理和生物进化论形成的一种并行随机搜索最优化方法。与自然界中的“优胜劣汰，适者生存”生物种群进化原理类似。通过将待优化参数编码成染色体，选择合适的适应度函数，对种群中的个体选择、交叉和变异行为进行操控，将适应度值良好的个体保留，适应度差的淘汰。通过反复迭代，直到满足所有的预设条件。遗传算法具有全局搜索、并行性高、泛化能力强的优点，将遗传算法应用于 BP 神经网络，可充分发挥其全局寻优的能力，增强网络训练收敛的精确性。

7.4.2 遗传算法优化 BP 神经网络（GA-BP）基本原理

在传统 BP 神经网络中，初始权值和阈值是随机生成的，而该初值对计算结果的影响很大，往往使结果陷入局部极小值而不是全局最小值，从而导致预测结果失真。因此本书引入遗传算法对 BP 神经网络进行改进，利用遗传算法对 BP 网络随机生成的初始权值和阈值进行优化，将其作为一组有序的染色体，通过染色体的交换、编译、遗传等行为迭代求解，得到最优的初始值。遗传算法优化 BP 神经网络主要可分为 BP 神经网络结构的确定和利用遗传算法优化权值和阈值两部分。如图 7.9 所示是 GA-BP 神经网络建立流程。

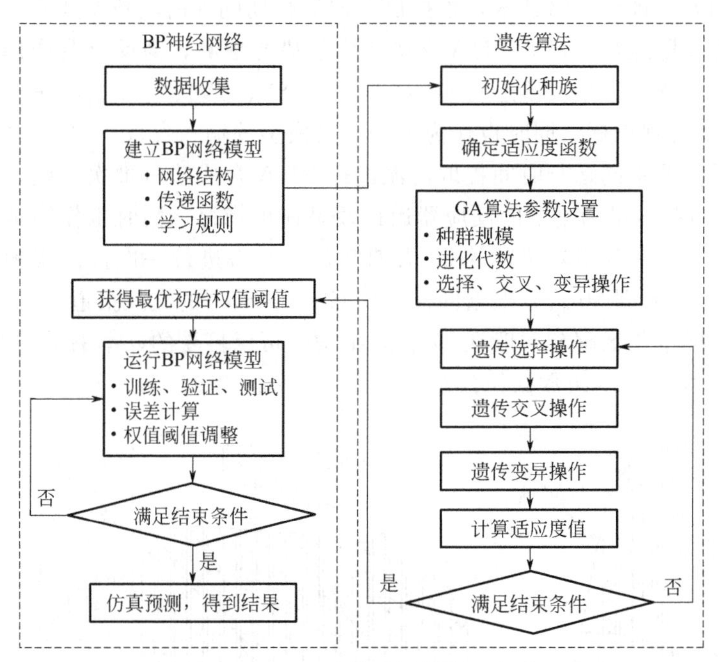

图 7.9　GA-BP 神经网络建立流程

GA-BP 神经网络的基本计算流程如下。

① 根据具体的应用场景，整理待分析数据，确定训练集和测试集数据并对数据进行归一化预处理；设定 BP 神经网络所需要的参数，根据 BP 神经网络的经验公式确定网络拓扑结构，包括输入、输出和隐含层个数等信息，进行初次训练。

② 根据 BP 网络首次训练结果及误差值，确定 GA 遗传算法中初始种群数量，并设定相应的适应度函数，使用 BP 神经网络预测误差确定适应度函数。

③ 在遗传算法中，确定迭代次数并进行迭代计算，开展选择、交叉、变异等遗传选优操作。

④ 利用③中选择出的最优个体作为权值和阈值，赋值给 BP 神经网络，再运行 BP 网络，得到最佳预测结果。

7.4.3 BP 神经网络样本选取

实现 PHA 合成菌的快速富集是 ADD 工艺运行模式的主要优势，因此一般采用 ADD 工艺运行模式的研究，在富集阶段，SBR 反应器运行时间一般较短。这虽然降低了时间成本，但只有在更长时间维度考察混合菌群中最大 PHA 含量的变化，才能选择出最佳富集时长。然而，由于每次实验的材料与条件不易统一，单纯利用实验确定最佳富集时长的方法存在滞后性。因此，本书引入经遗传算法改进的人工神经网络技术，根据反应器运行期间前阶段数据建立神经网络模型，实现对长期运行中最大 PHA 含量变化趋势的预测，为反应器选择合理运行时长提供科学依据。本实验运行 60 天，以 MLSS、SVI、F/F、反应器运行时间（天）为主要监测指标，同时也作为神经网络模型的输入参数。PHA 合成菌富集阶段，在反应器不同运行时间提取污泥进行 PHA 合成阶段批次试验，以试验得到的最大 PHA 含量为主要的反应器运行效果评价指标，同时也作为神经网络模型的输出参数。在反应器运行的 60 天期间，每 2 天进行一次批次实验，共测得 PHA 最大含量数据 30 组。根据同样采用 GA-BP 模型的文献报道，BP 神经网络模型中训练样本集数据量一般在 17～50 组均是可以接受的，本书采用 20 组数据作为训练样本集，10 组数据作为验证样本集，见图 7.10。

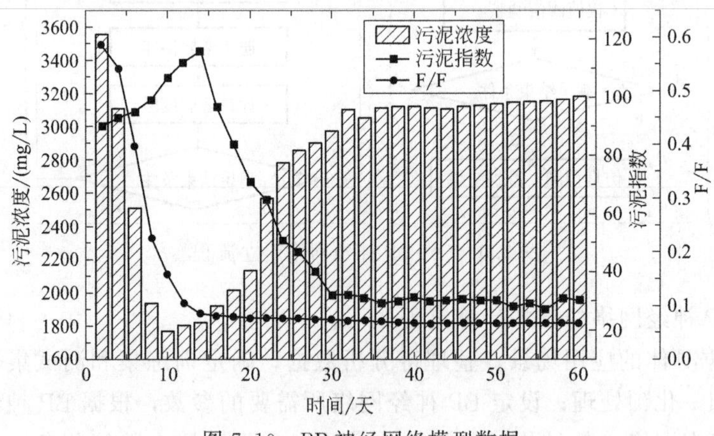

图 7.10 BP 神经网络模型数据

7.4.4 样本归一化与神经网络的结构设计

BP 神经网络输入层中各参数物理量单位不同，数值差异巨大，为避免数据差异过大导致模型计算不收敛，需将所有数据进行归一化处理，归一化的基本公式详见式(6.5)。

BP神经网络采用基本的3层结构，输入层神经元数量为4，输出层神经元数量为1。隐含层的神经元数量通常需要根据经验公式和多次试算进行确定。经验公式见式(7.1)，式中，m为输出单元数；n为输入单元数；a通常为[1,10]之间的常数。

$$p=\sqrt{n+m}+a \tag{7.1}$$

采用均方误差（Mean Squared Error，MSE）来作为神经网络的拟合函数，见式(7.2)，式中，F_i表示神经网络模型的预测值；Y_i表示目标期望值。不同隐含层节点数对应的均方差值见图7.11。

$$\mathrm{MSE}=\frac{1}{n}\sum_{i=1}^{n}(Y_i-F_i) \tag{7.2}$$

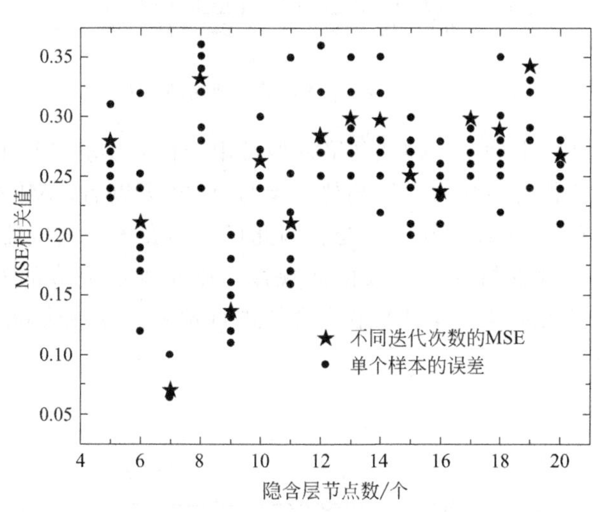

图7.11　不同隐含层节点数对应的均方差值

在MATLAB软件中构建了不同中间层神经元数量的神经网络模型，采用训练集中的数据和默认参数模拟5000次，计算得到每个网络模型的均方差MSE，从图7.11中可见隐含层神经元数量为7时MSE最小，仿真效果最优。因此设中间层神经元数量为7，建立4-7-1三层结构的神经网络模型。

神经网络的激活参数选择S型函数，训练方法采用Trainlm算法，训练次数为5000，训练目标为误差在0.001以内，学习率设为0.01。

7.4.5　遗传算法设定与神经网络预测结果分析

将遗传算法优化好的权值和阈值赋给建好的神经网络模型进行计算，并将计算结果与检验组数据进行对照，见图7.12。

由图7.12可知，GA-BP神经网络相较于传统BP神经网络，计算结果更接近实测值，10个预测值与实测值之间的平均MSE为3.6%，说明GA-BP神经

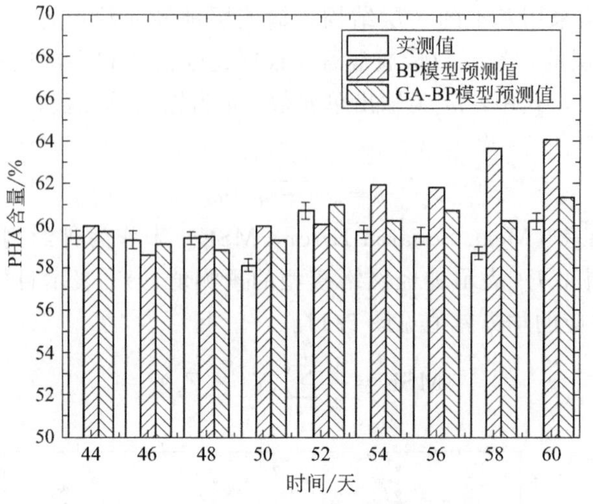

图 7.12　BP 与 GA-BP 模型预测结果对比

网络具有足够的计算准确度，神经网络模型可用于代替实验进行 PHA 含量的预测。根据反应器各状态参数的发展趋势，运行到 30 天以后，MLSS、SVI、F/F 比等基本稳定，在 40 天以后几乎不变。因此可认为在未来反应器保持稳定运行的条件下，上述参数保持稳定。根据此规律，以及训练完成的 GA-BP 神经网络，对反应器运行 200 天的 PHA 最大含量进行预测。其中前 60 天为实测，60 天以后为预测值，见图 7.13。

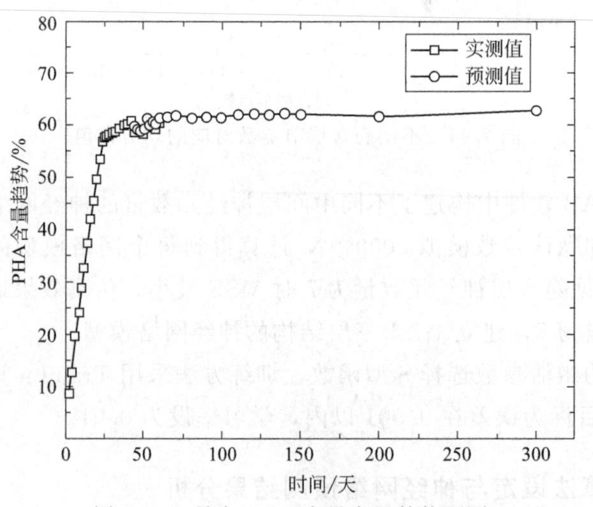

图 7.13　最大 PHA 含量发展趋势预测

预测结果表明，PHA 含量在后期维持稳定，预测的 200 天 PHA 含量为 63.5%，与 30～60 天的 PHA 含量相当（比 60 天的含量增多 5.3%），反应器内的活性污泥混合菌群的 PHA 含量可以在较长时间内保持稳定状态。

第8章

餐厨垃圾产酸——生物合成PHA技术研究

随着经济的快速增长和城市化进程的加快，我国城市生活垃圾产生量持续增加。餐厨垃圾是城市生活垃圾的重要组成部分，有报道称，其占比超过50%，包括家庭厨房、企事业单位公共食堂及餐饮行业的食物废料和残余食物。根据统计，“十一五”规划以来，我国城市生活垃圾清运量达1.5亿吨，人均产量达1.2kg/天，2007年我国的餐厨垃圾产量约为9000万吨，北京、上海等区域的日产量均超过1200t，且每年以8%～10%的速度递增。面对严峻的“垃圾围城”形势，近年来国内日益重视餐厨垃圾的处理，据报道，自2010年国家发改委推行餐厨废弃物资源化利用和无害化处理试点后，至2015年已陆续筛选和资助了100个试点城市，目前全国的餐厨垃圾处理能力约2.15万吨/天。餐厨垃圾处理技术，主要包括非生物处理和生物处理，非生物处理技术如焚烧、填埋、机械破碎、生态饲料等，生物处理技术包括厌氧消化和固体堆肥等。其中传统的焚烧、填埋方式不能实现餐厨垃圾的资源化利用，造成餐厨垃圾资源的极大浪费，制作生态饲料方式则存在食物链风险，在生产和使用时需要谨慎操作。好氧堆肥具有技术简单、便于推广的优点，但场地面积需求较大，反应过程中有难闻气味产生，造成二次生态污染，且经济效益有限。

根据餐厨垃圾的特点：含水率80%～90%、有机质含量高达97%、含盐量高及易腐烂变，现阶段多选择厌氧消化技术处理，其是指在无氧条件下，通过兼性微生物和厌氧微生物的代谢作用，将餐厨垃圾中的脂肪、蛋白质、糖类等复杂大分子物质水解为小分子有机物及无机物，再经过产氢产酸和产甲烷阶段最终被分解成二氧化碳和甲烷的过程，由此实现对餐厨垃圾的减量化和资源化利用。相较于传统的焚烧、填埋、堆肥等处置方式，厌氧消化具有可生产清洁能源、工艺简单、占地较小等优点，因此逐渐发展成一种主流处理工艺。其中，单相厌氧因餐厨垃圾有机质含量高，易酸化，造成体系中pH值降低以及氢分压的升高而抑制甲烷的产生，从而导致反应停止或失败。因此，已经建设的餐厨垃圾沼气回收项目多以两相厌氧消化为主，该工艺在高浓度工业废水及污泥处理方面获得了理想效果。但餐厨垃圾与污水、污泥的厌氧处理存在显著的不同，如下所示。

① 餐厨垃圾是极易酸化的生物质垃圾，在进行单相厌氧消化时，较高有机负荷会使产酸菌在短时间内产生较多的有机酸，系统对酸的缓冲能力降低也会影响产甲烷菌的活性，从而影响产物的性质，即系统对酸的缓冲能力降低会增加较大分子量的有机酸产生。从热力学角度来看，相比其他的中间产物（如丁酸、乙酸等），丙酸向甲烷的转化速率是最慢的，会限制整个系统的产甲烷速率。

② 餐厨垃圾酸化产物含有高浓度的盐分和氨氮，也会对产甲烷过程产生抑制。

以上问题的存在，限制了餐厨垃圾厌氧消化过程的实施。综上，餐厨垃圾的有效处置及合理资源化问题是国内绝大多数餐厨垃圾处理厂亟需解决的问题。

餐厨垃圾厌氧水解产酸技术源于厌氧消化产甲烷技术，具体可通过控制消化条件和程度，抑制甲烷产生，使反应停留在产酸阶段，在此阶段，经过水解后的物质会被进一步分解为各种挥发性脂肪酸（Volatile acid，VFA）和醇类，如乙酸、丙酸、丁酸、戊酸以及乙醇等，这些小分子有机酸可在发酵体系中大量积累，形成的产酸液可以替代乙醇和乙酸被用作生物脱氮除磷过程的外加碳源，还可以用于PHA的合成。相较于产甲烷技术，餐厨垃圾厌氧产酸反应周期更短，为3～5天，为产甲烷周期的10%左右，因此餐厨垃圾厌氧水解产酸技术受到人们的关注和研究。餐厨垃圾发酵产物的组分差异主要受反应条件不同（如温度、pH值、SRT、有机负荷等）而变化，一般来说，产酸液的VFA占SCOD的60%～75%，非VFA（如可溶性蛋白、糖类等）占比25%～40%，VFA转化率为20～40g/L，C/N比为5～12。采用活性污泥混合菌种，以餐厨垃圾水解发酵产酸液为碳源合成PHA对于降低PHA成本、实现餐厨垃圾的减量化和资源化具有重要意义，然而目前的研究侧重于合成PHA工艺的改善优化，对于该基质条件下的合成规律及影响因素研究未见报道。本研究在课题组开展混合菌种利用高浓度有机废水合成PHA的研究基础上，结合餐厨垃圾厌氧发酵产酸产物组成及混合菌种PHA合成对底物需求的特点，针对餐厨垃圾碳源底物中的高盐特点，利用好氧动态排水工艺（ADD）快速筛选产PHA混合菌群，好氧瞬时补料（ADF）工艺为混菌驯化工艺，批次实验合成PHA，开展餐厨垃圾厌氧发酵产酸-生物合成PHA因素研究。研究结果将为餐厨垃圾资源化和PHA低成本合成工艺的实际应用提供理论和技术基础，具有很高的理论意义和应用价值。本书的研究目的如下。

通过优化ADD工艺，快速筛选以复合酸为碳源的高效产PHA混菌，模拟餐厨垃圾产酸液的碳源组成及其他组分，研究不同盐度（本书中盐度均是指NaCl浓度）存在条件下混合菌群底物利用、菌体生长和PHA积累的动态变化规律，同时监测驯化过程中菌群演变规律。在此基础上，研究对比高低两种进水负荷（OLR）所得混菌对于 PHA 积累、产品组成以及各动力学参数的差异，研究后期通过实际餐厨垃圾产酸液为碳源初步生产 PHA，最终为混合菌群利用实际餐厨垃圾产酸液合成 PHA 的产业化提供理论支持和技术指导。

8.1 实验装置

8.1.1 好氧动态排水装置

好氧动态排水（Aerobic Dynamic Discharge，ADD）快速筛选反应器示意图及实物如图 8.1 所示，采用有机玻璃材质制作，内径 90cm，有效高度 1000cm，有效容积 8L，排水口距底部 500cm，容积交换率为 50%。通过蠕动泵从底部进水，排水由电磁阀控制，采用重力排水；通过电磁式空气泵以及沙盘曝气头向反应体系中供给充足的氧气，保证底物充盈阶段（Feast）的溶解氧不低于 3.0mg/L，不设置搅拌桨，完全通过上升气流使反应器内泥水混匀，利用在线监测设备实时记录反应器内 DO 和 pH 的变化情况。反应器在室温［(25±2)℃］下运行，进水 pH 维持在（7.0±0.2），进水、曝气、搅拌、沉淀和排水通过定时器和电磁阀自动控制。ADD 工艺模式运行的反应器用于快速筛选高产 PHA 混合菌群，为接下来驯化富集菌群阶段的 SBR 反应器提供菌种来源。

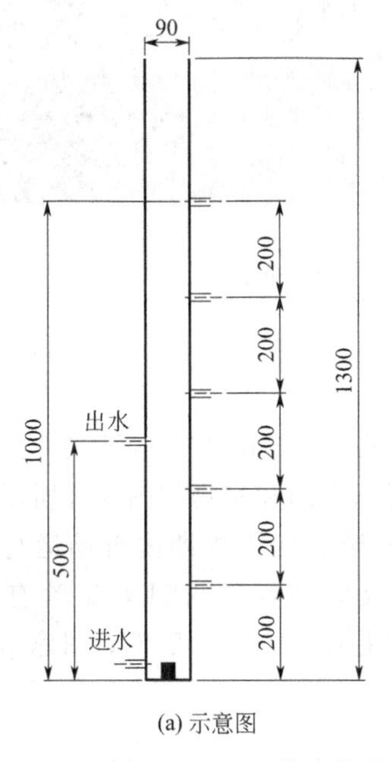

(a) 示意图

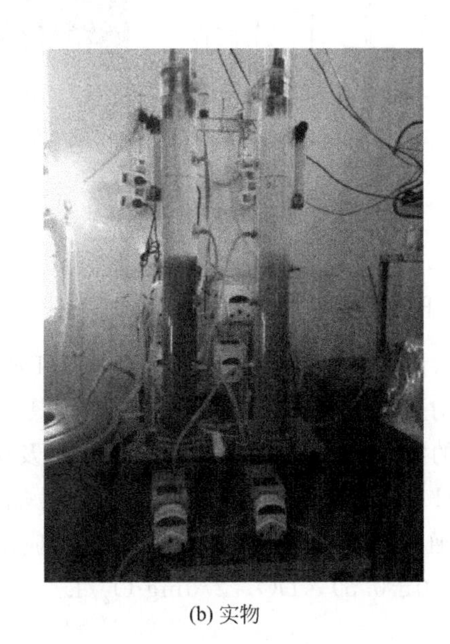

(b) 实物

图 8.1　ADD 快速筛选反应器示意图及实物（单位：mm）

8.1.2 序批式驯化反应器

采用四组完全混合式序批反应器（SBR），如图 8.2 所示，对微生物菌群进行不同盐度条件下的驯化富集。反应器使用有机玻璃制作，总高度 250mm，内径 120mm，有效容积 2L，通过蠕动泵上部进水，排水在距底部 135mm 处。由蠕动泵控制，设置搅拌桨协助实现泥水混合，为防止搅拌桨与曝气装置碰撞。将细纱曝气头挂置于侧面，通过超静音空气泵以及曝气头向反应体系中供给充足的氧气，运行周期根据进水负荷不同做相应调整，反应器温度控制在（25±2）℃，进水 pH 维持在（7.0±0.2），DO 的变化范围为 0.4～9.0mg O_2/L，通过在线 pH、DO 监测仪实时记录反应器运行期间数据变化。完全混合式 SBR 用于 ADF 工艺运行模式下的产 PHA 菌群驯化富集阶段，目的是为最终合成 PHA 的批次试验提供菌群。

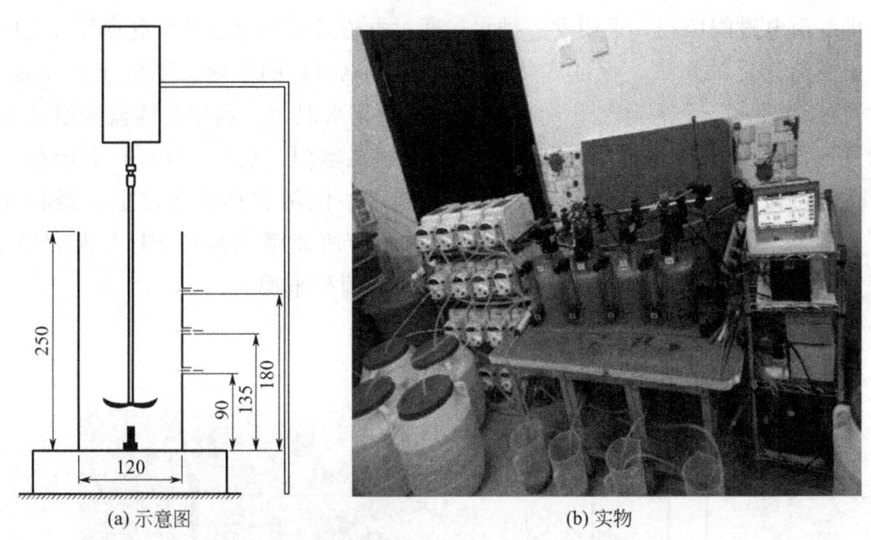

图 8.2 SBR 富集反应器示意图及实物（单位：mm）

8.1.3 PHA 批次反应装置

批次试验目的是为实现混合菌群的 PHA 最大积累能力，本研究中提到的批次试验均采用烧杯形式的反应器进行，其装置示意图和实物如图 8.3 所示，通过一系列的定时器、蠕动泵、磁力搅拌器及曝气装置实现周期内自动运行，外加 DO、pH 计监测反应过程的数据变化；烧杯反应器容积 0.5L，试验有效容积 0.4L，通过“定时补料”模式运行，反应温度控制在（25±2）℃，进水 pH 值维持在（7.0±0.5），DO>2.5mg O_2/L。

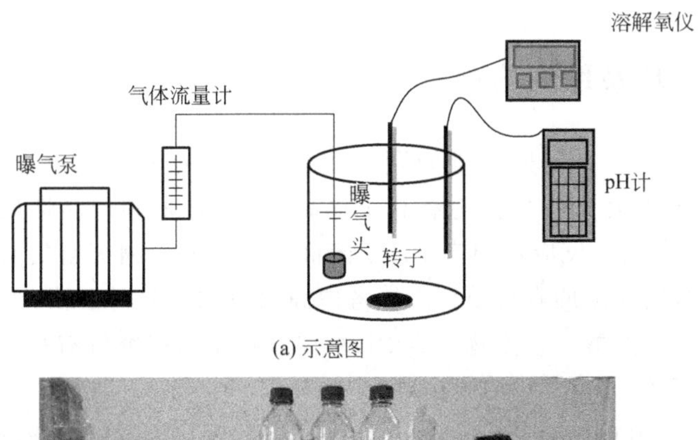

(a) 示意图

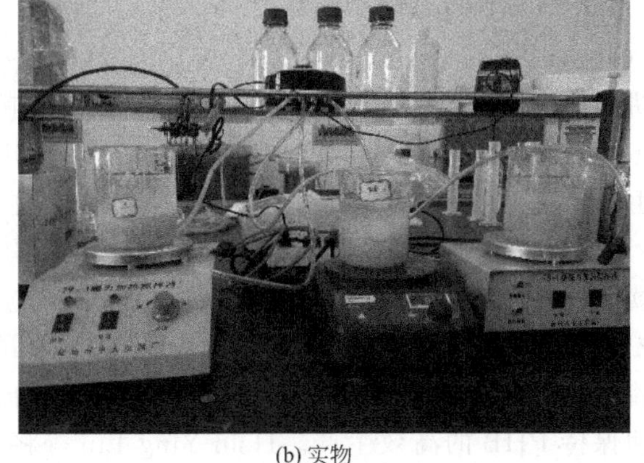

(b) 实物

图 8.3　PHA 合成批次试验装置示意图及实物

8.1.4　餐厨垃圾产酸反应器

餐厨垃圾产酸试验为本次研究利用实际废水生产 PHA 的重要部分，试验装置由有机玻璃制成，总体积 5.5L，有效工作容积 5.0L。反应器使用机械搅拌，搅拌装置选择防腐蚀性材料。保温措施使用外层包裹的携带温控仪的电热加热带（硅胶材质），整个反应过程控制温度为 (35±1)℃，配置 pH 自控仪与加碱泵相连，厌氧发酵过程产酸会导致混合液的 pH 值下降，pH 自控仪会自动向反应器投加 1mol/L 的 NaOH 碱液保持混合液的 pH 值稳定；反应器封盖中心与搅拌桨连接处设置水封，以保证反应器内部的厌氧环境，封盖上通过硅胶管连接集气袋，用于收集反应初期的少量气体，同时平衡反应器内的气体压力，如图 8.4 所示。

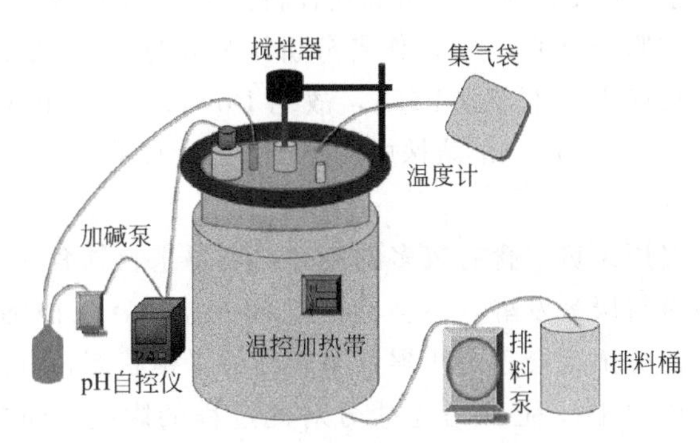

图 8.4　餐厨垃圾厌氧发酵产酸装置示意

8.2 实验材料及取样方式

在此运行工艺中有三处关键问题：一是优化产酸过程以调控产酸底物中VFA总量及各组分比例，使其更有利于提高PHA产量和产品性质；二是尽快提高PHA合成菌富集反应器中产PHA菌群所占比例，缩短富集有效菌种的时间；三是参考餐厨垃圾的有机质特点，考虑高氨氮和盐分对PHA合成过程的影响。关于餐厨垃圾产酸——生物合成PHA偶合技术的研究鲜有报道，以下是对此技术的研究概述。

Hafuka等利用*Cupriavidus necator*纯菌以餐厨垃圾发酵产酸液为碳源合成PHB，对比了一次进料、间歇进料和连续进料三种进料方式对纯菌产PHB的影响，产酸液通过0.45μm滤膜以滤去厌氧微生物和固体。结果表明，一次进料方式更促进微生物的生长，获得最高细胞浓度达10g DCW/L，可能是因为初始接种VFA浓度较高并且氨氮浓度为123mg N/L，属于低碳氮比，有利于微生物生长所致；间歇和连续进料方式都获得较高的PHB合成量，在反应进行到43h时细胞浓度和PHB浓度相继达到最高，PHB最高含量为87%，同时监测发现，DCW和PHB含量都是在初期上升达到最高时刻，之后逐渐下降，研究发现的问题是如何能够长期保持PHB的高效生产。Hsin-Ying Liu等将番茄罐头加工废水与污水中的活性污泥混菌相结合，同步实现了PHA的生产和废水处理。此过程主要包括SBR处理食品废水的同时筛选富集产PHA菌群，批次实验最大化产PHA，其中SBR可有效去除84%COD、100%氨氮和76%磷，SBR运行过程中非过滤废水富集到的菌群PHA产率为2%～8%，过滤废水富集的菌群PHA产率为7%～11%；批次实验设置0.4～3.2的食微比，PHA最大积累量达到细胞干重的20%。Abdul Wahab通过厌氧水解技术将餐厨垃圾与水果废弃物发酵，发酵反应器温度最佳条件为37℃，初始pH=7，获得68g/L的有机酸，其中乳酸占比84%，将有机酸离心去除固体和油脂，收集上清液并浓缩约至2倍用于PHA合成。采用批式补料模式得到4.2g/L的PHA产量，此时PHA质量占细胞干重的88%，作者分析认为此时C/N为10～20，属于低碳氮比刺激细胞生长而不利于合成PHA，故用Dowex 88wx树脂除去废液中的高氨氮，利用*Ralstonia eutropha*菌株成功得到8.9g/L的PHA产量，PHA质量占细胞干重达到90%。

餐厨垃圾中含有较多的盐分，主要来自饮食中添加的食盐（NaCl），将餐厨垃圾进行厌氧发酵，不会消除这部分盐分，反而随着发酵体系中固体含量的增高，盐分浓度会逐渐积累直至较高的平衡状态，利用餐厨垃圾发酵产酸液作为碳源合成PHA，必须考虑盐分对此过程的影响。遗憾的是，有关盐分对PHA混合菌群的影响目前鲜有研究。Passanha等利用纯菌*Cupriavidus necator*发酵产

PHA，*Cupriavidus necator* 是产 PHA 混合菌群中的优势菌之一，结果证实，NaCl 投加量为 9g/L 时，PHA 的合成可以提升 30%。另外，Mothes 等发现，以甘油为碳源，*Paracoccus denitrificans* 和 *Cupriavidus necator* 菌株在 NaCl 投加量高于 5g/L 时，合成 PHA 产量逐渐减少，当 NaCl 投加量为 20g/L 时，合成 PHA 抑制率达到 80%。T. Palmeiro-Sánchez 等研究不同盐度对混菌合成 PHA 的影响发现，NaCl 对微生物活性有抑制作用，当 NaCl 投加量高于 5g/L 时，微生物菌群的活性抑制率超过 50%，7g/L 条件下 PHA 产率降低至不加盐时的 50%，当 NaCl 投加量为 13g/L 时，微生物已经几乎没有活性，M. Pernetti 等也发现类似现象。同时，研究还发现不同盐度对于混菌合成 PHA 单体（主要指 PHB 和 PHV）的比例有所影响，随着盐度从 0 提高到 20g/L，HB 与 HV 的比值由 2.71 升至 6.37(mol C/mol C)。综上，目前关于餐厨垃圾水解酸化——生物合成 PHA 技术的研究还比较少，现有的研究多集中在餐厨垃圾水解的产酸优化和 PHA 合成工艺生产优化两部分，关于餐厨垃圾产酸废液中的盐分对 PHA 合成规律的研究尚未见报道。

8.2.1　试验试剂

餐厨垃圾厌氧发酵水解产酸液具有高 VFA 含量、高氨氮的基质特点，采用乙酸钠、丙酸钠、丁酸、戊酸及少量乙醇作为碳源，以氯化铵作为氮源，磷酸氢二钾和磷酸二氢钾作为磷源，根据张玉静的研究，配制初始碳源 VFA=40g/L（相当于 67.45g COD/L）、C/N=10/1（不限氮）、C/P=90/1 的模拟餐厨水解产酸液为基本储备液，之后根据每部分实验不同进水负荷稀释储备液，其具体配方见表 8.1。

表 8.1　模拟餐厨垃圾产酸储备液配方

基质 A		基质 B		微量元素	微量元素含量/(g/L)
VFA	含量(g/L)	营养物	含量/(g/L)		
乙酸钠	13.0321	NH_4Cl	8.00	EDTA	20
丙酸钠	6.9434	K_2HPO_4	0.90	$Na_2MOO_4 \cdot 2H_2O$	0.06
丁酸	22.2801	KH_2PO_4	0.40	H_3BO_3	0.15
戊酸	4.0333	$MgSO_4$	2.00	KI	1.18
乙醇	1.7228	$CaCl_2$	1.50	$CuSO_4 \cdot 5H_2O$	0.03
				$CoCl_2 \cdot 6H_2O$	0.15
				$ZnSO_4 \cdot 7H_2O$	0.12
				$MnCl_4 \cdot H_2O$	0.12
				$FeCl_3 \cdot 6H_2O$	1.5

注：1. 基质 A 与基质 B 在实际运行中分开配制。
2. 实际配水过程中添加≤0.02%（质量分数）的酵母浸粉作为生长因子，0.1g/L 的硫脲抑制氮的硝化。
3. NaOH 调节 pH 值至（7.0±0.3），试验过程中不再控制 pH 值。
4. 配水过程中微量元素溶液的添加比例根据各个反应器进水负荷决定。

8.2.2 对 ADD 及 SBR 反应器进行周期取样

目的为监测富集的产 PHA 菌群在典型周期内的 PHA 合成率、PHA 转化率、污泥转化率、PHA 比合成速率、污泥比生长速率以及底物吸收速率等指标，以此依据综合考察反应器内富集的混合菌群情况。取样操作如下。

① 取样周期一般选择经过一个及以上 SRT 驯化阶段的时间段，以进水完成开始曝气时刻为周期开始时间，直至整个周期结束。

② 开始阶段每隔 5～10min 记录反应器的 pH 值、DO 及温度，同时取样，用移液枪吸取约 4mL 混合液置于离心管，吸取 1.0mL 混合液置于事先称量过的 1.5mL 离心管以便测得实时的 TSS 值，离心管应做好对应标记。

③ 对于取样时间，过溶解氧突跃点之后可适当延长，逐渐从 30～50min 一次延长至 90～100min，取样方法一致。

④ 取好的样品可先存放在冰箱冷藏，试验结束及时于 8000r/min 离心机中离心 5min，上清液过 0.45μm 滤膜，留样待测 VFA、氨氮等指标，底部污泥留测 PHA，分装完待测样品可存放于冰箱中于－20℃冷冻。

8.2.3 PHA 合成批次试验取样

一般情况下，批次试验菌种来源均为对应反应器周期试验结束后富集得到的，采用烧杯反应器，批次试验开始前对富集到的剩余污泥进行充分曝气，以确保泥水混合液中的氨氮等营养物质被消耗完毕，活性污泥处于营养匮乏状态，曝气完毕后对剩余污泥进行淘洗，用自来水淘洗两遍，再次洗脱混合液当中的氨氮等物质。批次试验补料模式为“定时补料”，试验开始时接种 200mL 驯化成熟的菌液，一次性加入 200mL 复合酸基质（基质中各碳源比例与富集阶段一致，浓度提高至 2 倍），批次实验补料五次，前三轮批次时长 90min，后两轮批次时长 120min，每轮批次反应停止进入 10min 的静沉期，静沉结束排掉 200mL 上清液后进入下一轮的补料反应期。批次试验在每轮补料前后进行取样，取样方式与周期试验一致，反应期间监测 DO、pH 变化，每次取约 4mL 的泥水混合液进行离心，上清液过膜分装留样待测 VFA、氨氮等，底部污泥留样待测 PHA，另取 1mL 均匀混合液待测 TSS。本研究中提到的批次试验均为此操作。

8.2.4 动力学参数定义与计算

① PHA 合成率（PHA%）与最大 PHA 合成率（PHA_{max}%）：表示混合菌群在周期试验或批次试验积累的 PHA 占细胞干物质的比例。

$$\mathrm{PHA\%}(\mathrm{PHA_{max}\%})=\frac{\text{沿程试验(批次试验)测得菌群细胞内 PHA 质量(mg)}}{\text{样品称重质量(mg)}}\times 100\%$$

② PHA 转化率（$Y_{P/S}$）。

$$Y_{P/S}=\frac{\text{DO 突跃点与初始阶段菌体中 PHA 的 COD 差值(mg/L)}}{\text{DO 突跃点与初始阶段底物基质中的 COD 差值(mg/L)}}$$

③ PHA 比合成速率（q_A）。

$$q_A=\frac{\text{DO 突跃点与初始阶段菌体中 PHA 的 COD 差值(mg/L)}}{\text{充盈时间长度(h)}\times\text{反应器中平均生物量(mg/L)}}$$

单位：mg COD PHA/(mg X・h)。

充盈时间长度指反应开始到 DO 突跃点的持续时间。

反应器中生物量=MLVSS−PHA，平均生物量取反应开始时与 DO 突跃点的生物量加和平均值。

④ 污泥转化率（$Y_{X/S}$）。

$$Y_{X/S}=\frac{\text{DO 突跃点与初始阶段污泥的 COD 差值(mg/L)}}{\text{DO 突跃点与初始阶段底物基质中的 COD 差值(mg/L)}}$$

单位：COD/COD。

⑤ 污泥比生长速率（$-q_N$）。

$$-q_N=\frac{\text{DO 突跃点与初始阶段污泥的 COD 差值(mg/L)}}{\text{充盈时间长度(h)}\times\text{反应器中平均生物量(mg/L)}}$$

单位：mg COD PHA/(mg X・h)。

$$\text{DO 突跃点与初始阶段污泥的 COD 差值}=\frac{\text{DO 突跃点与初始阶段污泥的氨氮含量差值}}{0.1562}$$

⑥ 底物比吸收速率（$-q_S$）。

$$-q_S=\frac{\text{DO 突跃点与初始阶段底物基质的 COD 差值(mg/L)}}{\text{充盈时间长度(h)}\times\text{反应器中平均生物量(mg/L)}}$$

单位：mg COD PHA/(mg X・h)。

⑦ PHA 促进或抑制比例（$\theta\%$）。

$$\theta\%=\frac{\text{耐盐性试验提高盐度时对应 PHA 最大合成率(\%)}}{\text{原驯化盐度对应批次试验的 PHA 最大合成率(\%)}}-1$$

8.3 瞬时盐度冲击对混菌合成 PHA 影响及优化 ADD 模式筛选产 PHA 菌群

关于盐分（NaCl）对混菌合成 PHA 的研究，前文综述已提及，可看出研究多以盐分对菌种的毒性作用为主，同时盐分对混菌产 PHA 的报道也出现相互矛盾的结果。本章利用课题组驯化稳定的两种不同性质的混合菌群（区别是驯化过程使用高、低两种进水负荷），探讨不同浓度盐分瞬时冲击对两种性质的混菌在批次阶段合成 PHA 影响。与此同时，为方便后续研究工作开展，以课题组研发的 ADD 快速筛选产 PHA 菌群模式为基础，对比了三种不同进水负荷下富集高效产 PHA 菌群效率，选择最佳的筛选条件为不同盐度驯化混合菌群提供菌种来源。

8.3.1 瞬时盐度冲击对混菌批次阶段合成 PHA 影响

（1）反应基质

批次试验基质与混菌富集期间底物成分组成一致：乙酸钠、丙酸钠、丁酸及戊酸作为碳源（质量分数分别为 29.44%、58.66%、6.31%、5.59%），限制氮磷源，配制成初始碳源浓度为 5207mg COD/L 的有机酸配水为反应基质。基质内分别添加不同浓度的盐分（NaCl），梯度设置见表 8.2。

表 8.2 NaCl 浓度梯度设置

项目	1-a/2-a	1-b/2-b	1-c/2-c	1-d/2-d	1-e/2-e	1-f/2-f
NaCl/(g/L)	0	2.5	5.0	10.0	15.0	20.0

注：1. 1-a、1-b、1-c、1-d、1-e、1-f 分别表示低进水负荷组不同盐度冲击。
2. 2-a、2-b、2-c、2-d、2-e、2-f 分别表示高进水负荷组不同盐度冲击。

（2）试验菌种

试验所用到两种驯化稳定的菌群（课题组），均以混合酸为底物碳源，氯化铵为氮源，磷酸氢二钾和磷酸二氢钾为磷源驯化所得（富集期间底物无 NaCl 组分），低负荷进水浓度约为 1300mg COD/L（SRT=10 天），高负荷进水浓度约为 6000mg COD/L（SRT=1 天），两种进水负荷底物成分比例一致。活性污泥由批次试验前保留，充分曝气后静置弃掉上清液，底部污泥经自来水清洗两次，淘洗除去残留的氨氮和磷，尽量营造批次阶段缺氮缺磷的不平衡生长环境，最终保证污泥浓度为 4000～4500mg/L。

（3）试验装置和反应设置

同图 2.2 批次试验反应装置介绍。

8.3.2 瞬时盐度冲击对不同进水负荷驯化菌群合成 PHA 的影响

本部分试验基于两种富集模式得到的混菌开展，考察瞬时盐度冲击对于未经盐度驯化的产 PHA 菌群的影响。试验使用到两个指标来量化 PHA 合成表现：最大 PHA 合成率；单体 HB、HV 占比。

对于低负荷进水富集的混菌（图 8.5），六组试验在反应初期呈现快速上升的过程，经过约 200min，1-a、1-b、1-c 三组继续保持较为快速的增长趋势，1-d 与 1-e 组增长变缓，1-f 组达到第一个平台期。反应至 300min，1-a、1-c 两组的优势显现，PHA 合成率仍保持较高速度增长，1-c 组约 400min 达到高峰，峰值 PHA 合成率 51.80%，1-a、1-b 在反应末期获得峰值，分别为 52.02%、49.75%，1-d、1-e、1-f 三组在反应后期 PHA 合成受 NaCl 抑制作用明显，均在末期达到峰值，峰值结果分别为 43.40%、40.93%、39.87%。由此可见，0～

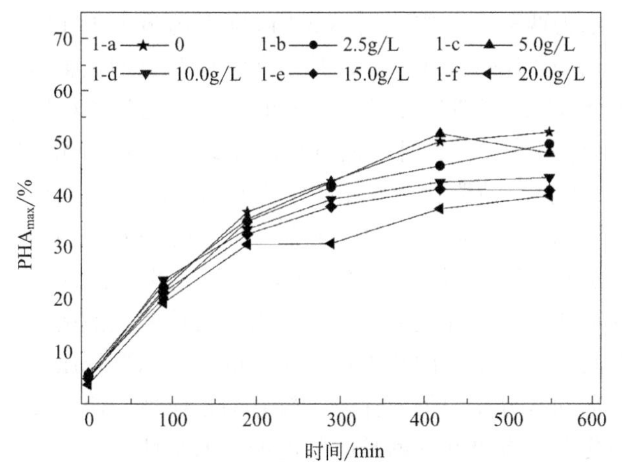

图 8.5　盐度对低进水负荷富集混菌合成 PHA 的影响

5.0g NaCl/L 范围对于未经盐分驯化的低进水负荷混菌而言，作用效果不明显，5.0g NaCl/L 可刺激混菌细胞尽快达到 PHA 合成的最高水平，有利于节约反应时间，随着 NaCl 浓度的增加，抑制作用明显，至 20.0g NaCl/L 时，PHA 抑制率达到－23.36％。

对于高负荷进水富集的混菌（图 8.6），六组试验反应开始至第 200min 的变化趋势相同，但 PHA 合成率的增长速度与 NaCl 浓度成反比，之后的批次试验中 2-e、2-f 组 PHA 合成速度始终维持较低水平，2-e 组未出现明显波动，2-f 组甚至有所下降；2-d 组的增长速度变缓，至末期达到最大 PHA 合成率为 49.65％，2-a、2-b、2-c 三组属于 NaCl 浓度较低范围，最大 PHA 合成率降低并不明显，PHA 合成率维持在 55.75％～59.69％水平，这说明高负荷驯化的混菌对少量的 NaCl 有适应能力。

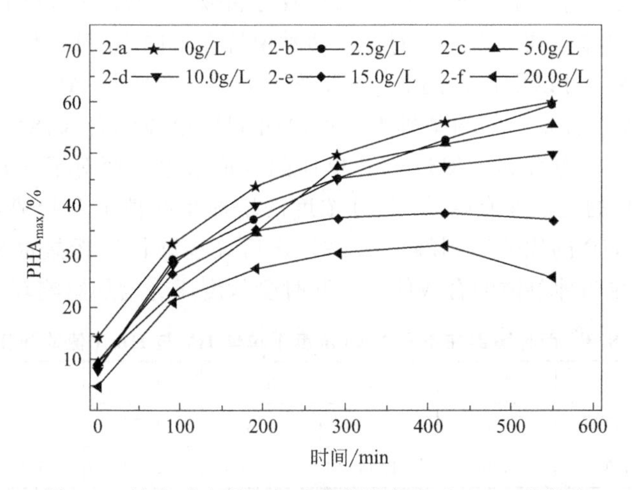

图 8.6　盐度对高进水负荷富集混菌合成 PHA 的影响

如图 8.7 所示为两种混菌在不同 NaCl 浓度下的最大 PHA 合成率比较。对比可知，当 NaCl 浓度不超过 10.0g/L 时，高负荷驯化的菌群合成 PHA 能力均高于低负荷，当 NaCl 浓度超过 10.0g/L 时低负荷驯化菌群对盐分的耐受性优于高负荷，NaCl 浓度为 15.0g/L 时，低负荷驯化菌群相较于无盐时 PHA 合成能力下降 19.72%，而高负荷驯化菌群相较于无盐时 PHA 合成能力下降 35.92%，NaCl 浓度提升至 20.0g/L 时，两种菌群的 PHA 受抑制率分别为 −23.36% 和 −46.29%。这说明高负荷驯化的菌群对于盐分压力的增长表现更加敏感，菌群中有部分微生物不适应高盐环境而被淘汰，而低负荷驯化的菌群对于高盐分的耐受性说明富集期间营养不丰富的恶劣环境对菌群的生态选择压力更大，低负荷驯化的菌群面对增加的盐分压力依旧保持了较好的适应性。研究发现，淡水环境微生物经过耐盐驯化会具有更好的耐瞬时盐度冲击的特性。

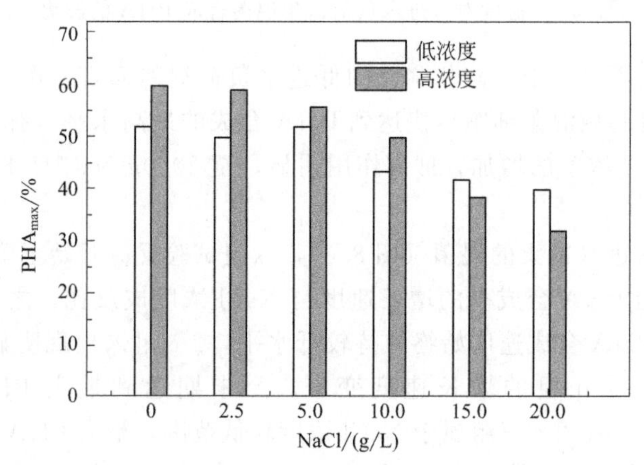

图 8.7　两种混菌在不同 NaCl 浓度下的最大 PHA 合成率比较

由于底物基质中混合酸成分包括奇数型与偶数型碳源，合成的 PHA 也主要由 HB 和 HV 单体组成。表 8.3 对比了两种菌群在不同 NaCl 浓度下单体 HV 与 HB 比值的演变，可以看出，随着 NaCl 浓度升高，HV 与 HB 的比值也呈递增趋势，在 PHA 总含量下降的基础上，可说明 HV 单体的合成比例呈增加趋势，增加的盐度生态压力有利于促进 HV 单体的合成效率；而对于高负荷驯化的菌群，HV 与 HB 的比值没有随着 NaCl 浓度的增加呈线性上升趋势，在 10.0g/L 条件下 HV 与 HB 的比值达到峰值 2.03，之后又逐渐接近无盐水平，说明高负荷驯化的菌群在两种单体的合成能力上同时受盐度压力增加影响较大。

表 8.3　两种菌群在不同 NaCl 浓度下单体 HV 与 HB 比值的演变

NaCl/(g/L)		0	2.5	5.0	10.0	15.0	20.0
HV∶HB	低负荷	1.67	1.68	1.62	1.72	1.84	1.88
	高负荷	1.55	1.85	1.66	2.03	1.69	1.56

8.4　优化 ADD 模式进水负荷快速筛选高产 PHA 菌群

8.4.1　试验运行条件

(1) 试验装置与运行条件

好氧动态排水（ADD）序批式反应器装置同第 2 章介绍，其具体运行过程如图 8.8 所示。

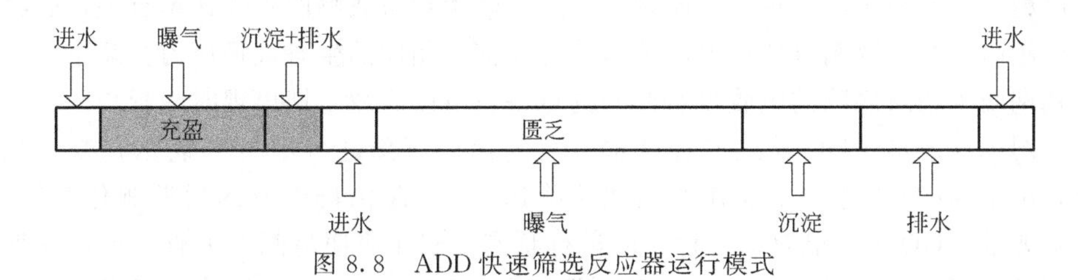

图 8.8　ADD 快速筛选反应器运行模式

ADD 反应器三种进水负荷工艺运行参数汇总见表 8.4。

表 8.4　ADD 反应器三种进水负荷工艺运行参数汇总

项目	反应器			单位
	A	B	C	
进水底物 COD 浓度	843	1686	6745	mg/L
HRT	8	6	24	h
SRT	10	10	5	天
环境温度		24±3		℃
溶解氧水平		>3.0		mg O_2/L
初始污泥浓度		4000±200		mg/L

注：A、B、C 分别表示三组不同运行参数的反应器。

(2) 试验用水和接种污泥

以模拟餐厨垃圾产酸废水作为 ADD 反应器进水，成分同第 2 章中的介绍，其中基质 A、B 同时稀释 80 倍、40 倍、10 倍，获得对应的 843mg COD/L、1686mg COD/L 及 6745mg COD/L 的进水浓度，微量元素分别以 1ml/L、2ml/L 及 4ml/L 进行添加；本次试验以哈尔滨文昌太平污水处理厂的曝气池污泥作为接种污泥。

8.4.2　ADD 工艺运行模式不同进水负荷启动特性

ADD 工艺是利用活性污泥混合菌群合成 PHA，结合反应器的生态选择压力和提出的物理选择压力来共同作用筛选产 PHA 菌群，在整个充盈阶段，利用在线溶解氧监测仪器实时监测反应器内的DO状态。当出现DO指标突跃时，表示活性污泥混菌耗氧结束，停止吸收底物，此时即为充盈阶段末期，停止曝气利用重力沉淀设置第一次排水过程。根据课题组前期的探索，物理选择压力（用Φ表示）为0.8～0.9时，筛选产PHA微生物菌群的效果比较好，在本部分试验中选择$\Phi=0.85$，即第一次沉降过程所有活性污泥的85%部分到达排水口以下，即排弃上层的15%部分，第一次排水时间的出现时刻根据连续观察三次周期得出。843mg COD/L、1686mg COD/L、6745mg COD/L三种进水负荷的充盈末期出现时刻平均分别为第20min、第35min和第150min，对比可知，进水COD浓度越大，充盈末期出现时刻越延长，这与微生物对底物的吸收速率有关，底物浓度越高，微生物菌群所处的环境营养越丰富，相应的生态选择压力会减小，进水初期微生物对底物的吸收没有激烈的竞争，所以充盈末期出现时间延长。

图8.9表示ADD模式三种进水负荷的污泥沉降性（用SVI表示）变化趋势，由于ADD工艺的主要作用是快速筛选产PHA菌群以节约后期驯化时间，这就要求ADD工艺能够保持稳定的运行状态，SVI简便易测，可直观得出活性污泥的生存状态。对比可知，接种初期运行3天，三组混菌的SVI值均在100以下，说明活性污泥的沉降性能良好。3天之后，充盈阶段末期排泥的作用显现，直接表现为三组SVI指标呈上升趋势，其中6745mg COD/L的ADD系统完全不受控制，活性污泥无法再正常沉降，SVI近似直线上升，活性污泥膨胀严重，经镜检排除丝状菌膨胀，判定为黏性膨胀，这与刘一平在ADF工艺中高浓度驯化产PHA菌群发生的膨胀现象类似；1686mg COD/L的ADD工艺SVI指标属偏高范围，活性污泥的沉降性偏差；仅843mg COD/L的ADD工艺中活性污泥恢复良好，污泥浓度保持在2500～3500mg/L，沉降性良好，系统运行稳定，经过7天筛选，物理选择压力就完成其功能，充盈阶段末期提前至10～15min。

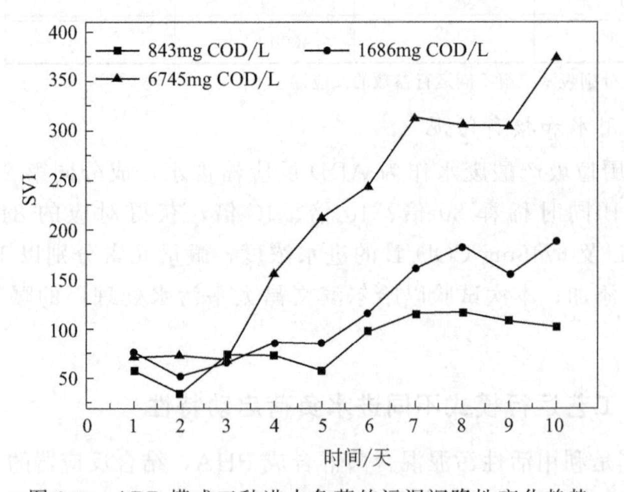

图8.9 ADD模式三种进水负荷的污泥沉降性变化趋势

8.4.3 ADD工艺运行模式不同进水负荷筛选混菌合成PHA能力比较

ADD工艺运行模式三种进水负荷筛选混合菌群PHA合成情况比较如图8.10所示。SBR周期试验中，PHA最大合成率与进水COD浓度成正比关系，这与微生物所处的底物环境是否丰盈有关。843mg COD/L时，微生物菌群之间对底物是竞争关系，底物不足导致菌群无法在周期内合成较高的PHA含量。随着进水COD浓度的升高，活性污泥混合菌群可以利用更多的基质合成PHA，所以周期内PHA含量呈增长趋势。在批次试验中，843mg COD/L所筛选的菌群在PHA合成能力上表现出明显优势，最大合成量达51.24%，远远高于其他两组，这充分说明在相同的物理选择压力条件下，低进水负荷筛选的菌群中产PHA菌种所占比例更高，其合成PHA能力也更强，结合上小节所述的ADD系统运行稳定性这一条件，为充分发挥ADD模式快速筛选高产PHA菌群，适宜选择843mg COD/L的进水负荷为运行条件，为后续开展盐分对混菌产PHA能力影响提供菌群来源。

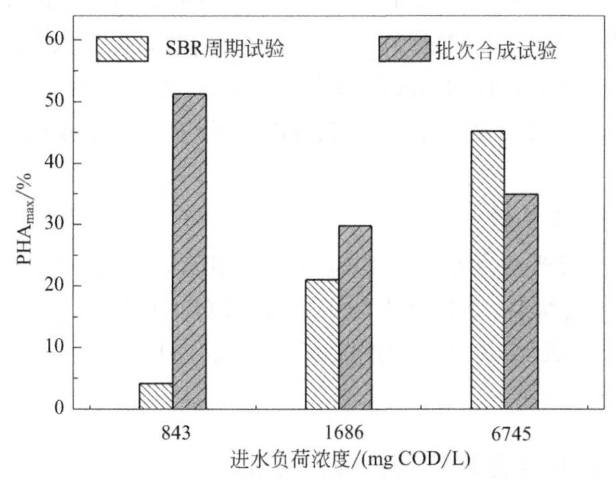

图8.10 ADD工艺运行模式三种进水负荷筛选混合菌群PHA合成情况比较

本小节主要针对包括瞬时盐度冲击对未加盐驯化的两种产PHA菌群的影响进行探究，以及对ADD模式优化进水负荷快速筛选产PHA菌群进行探索，两部分内容为接下来的试验开展提供前期的研究基础，对于未加盐驯化富集的产PHA混合菌群，NaCl浓度为0～5.0g/L时，PHA合成能力受影响较小，当NaCl浓度超出细胞正常的渗透压9.0g/L时，盐分对微生物细胞的抑制作用显现，细胞活性降低；相较于低负荷进水驯化的混菌，高负荷进水富集的混菌受盐度增加影响PHA合成能力下降更大，原因是低底物浓度系统生态选择压力更大，反映到最终结果是系统筛选出的混合菌群具有更强的生存能力与PHA合成能力。通过对比843mg COD/L、1686mg COD/L和6745mg COD/L三组不同进水负荷，对于ADD模式快速筛选产PHA混合菌群的影响，综合考察以SVI为表征的系统运行稳定性和PHA_{max}%两个指标，结果证明，843mg COD/L可在启动7天就富集到PHA最大合成能力为51.24%的混合菌群，同时活性污泥浓度与SVI恢复良好，系统运行稳定性能表现最佳，适宜为后续试验提供产PHA菌群。

8.5 不同盐度对低进水负荷SBR驯化反应器富集效果的影响

8.5.1 试验运行条件

(1) 试验装置及运行条件

同图2.2所示的SBR反应器及批次反应装置介绍。运行条件：试验采用四组SBR反应器对微生物菌群进行驯化，NaCl浓度分别设置为0（1# SBR）、5.0g/L（2# SBR）、10.0g/L（3# SBR）、15.0g/L（4# SBR），反应器有效容积为2L，运行周期12h，包括进水10min、曝气554min、排泥5min、沉淀90min、排水5min，水力停留时间（HRT）24h，污泥停留时间（SRT）10天，反应器温度控制在（25±2)℃，进水pH维持在（7.0±0.2），溶解氧（DO）的变化范围在0.4～9.0mg O_2/L，通过在线pH、DO监测仪实时记录反应器运行期间数据变化。

(2) 试验配水与接种污泥

以模拟餐厨垃圾产酸废水作为SBR反应器进水，成分同第2章介绍的内容，其中基质A、B同时稀释50倍获得约1350mg COD/L的进水浓度，微量元素以2mL/L进行添加；试验以ADD模式在843mg COD/L条件下快速筛选的产PHA菌群作为接种污泥。

8.5.2 不同盐度下污泥胞外聚合物的变化

(1) 不同盐度对活性污泥TB-EPS和LB-EPS中PN及PS的影响

活性污泥胞外聚合物（EPS）是聚集在细胞表面或细胞外的微生物产物，具有重要的生理功能，在不同盐度条件下，微生物通过调节分泌EPS含量适应环境中的渗透压变化，以降低盐分对微生物细胞的破坏。根据EPS在微生物细胞外的分布，可将EPS分为紧密型EPS（TB-EPS）和松散结合型EPS（LB-EPS)。不同盐度下活性污泥TB-EPS和LB-EPS中PN及PS含量的变化如图8.11所示，试验取四组反应器运行稳定期间混合液测试EPS值。当盐度从0增至10.0g/L时，TB-EPS中PN从26.04mg/g VSS增加至38.08mg/g VSS，15.0g NaCl/L时，PN下降至18.57mg/g VSS，PS含量变化幅度较小，随着驯化盐度增加，由6.73mg/g VSS下降至4.52mg/g VSS，15.0g NaCl/L

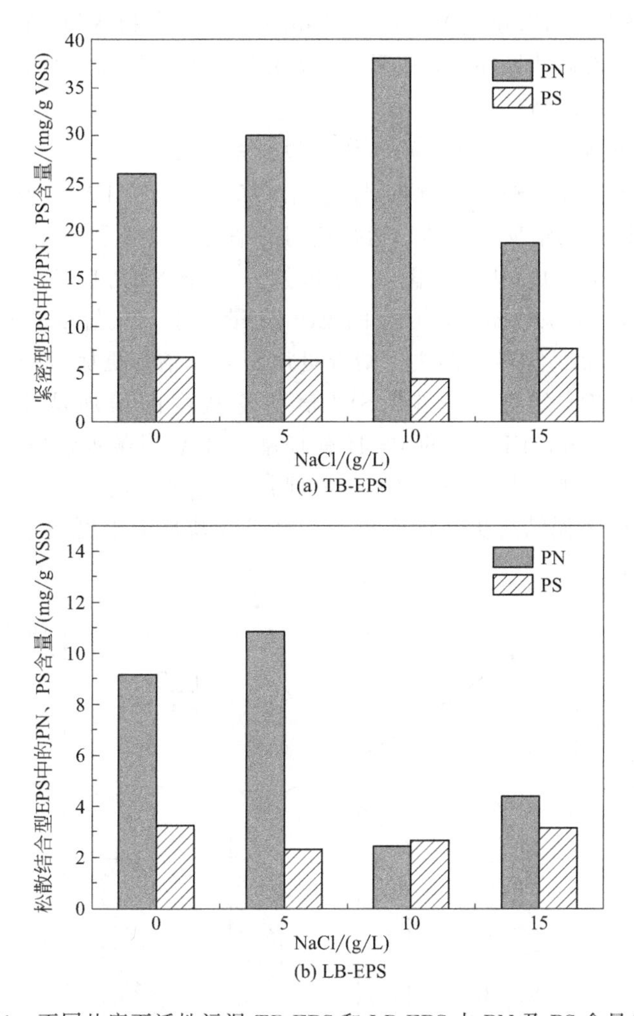

图 8.11　不同盐度下活性污泥 TB-EPS 和 LB-EPS 中 PN 及 PS 含量的变化

时，PS 又增至 7.72mg/g VSS；LB-EPS 中 PN 含量在 NaCl 浓度低于 10.0g/L 时，维持在 9.16～10.87mg/g VSS，NaCl 浓度超出 10.0g/L 时，PN 含量急剧下降，维持在 2.48～4.42mg/g VSS 水平，LB-EPS 中 PS 含量在不同 NaCl 浓度条件下水平相当，在 2.33～3.26mg/g VSS 范围变化。可以看出，不同盐度下 LB-EPS 中 PN 含量总是高于 PS 含量，有学者研究，胞外酶的大量存在是导致 LB-EPS 和 TB-EPS 中 PN 含量较高的原因。与 LB-EPS 和 TB-EPS 中 PN 含量变化相比，两者中的 PS 含量变化较为平缓，这表明 PN 较 PS 对于盐度的变化更敏感。对比 LB-EPS 和 TB-EPS 各自总量，由 0 增至 10.0g NaCl/L 时，TB-EPS 从 32.76mg/g VSS 增至 42.60mg/g VSS，当 NaCl 盐度为 15.0g/L 时，又降低至 26.28mg/g VSS，LB-EPS 在四组盐度条件下分别为 12.42mg/g VSS、

13.19mg/g VSS、5.12mg/g VSS、7.54mg/g VSS。分析认为，由于LB-EPS在空间分布上更易接触外界环境，受环境内盐度影响更为直接，细胞的分泌水平相较于TB-EPS受到抑制。

(2) 不同盐度下EPS与污泥沉降性的关系

以污泥体积指数（SVI）反映活性污泥沉降性能，SVI越低表示污泥沉降性越好，试验中计算四组反应器整个运行期间的平均SVI值。图8.12反映了不同盐度下EPS与SVI的变化，由图8.12可知，5.0g NaCl/L时反应器中的EPS含量达到最大，15.0g NaCl/L对应的EPS含量最小，从盐度对污泥絮体的结构影响分析，高盐度使得菌群之间结合更加密切，结构更加紧密，内部菌群受到保护，使得EPS分泌量减少。SVI值随着盐度的增加从187.11降低至85.23。有研究表明，EPS中的PS具有羟基、羧基等亲水性官能团，但在本实验中，经过盐度的长期驯化，PS含量保持较低的稳定状态，所以盐度的增加没有导致活性污泥结合更多的水分子，并且高盐环境中更加紧密的絮体结构有利于污泥沉降。

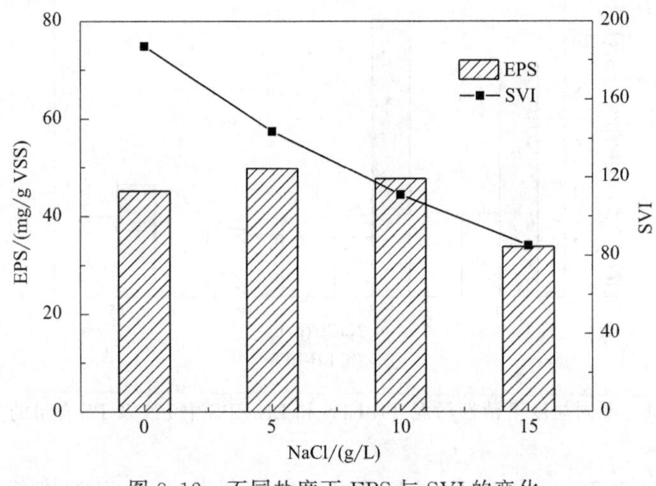

图8.12 不同盐度下EPS与SVI的变化

8.5.3 不同盐度下活性污泥理化特性的变化

(1) 不同盐度下活性污泥显微形态变化

试验在整个驯化期间对反应器中污泥性状进行了显微镜检观测，如图8.13所示，可见从ADD快速筛选的产PHA菌群接种污泥以大量絮状菌胶团为主，几乎不见丝状菌，污泥具有良好的沉降性能，可实现泥水快速分离。在至反应运行12天后，四组SBR反应器（对应的NaCl浓度分别为0g/L、5.0g/L、10.0g/L、15.0g/L）菌群形态出现差异，随着盐度的增加，菌胶团

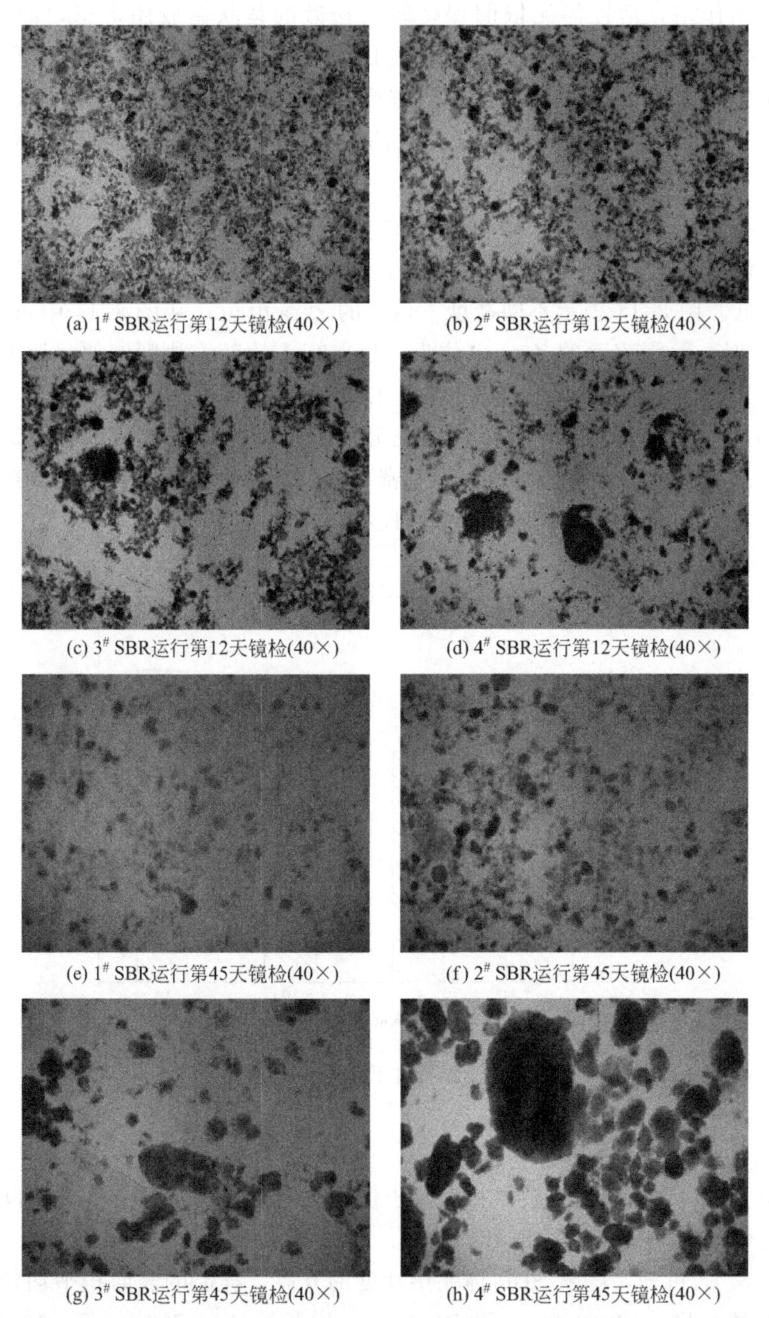

图 8.13　SBR 反应器运行期间活性污泥镜检情况

的结构逐渐变大，结合更加紧密。在 NaCl 的作用下，没有出现丝状菌繁殖的现象，这是因为，盐度的增加对于丝状菌的抑制要强于菌胶团，SBR 运行至第 45 天，四组混合菌群的光学显微形态已出现更为明显的差异，0～5.0g/L 的盐浓度长期作用，活性污泥依旧保持较为松散的絮状菌胶团形态，而 NaCl 超过 10.0g/L 时，可观察到紧实、大型的团状絮体形态，活性污泥在高盐环境下自发聚集，原因可能与本试验前期进行的 ADD 模式筛选操作有关，试验中四组 SBR 接种污泥均为产 PHA 能力较高的菌群，在进行盐度驯化前对恶劣的生存环境有一定适应能力。

(2) 不同盐度下活性污泥的 Zeta 电位

活性污泥聚集能力与污泥聚集体表面的负电位有关，负电位越大导致污泥聚集能力越低。图 8.14 表示不同盐度下污泥的 Zeta 电位，从图 8.14 中可以看出，NaCl 为 0 时，污泥表面的 Zeta 电位为－11.53mV，随着盐度增加，污泥表面的 Zeta 电位呈负向增加趋势，15.0g NaCl/L 时，电位减小至－25.23mV，四组盐度下的 Zeta 电位变化与相应的活性污泥显微形态及沉降性能呈正相关。可以解释的是，盐度越大刺激菌胶团结合越紧密，内部细胞相当于被保护，菌胶团内单位细胞比表面积负电位减小，有利于活性物污泥的沉降。

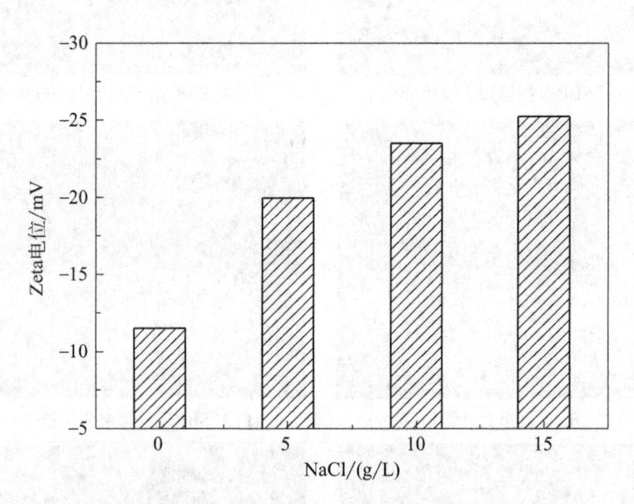

图 8.14 不同盐度下污泥的 Zeta 电位

(3) 不同盐度下污泥粒度变化

利用 Mastersizer 2000 激光粒度分析仪，对四组反应器运行稳定期间的泥水混合液进行分析，结果如图 8.15 所示。

由图 8.15 可知，随着 SBR 体系中盐度的升高，样品的表面积平均粒径和体积平均粒径分别由 26.989μm 和 52.384μm 增长到 103.759μm 和 217.533μm，比表面积在 NaCl 为 0 时最大，15.0g NaCl/L 时最小，5.0g NaCl/L 和 10.0g NaCl/L 条件下数值接近，粒径分析数据与活性污泥的显微形态观察结果相符合，显示出大粒径易沉降的特点。

颗粒名称：	进样器名：	分析模式：	灵敏度：
Default	Hydro 2000MU(A)	通用	正常
颗粒折射率：	颗粒吸收率：	粒径范围：	遮光度：
1.520	0.1	0.020 to 2000.000 μm	17.47 %
分散剂名称：	分散剂折射率：	残差：	结果模拟：
Water	1.330	0.323 %	关
浓度：	径距：	一致性：	结果类别：
0.0702 %Vol	1.859	0.57	体积
比表面积：	表面积平均粒径D[3, 2]：	体积平均粒径D[4, 3]：	
0.222 m^2/g	26.989 μm	52.384 μm	

d(0.1)：13.238 μm　　d(0.5)：45.965 μm　　d(0.9)：98.694 μm

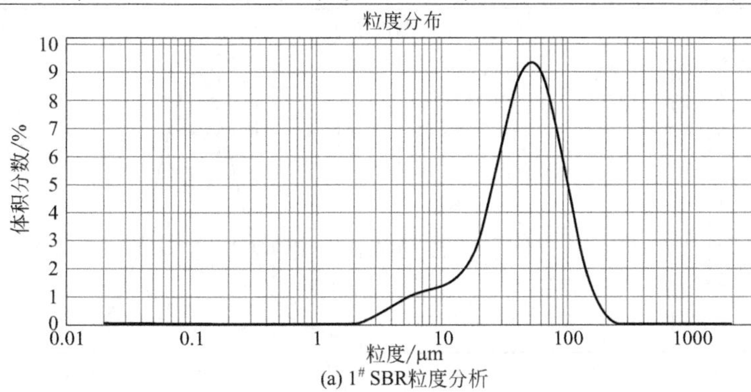

(a) 1# SBR粒度分析

颗粒名称：	进样器名：	分析模式：	灵敏度：
Default	Hydro 2000MU(A)	通用	正常
颗粒折射率：	颗粒吸收率：	粒径范围：	遮光度：
1.520	0.1	0.020 to 2000.000 μm	13.80 %
分散剂名称：	分散剂折射率：	残差：	结果模拟：
Water	1.330	0.362 %	关
浓度：	径距：	一致性：	结果类别：
0.1602 %Vol	1.448	0.442	体积
比表面积：	表面积平均粒径D[3, 2]：	体积平均粒径D[4, 3]：	
0.0765 m^2/g	78.409 μm	151.304 μm	

d(0.1)：57.123 μm　　d(0.5)：141.509 μm　　d(0.9)：262.068 μm

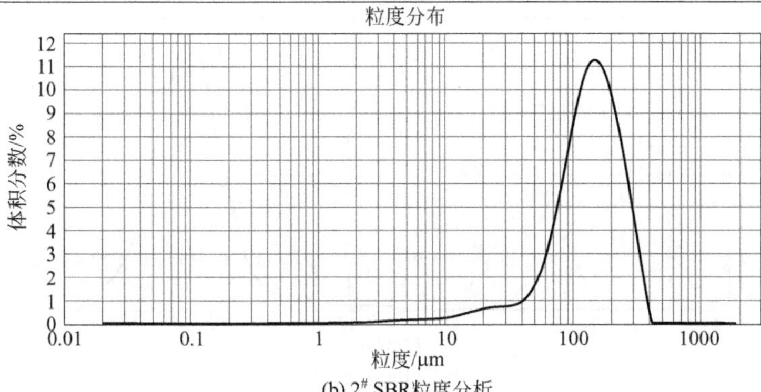

(b) 2# SBR粒度分析

图 8.15

颗粒名称：	进样器名：	分析模式：	灵敏度：
Default	Hydro 2000MU(A)	通用	正常
颗粒折射率：	颗粒吸收率：	粒径范围：	遮光度：
1.520	0.1	0.020 to 2000.000 μm	15.87 %
分散剂名称：	分散剂折射率：	残差：	结果模拟：
Water	1.330	0.173 %	关
浓度：	径距：	一致性：	结果类别：
0.1540 %Vol	2.542	0.829	体积
比表面积：	表面积平均粒径D[3, 2]：	体积平均粒径D[4, 3]：	
0.0928 m^2/g	64.663 μm	160.418 μm	

d(0.1)： 34.939 μm d(0.5)： 116.131 μm d(0.9)： 330.095 μm

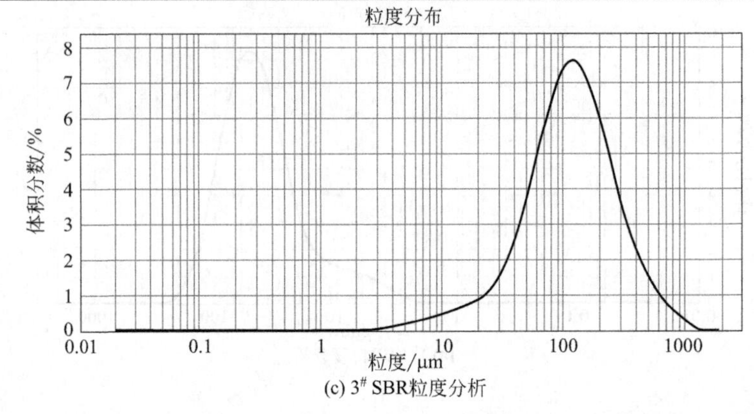

(c) 3# SBR粒度分析

颗粒名称：	进样器名：	分析模式：	灵敏度：
Default	Hydro 2000MU(A)	通用	正常
颗粒折射率：	颗粒吸收率：	粒径范围：	遮光度：
1.520	0.1	0.020 to 2000.000 μm	10.44 %
分散剂名称：	分散剂折射率：	残差：	结果模拟：
Water	1.330	0.290 %	关
浓度：	径距：	一致性：	结果类别：
0.1588 %Vol	1.913	0.617	体积
比表面积：	表面积平均粒径D[3, 2]：	体积平均粒径D[4, 3]：	
0.0578 m^2/g	103.759 μm	217.553 μm	

d(0.1)： 71.191 μm d(0.5)： 176.802 μm d(0.9)： 409.417 μm

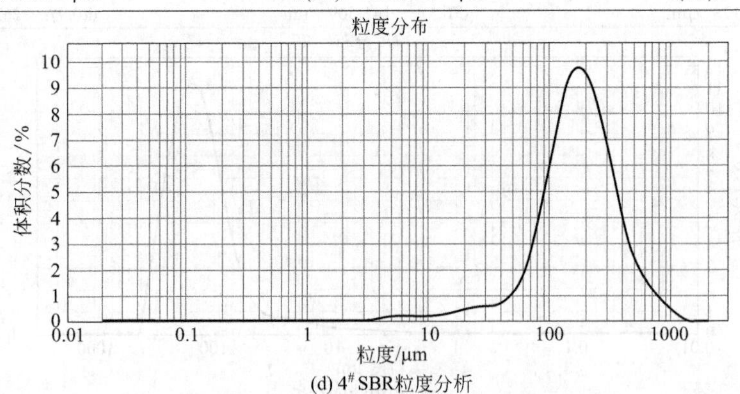

(d) 4# SBR粒度分析

图 8.15 不同盐度下污泥的粒度分析

8.6 不同盐度对低进水负荷驯化混菌合成 PHA 能力的影响

对于四组 SBR，随着驯化时间的增长，其 PHA 积累能力均有不同程度的变化，实验对反应器于第 15 天、第 32 天及第 45 天进行了周期取样并完成了相应的批次实验，以下内容为具体分析结果。

8.6.1 不同盐度下富集期 PHA 动态合成变化

(1) 不同盐度下 SBR 反应器运行初期富集效率变化

图 8.16 表示稳定运行第 15 天的一个典型周期内，混合菌群在不同 NaCl 盐

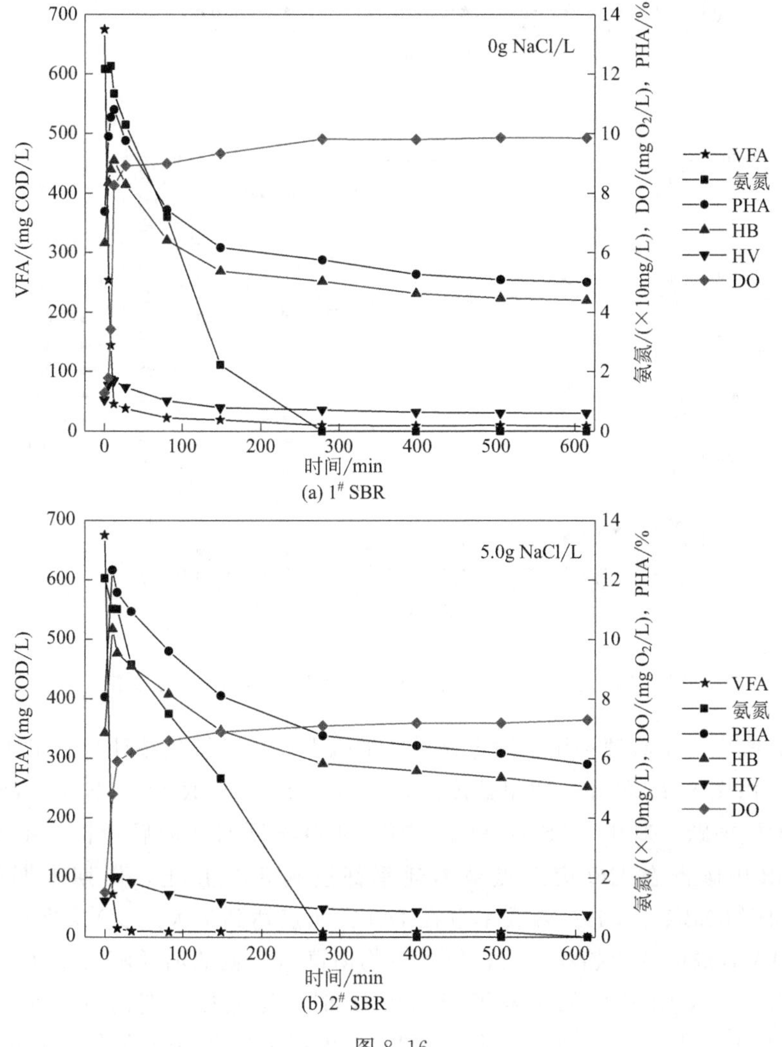

图 8.16

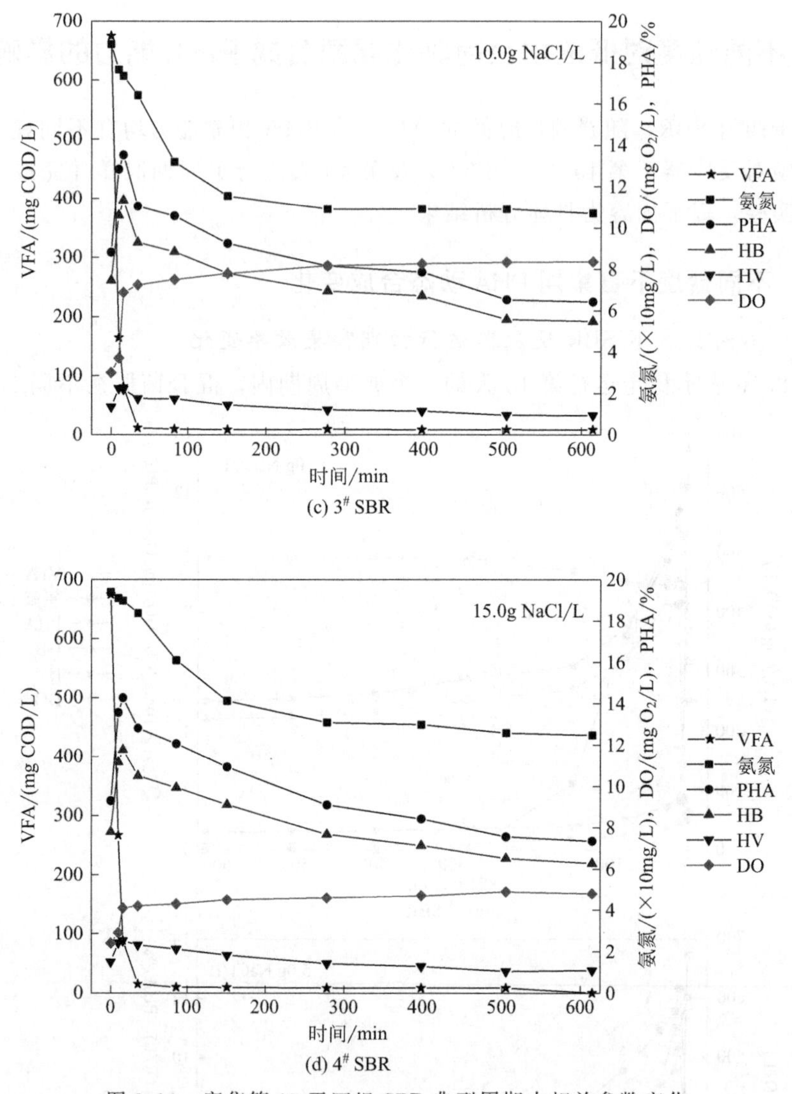

图 8.16　富集第 15 天四组 SBR 典型周期内相关参数变化

度的复合酸底物中碳源利用、微生物活性细胞生长（以氯化铵计）和 PHA 积累的情况。由图 8.16 可知，四组盐度条件下，对于 1# SBR 和 2# SBR，DO 在第 11min 发生突跃；对于 3# SBR 和 4# SBR，DO 突跃时间向后延长至第 17min。四组 SBR 中碳源在 DO 突跃点被消耗率都达到 86%以上，周期末期都达到 100%，四组 SBR 中 PHA 合成率也在 DO 突跃点达到最大。DO 突跃与碳源消耗和 PHA 合成的变化趋势一致，但微生物菌群对氨氮的消耗随着 NaCl 盐度的增加而降低，NaCl 浓度低于或等于 5.0g/L 时，氨氮在周期内可被完全消耗；NaCl 浓度等于或高于 10.0g/L 时，氨氮最终消耗率只有 40%左右。一方面的原因是盐度提高对氨氧化菌和亚硝酸盐氧化菌的抑制作用加强，同时硝化菌数量会随着盐度增加而流失，致使氨氮被消耗率下降；另一方面，根据冯叶成等研究，NaCl 浓度低于 5.0g/L 时，盐不会对微生物的生理结构造成破坏，细胞呼吸代谢作用正常进行，NaCl 浓度高于 9.0g/L 时，超出细胞维持正常渗透压，盐分对活性细胞的刺激作用显现，细胞活性受阻，自身合成速率缓慢，所以对细胞生长必需的氨氮吸收速率也相应减缓。氨氮的吸收速率表示反应器内混合菌群的菌体生长情况，虽然不同盐度下菌体生长方面显示出差异，但在 PHA 合成量方面，四组 SBR 突跃点的 PHA 最大合成率分别为 10.80%、12.34%、13.53%及 14.27%。可以看出，在驯化初期 PHA 合成量随着盐度增加呈微弱上升趋势，原因可能是较高的盐度压力刺激了微生物细胞在恶劣环境的生理反应，微生物需要提高胞内 PHA 含量以不利于增殖的生存环境。

（2）不同盐度下 SBR 反应器运行后期富集效率变化

图 8.17 表示运行稳定第 45 天的一个典型周期内，混合菌群在不同 NaCl 盐度的复合酸底物中碳源利用、微生物活性细胞生长和 PHA 积累的情况。

由图 8.17 可知，对比初期典型周期内的检测结果，四组盐度条件下，1# SBR 和 2# SBR 的 DO 突跃时间基本维持在第 11～13min，3# SBR 和 4# SBR 的 DO 突跃时间向后延迟至第 20min 和第 25min。四组 SBR 中底物都出现积累现象，周期开始时刻碳源的 COD 值都大于进水中的碳源 COD，说明每周期完毕反应器内都有碳源剩余。另外，四组反应器中只有 4# SBR 的氨氮在周期末没有被消耗完毕，剩余 40%左右，说明虽然经过近 5 个 SRT 的驯化，在 15g/L 的高盐环境中，盐度造成的生态压力限制了菌群对碳氮源的摄取，微生物不能有效增殖。四组 SBR 的 PHA 合成情况与初期相比较，都有明显下降，PHA 合成率维

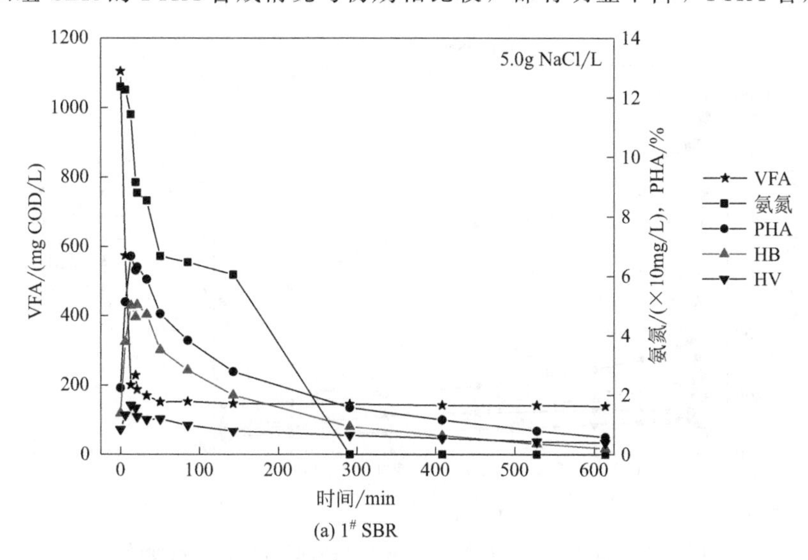

(a) 1# SBR

图 8.17

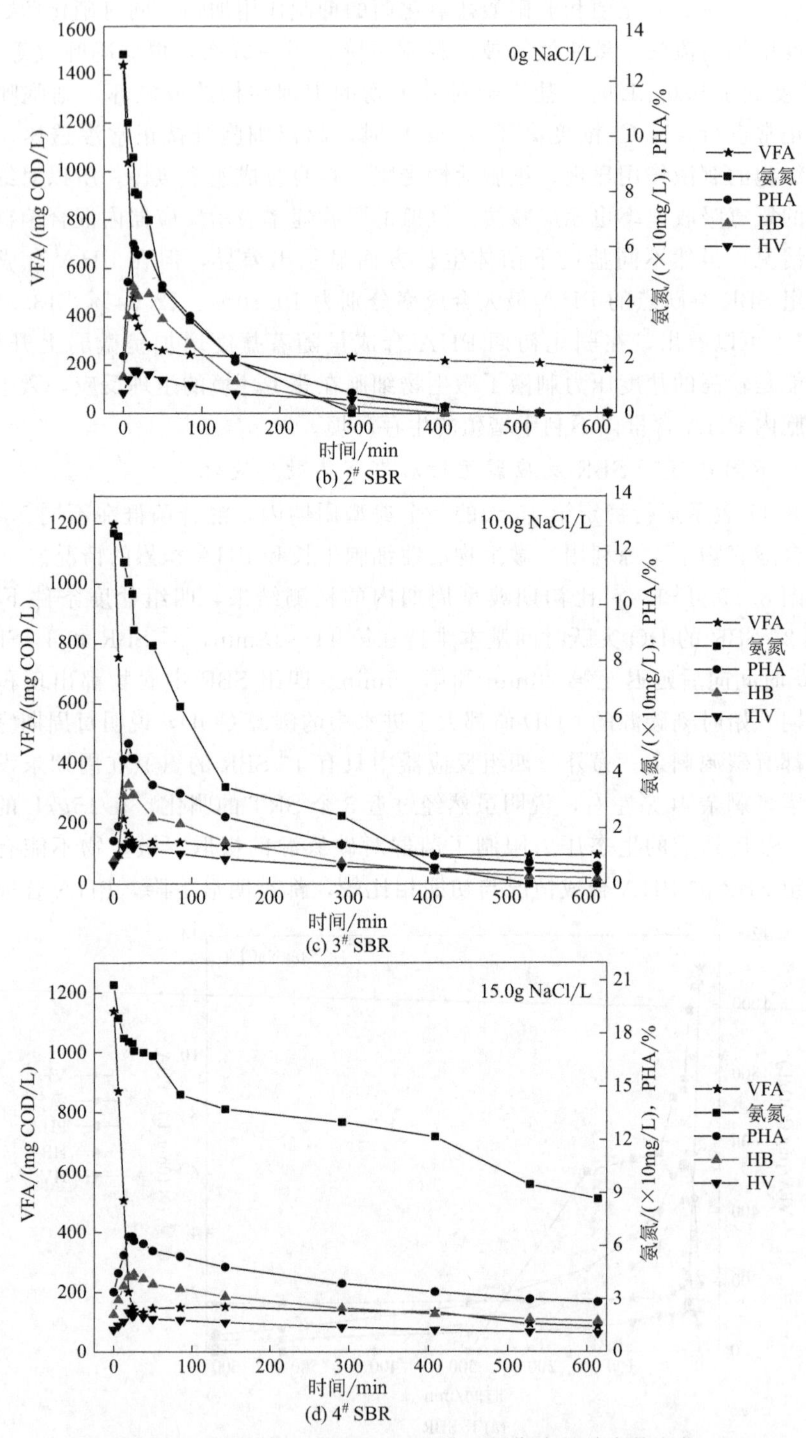

图 8.17 富集第 45 天四组 SBR 典型周期内相关参数变化

持在 5%～6.5%，说明经过较长时间的盐度驯化，活性污泥微生物菌群对 10.0g NaCl/L 及以下浓度的环境已经有所适应，周期内微生物细胞不需要合成更多 PHA 来抵御盐度造成的生态压力。

(3) 不同盐度下 SBR 反应器运行期间周期内 PHA 合成参数变化研究

表 8.5 分别列出了产 PHA 菌群富集阶段各动力学参数，从中可以看出不同 NaCl 盐度对于 PHA 合成率、PHA 转化率、污泥转化率、PHA 比合成速率、污泥比生长速率以及底物吸收速率的影响。由表 8.5 中数据可知，随着富集驯化时间的推移，四组反应器中单个 SBR 的富集效果均表现为逐步下降，具体表现在 $Y_{X/S}$ 和 q_A 的下降趋势。这说明在 SBR 体系中，产 PHA 菌群相对于非 PHA 合成菌群的竞争优势随着时间减弱。对比四组 SBR，同一时期中 PHA 转化率随着盐度增加而提升，这说明高盐环境对于混合菌群利用挥发酸碳源合成 PHA 是有益的刺激，而 PHA 转化率远大于环境中的底物转化率，说明对于四组 SBR 中的混合菌群，PHA 积累相对于菌体生长是占主导的，结合图 8.16 和 8.17 中氨氮的利用情况，高盐环境中可能是 NaCl 作为一种生态胁迫压力，抑制细胞生长的同时刺激了菌体细胞合成 PHA，以应对外部不平衡生长环境。对于 PHA 比合成速率，1# SBR 和 2# SBR 驯化菌群在任意时期都要优于其他两组 SBR，说明单位时间内单位量的微生物细胞在低盐环境中产 PHA 能力是较好的。

表 8.5　产 PHA 菌群富集阶段各动力学参数

参数 单位	$Y_{P/S}$ /(COD/COD)	q_A /[(mg COD PHA/(mg X·h)]	$Y_{X/S}$ /(COD/COD)	$-q_N$ /[mg COD X/(mg X·h)]	$-q_S$ /[mg COD/(mg X·h)]	PHA_{max} /%
1# SBR						
第 15 天	0.6403	0.6253	0.1000	0.0976	0.9766	10.80
第 32 天	0.4335	0.4498	0.1564	0.1623	1.0376	5.85
第 45 天	0.3118	0.4348	0.1741	0.2427	1.3945	6.13
2# SBR						
第 15 天	0.6374	0.6800	0.1622	0.1731	1.0669	12.34
第 32 天	0.4457	0.4488	0.2592	0.2610	1.0069	6.02
第 45 天	0.3508	0.4155	0.1365	0.1617	1.1844	6.67
3# SBR						
第 15 天	0.7404	0.5142	0.0884	0.0614	0.6944	13.53
第 32 天	0.4931	0.3626	0.2088	0.1535	0.7354	4.80
第 45 天	0.4145	0.2912	0.1141	0.0801	0.7023	5.04
4# SBR						
第 15 天	0.7937	0.5684	0.0716	0.0513	0.7161	14.27

续表

参数 单位	$Y_{P/S}$ /(COD/COD)	q_A /[(mg COD PHA/(mg X·h)]	$Y_{X/S}$ /(COD/COD)	$-q_N$ /[mg COD X/(mg X·h)]	$-q_S$ /[mg COD/(mg X·h)]	PHA_{max} /%
第 32 天	0.4724	0.2145	0.0348	0.0158	0.4540	6.79
第 45 天	0.5101	0.2657	0.1133	0.0590	0.5208	6.28

注：PHA_{max} 为混合菌群在运行周期内 DO 突跃点时的 PHA 含量；$Y_{P/S}$ 为混合菌群在充盈阶段的 PHA 转化率；$Y_{X/S}$ 为混合菌群在充盈阶段的污泥转化率；q_A 为混合菌群在充盈阶段的比 PHA 合成速率；$-q_N$ 为混合菌群在充盈阶段的比污泥生长速率；$-q_S$ 为混合菌群在充盈阶段的底物吸收速率，具体参数计算方法见第 2 章。

综合考察比污泥生长速率和污泥转化率及底物吸收速率，2# SBR 驯化的混合菌群存在明显优势，说明 5.0g/L 的低盐环境可实现较大产量的 PHA 和微生物的增长，对于富集出更新换代能力较强的产 PHA 菌群是极为有利的。

8.6.2 不同盐度下合成阶段最大产 PHA 能力比较

图 8.18 表示 SBR 富集初期批次试验中 PHA 合成量比较，取四组反应器排出的剩余污泥同期进行限制氮磷源的 PHA 合成批次试验，四组剩余污泥的 MLSS 大致均在 4500～5000mg/L 水平。由图 8.18 可知，经过 0g/L、5.0g/L、10.0g/L 及 15.0g/L 的 NaCl 浓度驯化，富集菌群在批次试验中面对相同盐度冲击依然表现出良好的适应性，混合菌群受盐度影响的最高 PHA 合成率由高到低依次为：$PHA_{5.0g\ NaCl/L} > PHA_{0g\ NaCl/L} > PHA_{10.0g\ NaCl/L} > PHA_{15.0g\ NaCl/L}$，且 5.0g NaCl/L 的盐度富集菌群表现出最优的 PHA 增长速率。而 T. Palmeiro-Sánchez 等研究结果与本试验不同，其试验结果表明，随着 NaCl 盐度的增加，

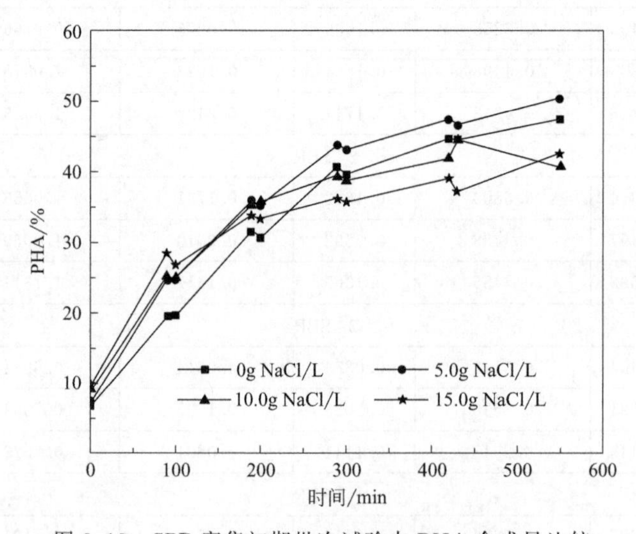

图 8.18 SBR 富集初期批次试验中 PHA 合成量比较

混合菌群细胞内的PHA最大含量呈下降趋势，推测主要原因为本研究中所用混合菌群是相应盐度驯化筛选后富集，说明混合菌群经过一定盐度驯化可以提高对NaCl盐度冲击的抵抗能力。

图8.19显示了PHA产品中HB和HV的比例，四种盐度驯化条件下，HB单体比例维持在80%附近，HV单体比例维持在20%附近。四组批次试验中所用底物成分除NaCl浓度外保持一致，说明盐度对PHA产品性质基本没有影响，而底物组分对于PHA单体组成的影响更明显。本书中底物是以丁酸和乙酸盐为主的偶数型碳源，根据Serafim的研究，以乙酸和丁酸为代表的偶数型碳源有利于HB单体的生成，HV更多由丙酸和戊酸等奇数型碳源得到。

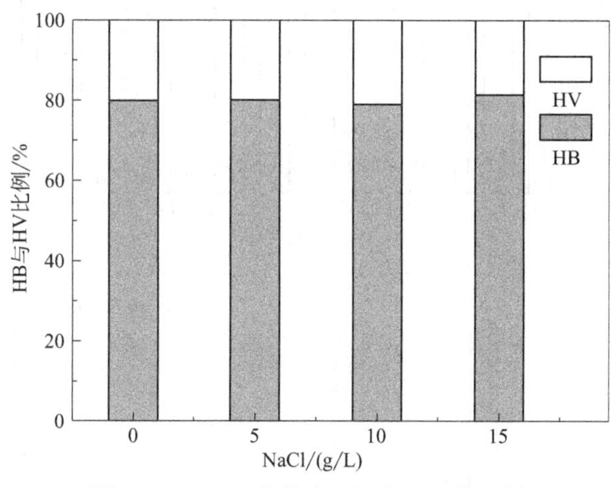

图8.19　PHA产品中HB和HV的比例

如图8.20所示是SBR富集期间典型周期及对应批次的PHA_{max}比较。分析可知：随着驯化时间的延长，四组反应器典型周期内的PHA合成量都呈下降趋势。在第一个典型周期内，四组反应器的PHA合成量都达到10%以上，其中，含盐量最高的4# SBR PHA合成率最高达14.27%，说明加盐初期，NaCl不但没有抑制PHA合成，反而刺激微生物体内合成PHA以抵御外部压力；反应至第45天，四组反应器典型周期内PHA最大合成量都下降至8%以下，但都在5%以上，其中2# SBR PHA含量最大，为6.67%，3# SBR最低下降至5.04%。对比三组批次试验可以进一步发现，NaCl浓度为0的1# SBR反应器批次阶段最大PHA合成量表现一直较为平稳，维持在46%～49%；NaCl浓度为5.0g/L的2# SBR反应器在第一次批次试验达到最大PHA合成潜力为50.46%，3# SBR反应器和4# SBR反应器在批次阶段的最大PHA合成量分别为49.72%和49.36%。比较四组反应器同时期的PHA最大合成量，可发现经过盐度驯化过程后，在5.0～15.0g/L较宽的NaCl浓度范围内混合菌群也能保持较为稳定的合成PHA的能力，这说明0～15.0g/L的NaCl浓度对于菌群的产PHA潜力影响有限，这一特点可指导实践过程中选择合适的 NaCl 浓度既保持菌群较强的生长和更新能力，同时保证产 PHA 能力。分析 PHA 比合成速率和底物吸收率，进一步筛选合适的 NaCl 浓度条件，容易比较得知，5.0g/L 的 NaCl 浓度驯化的菌群的 PHA 比合成速率和底物吸收率保持着相对稳定及较高的水平。

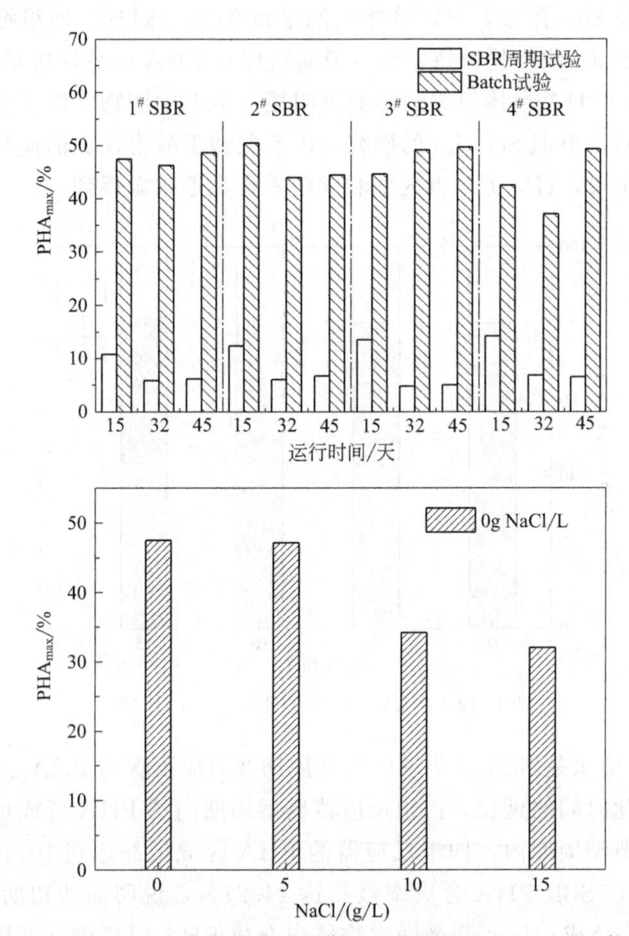

图 8.20 SBR 富集期间典型周期及对应批次的 PHA_{max} 比较

8.6.3 不同盐度下富集菌群耐瞬时盐浓度冲击性能比较

通过富集不同盐度驯化的混合菌群，在批次试验中梯度增加 NaCl 的浓度，考察经过盐度驯化的混合菌群耐瞬时盐浓度冲击性能。由图 8.21 可知，对于 1# SBR 中未加盐驯化的混合菌群，PHA_{max} 在对应的 0g NaCl/L 环境中达到最大 47.50%，之后 PHA_{max} 随着底物中盐度的增加而下降，抑制率 θ 从 5.0g NaCl/L 时的 −0.74% 负向增长到 15.0g NaCl/L 时的 −32.59%；对于 2# SBR 5.0g NaCl/L 浓度驯化的菌群，底物中 NaCl 浓度增至 10.0g/L 时，PHA_{max} 达

51.31%，θ 正向增加 1.67%，之后盐度提升，θ 转为负增长，但负增长的速度明显变慢，NaCl 浓度为 15g/L 时，PHA_{max} 下降至 46.37%，抑制率 θ 为 −8.12%，NaCl 浓度为 20g/L 时，PHA_{max} 降至 40.57%，抑制率 θ 为 −19.62%；对于 3# SBR 10.0g NaCl/L 浓度驯化的菌群，盐度提高到 15.0g NaCl/L，θ 表现为正向促进 3.69%，之后盐度再提升，显示抑制作用，负向增长分别为 −4.88% 和 −37.70%；对于 4# SBR 15.0g NaCl/L 浓度驯化的菌群，当批次试验 NaCl 盐度小幅度提升时，混合菌群依旧表现出较好的耐盐性，θ 先正向增加 3.03%，但批次试验中 NaCl 浓度超过 30.0g/L，菌群合成 PHA 能力受到抑制，PHA_{max} 呈大幅下降趋势，NaCl 浓度为 40g/L 时最低达到 20.67%，θ 负向抑制率为 −51.42%。以上数据说明混合菌群经过 NaCl 盐度的驯化后，其

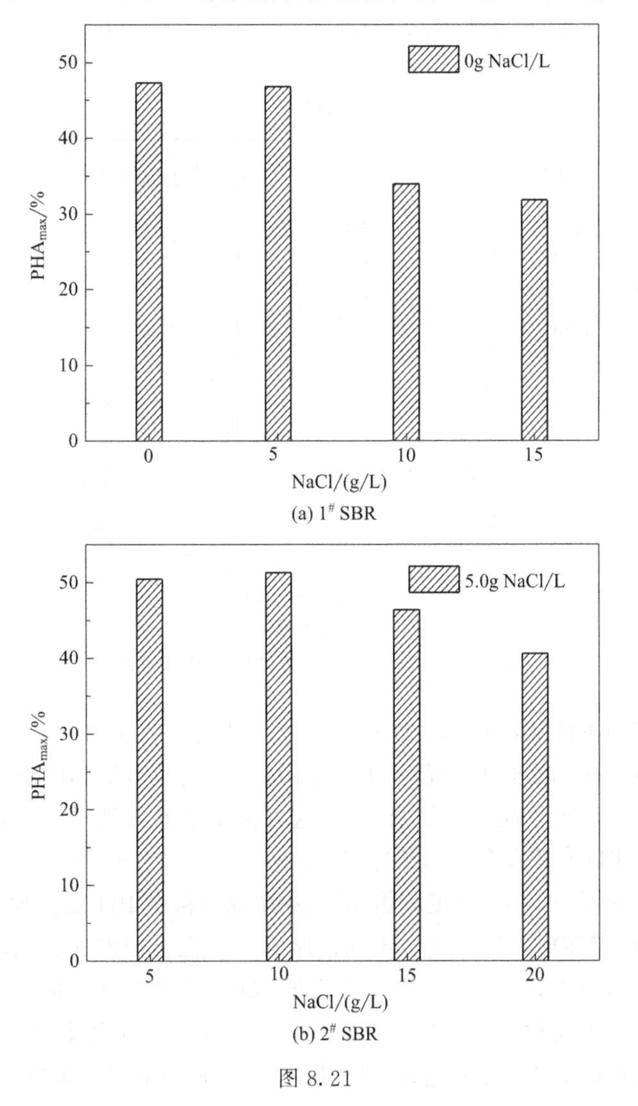

图 8.21

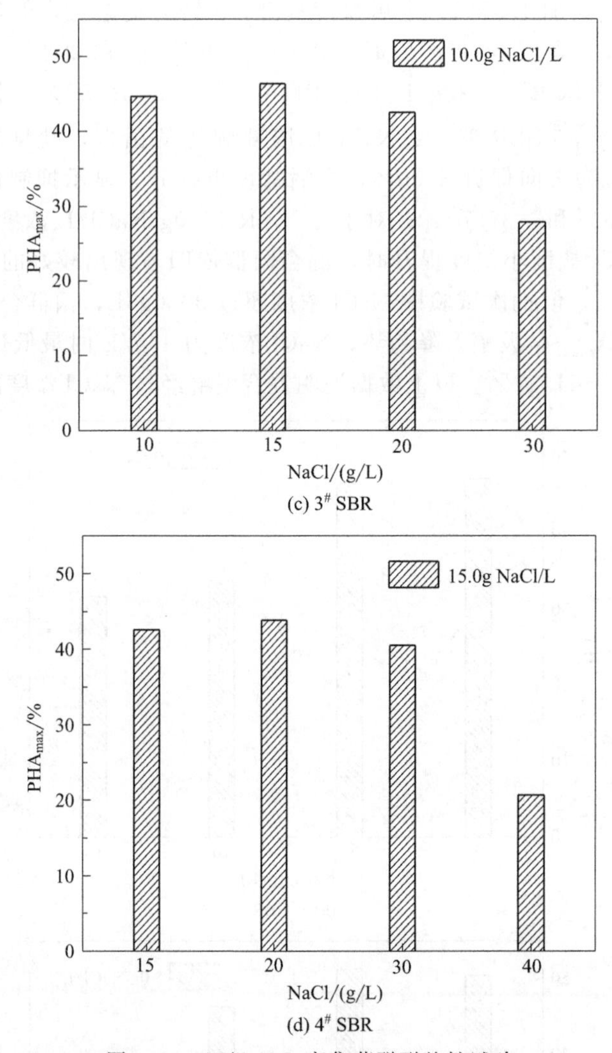

(c) 3# SBR

(d) 4# SBR

图 8.21 四组 SBR 富集菌群耐盐性试验

耐瞬时盐浓度冲击性能都有小幅度的提升，当批次试验底物中 NaCl 盐度不超过驯化时的 2 倍 NaCl 浓度时，混菌的最大 PHA 合成能力受影响较小，在批次实验中提高盐度可获得较高产量的 PHA，这对未来活性污泥利用含盐餐厨垃圾发酵产酸液合成 PHA 具有有益的指导意义。

表 8.6 表示同一 NaCl 浓度冲击不同 SBR 混合菌群 PHA_{max} 比较结果。当底物中 NaCl 浓度确定时，通过比较不同盐度驯化的混合菌群在相同瞬时盐浓度冲击试验条件下的 PHA_{max}，可以得出适宜的 NaCl 驯化浓度。从表 8.6 中数据的比较结果可知，当底物中 NaCl 浓度为 0～15.0g/L 时，并不是 NaCl 驯化浓度越高富集的菌群合成 PHA 能力越好，以其中 2# SBR 中的混合菌群表现效果最好，

随着底物中NaCl浓度的增加，高盐驯化的菌群逐渐凸显优势，以4# SBR为代表。值得注意的是，当NaCl浓度提高至20.0g/L时，2# SBR中的混合菌群依然比3# SBR表现出更好的PHA合成能力。以上结果说明2# SBR也即5.0g NaCl/L的驯化条件能够得到具有优势的产PHA混合菌群，并在面对较高浓度NaCl冲击时依然保持较好的PHA合成量。

表8.6　同一NaCl浓度冲击不同SBR混合菌群PHA_{max}比较结果

NaCl/(g/L)	比较结果
5.0	$2^{\#}_{PHA_{max}} > 1^{\#}_{PHA_{max}}$
10.0	$2^{\#}_{PHA_{max}} > 3^{\#}_{PHA_{max}} > 1^{\#}_{PHA_{max}}$
15.0	$2^{\#}_{PHA_{max}} > 4^{\#}_{PHA_{max}} > 3^{\#}_{PHA_{max}} > 1^{\#}_{PHA_{max}}$
20.0	$4^{\#}_{PHA_{max}} > 2^{\#}_{PHA_{max}} > 3^{\#}_{PHA_{max}}$
30.0	$4^{\#}_{PHA_{max}} > 3^{\#}_{PHA_{max}}$

8.7　不同盐度对高进水负荷SBR驯化反应器富集效果的影响

8.7.1　试验运行条件

(1) 试验装置及运行条件

SBR反应器及批次反应装置介绍，同第2章。运行条件：试验采用四组SBR反应器对微生物菌群进行驯化，NaCl浓度分别设置为0g/L（1# SBR）、5.0g/L（2# SBR）、10.0g/L（3# SBR）、15.0g/L（4# SBR），反应器的有效容积为2L，运行周期3h（进水3min，曝气172min，排泥/水5min，无沉淀），水力停留时间（HRT）24h，污泥停留时间（SRT）24h，反应器温度控制在(25±2)℃，进水pH维持在（7.0±0.2），溶解氧（DO）的变化范围为0.4～9.0mg O_2/L，通过在线pH、DO监测仪实时记录反应器运行期间数据变化。高负荷进水周期试验对应的PHA批次合成试验、耐瞬时盐浓度冲击性能批次试验，进水底物浓度均与富集驯化期间一致，为8433mg COD/L。

(2) 试验配水与接种污泥

以模拟餐厨垃圾产酸废水作为ADD反应器进水，成分同第2章，其中基质A、B同时稀释8倍获得约8433mg COD/L的进水浓度，微量元素以4mL/L进行添加；试验以ADD模式在843mg COD/L条件下快速筛选的产PHA菌群作为接种污泥。

8.7.2　不同盐度下污泥胞外聚合物的变化

试验取四组反应器稳定运行30天后的混合液测试相应EPS值，如图8.22

所示，当盐度从 0g/L 增至 15.0g/L 时，TB-EPS 中 PN 含量分别为 70.05mg/g VSS、79.28mg/g VSS、45.16mg/g VSS 及 39.13mg/g VSS，呈现出在低盐度刺激下先增长，之后又随着盐度提升含量下降的趋势。PS 含量变化幅度为 13.64～22.87mg/g VSS，峰值出现在无盐环境中，最小值在 10.0g NaCl/L 环境中；LB-EPS 中 PN 含量在 NaCl 浓度为 5.0g/L 时，达到峰值 37.96mg/g VSS，其他三组维持在 25.44～28.38mg/g VSS，LB-EPS 中 PS 含量在不同 NaCl 浓度条件下水平相当，在 7.11～8.56mg/g VSS 范围变化。可以看出，不同盐度下 TB-EPS 和 LB-EPS 中 PN 含量总是高于 PS 含量。这一点与前文中低负荷进水体系相一致，所不同的是，高进水负荷体系 TB-EPS 和 LB-EPS 中 PN、PS 含量都较高，尤其是 PN 的含量。根据前文的推测，高负荷进水 SBR 体系中胞外酶的含量远高于低负荷进水体系，另外，与报道文献不一致的是 TB-EPS 和 LB-EPS 中 PS 含量，Zou 等通过试验发现，随着盐度增加，LB-EPS 中 PS 含量

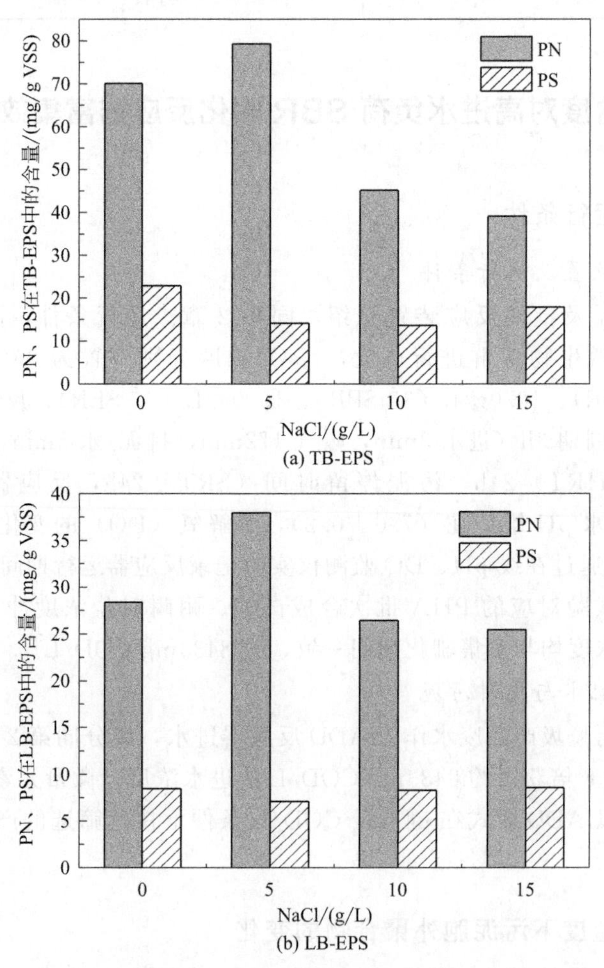

图 8.22　不同盐度下活性污泥 EPS 中 PN、PS 含量的变化

增加而TB-EPS中PS含量降低，此结果与本试验不同，可能与混合菌群受不同盐度驯化其适应能力发生改变有关。值得注意的是，2# SBR即5.0g NaCl/L所驯化的混合菌群EPS总量达到最高138.53mg/g VSS，其次是1# SBR无盐环境的129.78mg/g VSS，其他两组的EPS水平分别为93.50mg/g VSS、91.01 mg/g VSS，推测与之相关的一个原因是各自体系中的活性污泥总量水平。根据监测的MLSS，2# SBR中的MLSS达到最大，平均为4358mg/L，1# SBR最低为3035mg/L，其余两组在4230mg/L水平。另外可能与各自体系中的混合菌群的种类有关，总之EPS分泌水平与活性污泥总量、种类及环境中的生态刺激有关。本试验的结果证明，不同盐度下高负荷进水条件的驯化，分泌EPS的总量与盐度不成正比，无盐环境EPS分泌总量偏高，低盐环境对微生物细菌的刺激作用更明显，EPS分泌总量最高，盐度超过5.0g/L时，EPS分泌总量降低。

8.7.3 不同盐度下活性污泥理化特性的变化

（1）不同盐度下活性污泥显微形态变化

对四组SRR富集反应器中的活性污泥浓度和沉降性进行监测，平均值分别为MLSS＝3035mg/L，SVI＝30；MLSS＝4358mg/L，SVI＝48；MLSS＝4233mg/L，SVI＝20；MLSS＝4228mg/L，SVI＝12。同时对SBR中的活性污泥进行沿程镜检以反映菌泥的性状和变化情况，图8.23表示四组SBR的镜检结果。由图8.23可知，从ADD快速筛选反应器中接种的污泥以絮状微生物为主，转移到高负荷底物环境中，施加不同盐度的生态压力，观察到四组SBR中的菌胶团发生明显变化（主要是菌胶团的颜色和形态），盐度越大的SBR中絮体颜色越深。4# SBR在运行后期已呈现轻度黑色，形态上以2# SBR中的活性污泥菌胶团最为聚集，其污泥浓度均值也最高，3# SBR和4# SBR中的活性污泥以散状菌胶团为主，1# SBR中没有添加NaCl，各絮体之间交织分布构成骨架，形成絮凝体，污泥颜色也最浅，1# SBR不加盐环境的活性污泥明显区别于加盐的三组。推测原因是，在加盐条件下，各微生物菌群相互加强了依赖关系，以抵御不良生存环境，但3# SBR和4# SBR中的盐度偏高，在高负荷长期曝气的环境中，污泥絮体由于需要平衡胞内外渗透压会吸收过多NaCl分子，缺少的沉淀阶段使得絮体不易形成紧实聚体。以上结果说明盐度的存在对微生物菌胶团的形态和生物量发生了作用，但在本试验的盐度范围（0～15g/L），没有造成微生物菌群的大量流失，系统可保持稳定运行。

（2）不同盐度下活性污泥的Zeta电位

图8.24表示不同盐度下污泥的Zeta电位。从图8.24中可以看出，Zeta电位走势与NaCl盐度没有直接的正相关联系，四组SBR的Zeta电位分别为－13.4mV、－13mV、－15.9mV及－11.3mV，其中1# SBR和2# SBR的电位水平属于同一级别，3# SBR的电位负向绝对值最大。按照前文的推测，有利于

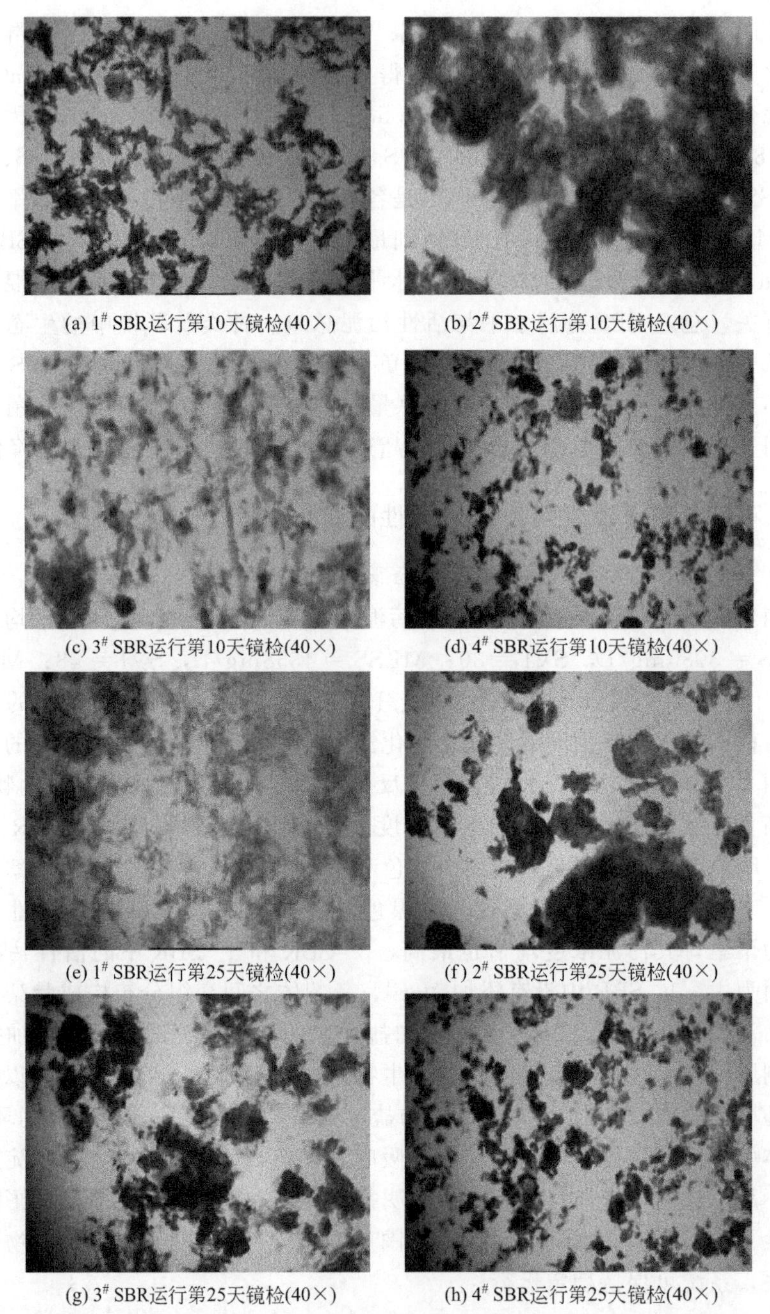

(a) 1# SBR运行第10天镜检(40×) (b) 2# SBR运行第10天镜检(40×)

(c) 3# SBR运行第10天镜检(40×) (d) 4# SBR运行第10天镜检(40×)

(e) 1# SBR运行第25天镜检(40×) (f) 2# SBR运行第25天镜检(40×)

(g) 3# SBR运行第25天镜检(40×) (h) 4# SBR运行第25天镜检(40×)

图 8.23 SBR 反应器运行期间活性污泥镜检情况

菌胶团的聚集，4# SBR 的电位水平负向最大，不利于微生物聚集和沉降，但 4# SBR 的沉降性表现为最佳，原因可能是反应器中长期存在较多含量的 $NaCl$ 分子，菌群经过筛选富集，最终具有生存能力的菌种对环境中超出细胞正常渗透压的 NaCl 分子有额外吸收能力，多吸收的 NaCl 分子可以加重微生物细胞，促使其快速沉降。

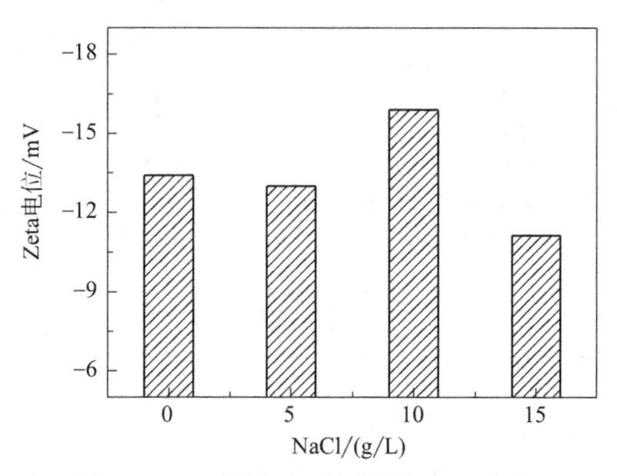

图 8.24　不同盐度下污泥的 Zeta 电位

（3）不同盐度下污泥粒度变化

利用 Mastersizer 2000 激光粒度分析仪，对四组反应器运行稳定期间的泥水混合液进行分析，结果如图 8.25 所示。四组 SBR 的表面积平均粒径和体积平均

颗粒名称：	进样器名：	分析模式：	灵敏度：
Default	Hydro 2000MU(A)	通用	正常
颗粒折射率：	颗粒吸收率：	粒径范围：	遮光度：
1.520	0.1	0.020 to 2000.000 μm	15.33 %
分散剂名称：	分散剂折射率：	残差：	结果模拟：
Water	1.330	0.268 %	关
浓度：	径距：	一致性：	结果类别：
0.4256 %Vol	1.901	0.588	体积
比表面积：	表面积平均粒径D[3, 2]：	体积平均粒径D[4, 3]：	
0.0329 m^2/g	182.220 μm	342.496 μm	

d(0.1)：105.528 μm　　d(0.5)：290.480 μm　　d(0.9)：657.700 μm

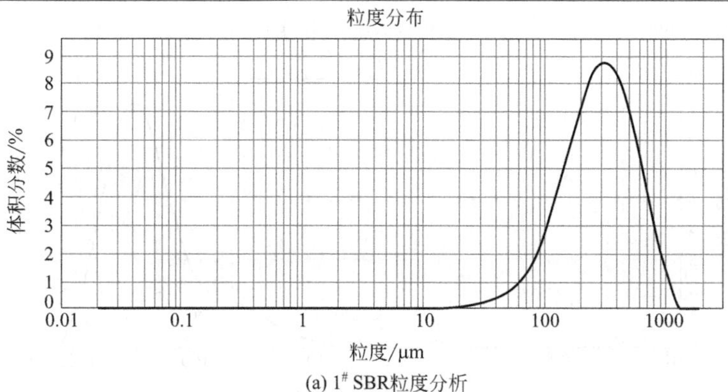

(a) 1# SBR粒度分析

图 8.25

颗粒名称:	进样器名:	分析模式:	灵敏度:
Default	Hydro 2000MU(A)	通用	正常
颗粒折射率:	颗粒吸收率:	粒径范围:	遮光度:
1.520	0.1	0.020 to 2000.000 μm	8.02 %
分散剂名称:	分散剂折射率:	残差:	结果模拟:
Water	1.330	0.493 %	关
浓度:	径距:	一致性:	结果类别:
0.2701 %Vol	1.766	0.538	体积
比表面积:	表面积平均粒径D[3, 2]:	体积平均粒径D[4, 3]:	
0.0259 m^2/g	231.400 μm	510.377 μm	

d(0.1): 147.722 μm　　d(0.5): 456.179 μm　　d(0.9): 953.397 μm

粒度分布

体积分数/%

粒度/μm

(b) 2# SBR粒度分析

颗粒名称:	进样器名:	分析模式:	灵敏度:
Default	Hydro 2000MU(A)	通用	正常
颗粒折射率:	颗粒吸收率:	粒径范围:	遮光度:
1.520	0.1	0.020 to 2000.000 μm	11.09 %
分散剂名称:	分散剂折射率:	残差:	结果模拟:
Water	1.330	0.199 %	关
浓度:	径距:	一致性:	结果类别:
0.1468 %Vol	2.134	0.649	体积
比表面积:	表面积平均粒径D[3, 2]:	体积平均粒径D[4, 3]:	
0.0714 m^2/g	84.056 μm	319.793 μm	

d(0.1): 55.207 μm　　d(0.5): 273.812 μm　　d(0.9): 639.609 μm

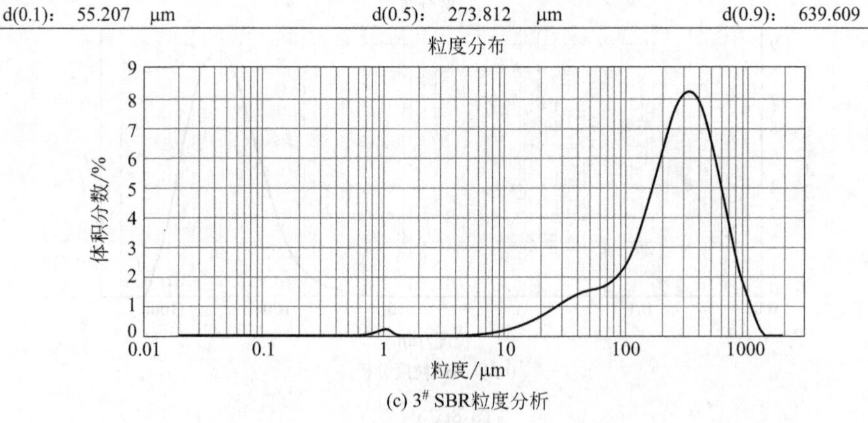

(c) 3# SBR粒度分析

颗粒名称：	进样器名：	分析模式：	灵敏度：
Default	Hydro 2000MU(A)	通用	正常
颗粒折射率：	颗粒吸收率：	粒径范围：	遮光度：
1.520	0.1	0.020 to 2000.000 μm	6.14 %
分散剂名称：	分散剂折射率：	残差：	结果模拟：
Water	1.330	0.268 %	关
浓度：	径距：	一致性：	结果类别：
0.0431 %Vol	1.716	0.538	体积
比表面积：	表面积平均粒径D[3, 2]：	体积平均粒径D[4, 3]：	
0.144 m^2/g	41.751 μm	175.755 μm	

d(0.1)： 57.429 μm	d(0.5)： 154.688 μm	d(0.9)： 322.800 μm

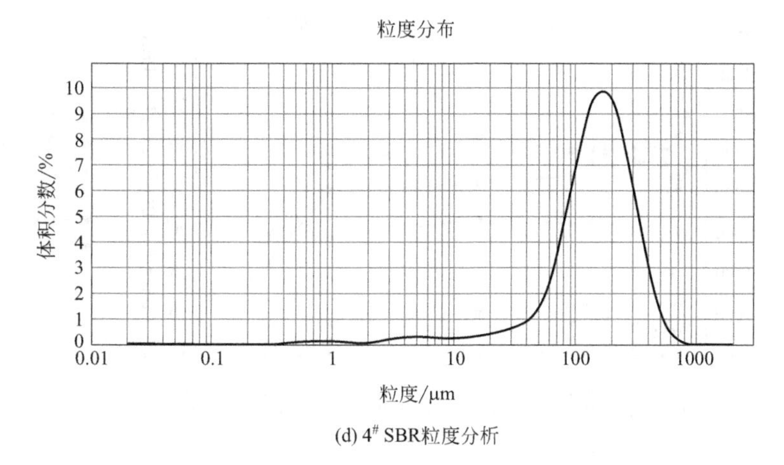

(d) 4# SBR粒度分析

图 8.25　不同盐度下的粒度分析

粒径分别为 182.220μm，342.496μm；231.400μm，510.377μm；84.056μm，319.793μm；47.751μm，175.755μm。以 2# SBR 中的表面积平均粒径和体积平均粒径为最大，与显微观察结果一致，其微生物形态结构也最为紧实；其次是不加盐的 1# SBR，3# SBR 和 4# SBR 较前两者有明显减小。对比显微镜检结果，粒径分析更能微观说明反应器内部微生物菌群形态受盐度影响。在高负荷环境中，低盐环境促使污泥絮体结合紧密，较高的盐度使污泥结构独立化，形成体积较小的菌胶团。与低负荷相同盐度的 SBR 测试结果比较，高负荷环境中的活性污泥粒径显然偏大，这与活性污泥混合菌群长期处在碳源丰富的环境，微生物细胞不缺乏营养，可以充分生长，最终形成的细胞粒径偏大及较高的污泥浓度有关。

8.8 不同盐度对高进水负荷驯化混菌合成 PHA 能力的影响

8.8.1 不同盐度下富集期 PHA 动态合成的变化

图 8.26 表示高负荷进水条件下运行稳定期间一个典型周期内，混合菌群在不同 NaCl 盐度的复合酸底物中碳源利用、微生物活性细胞生长（以氯化铵计）和 PHA 积累的情况。由图 8.26 可知，在底物和氧气供应都很充盈的环境里，四组 SBR 的溶解氧没有很明显的突跃点，1# SBR 中的碳源在反应的前 10min 即被消耗 84%，但对应的 PHA 没有很大增长，直至反应进行到第 85min，PHA 达到 31.03%，较反应开始的 27.22%提升约 3.8%，氨氮的消耗趋势也比较平

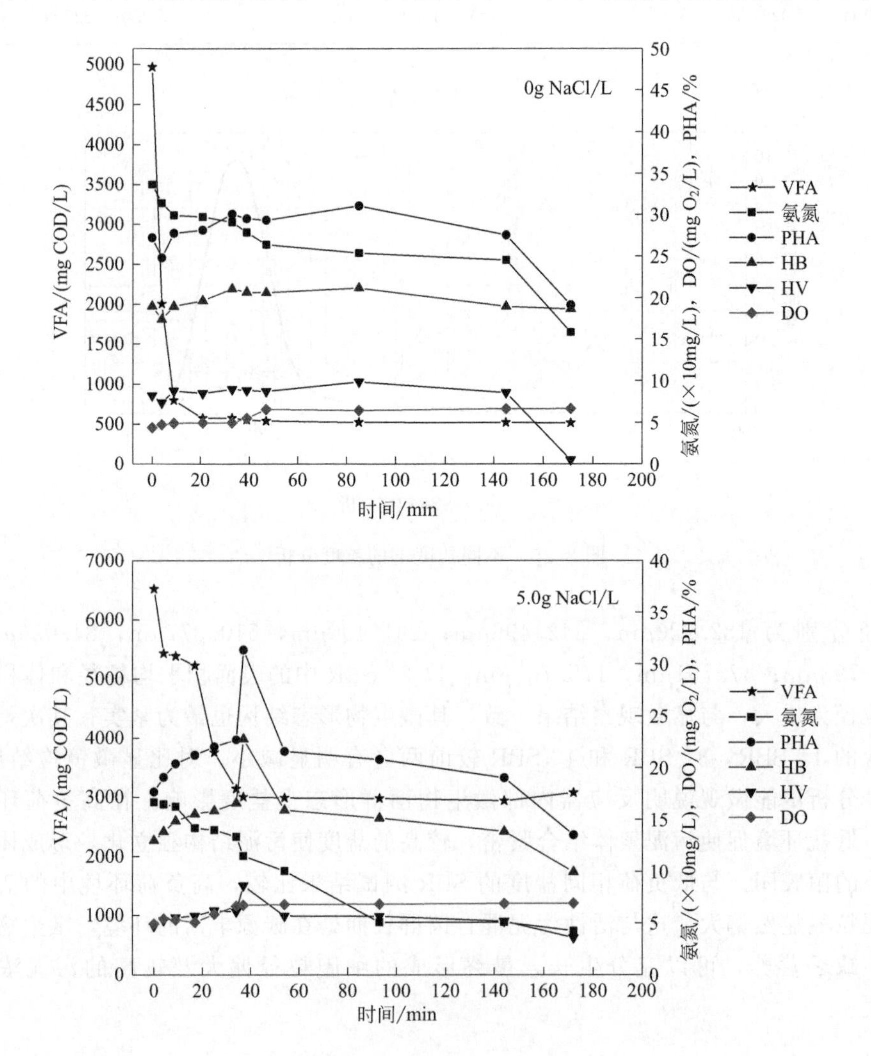

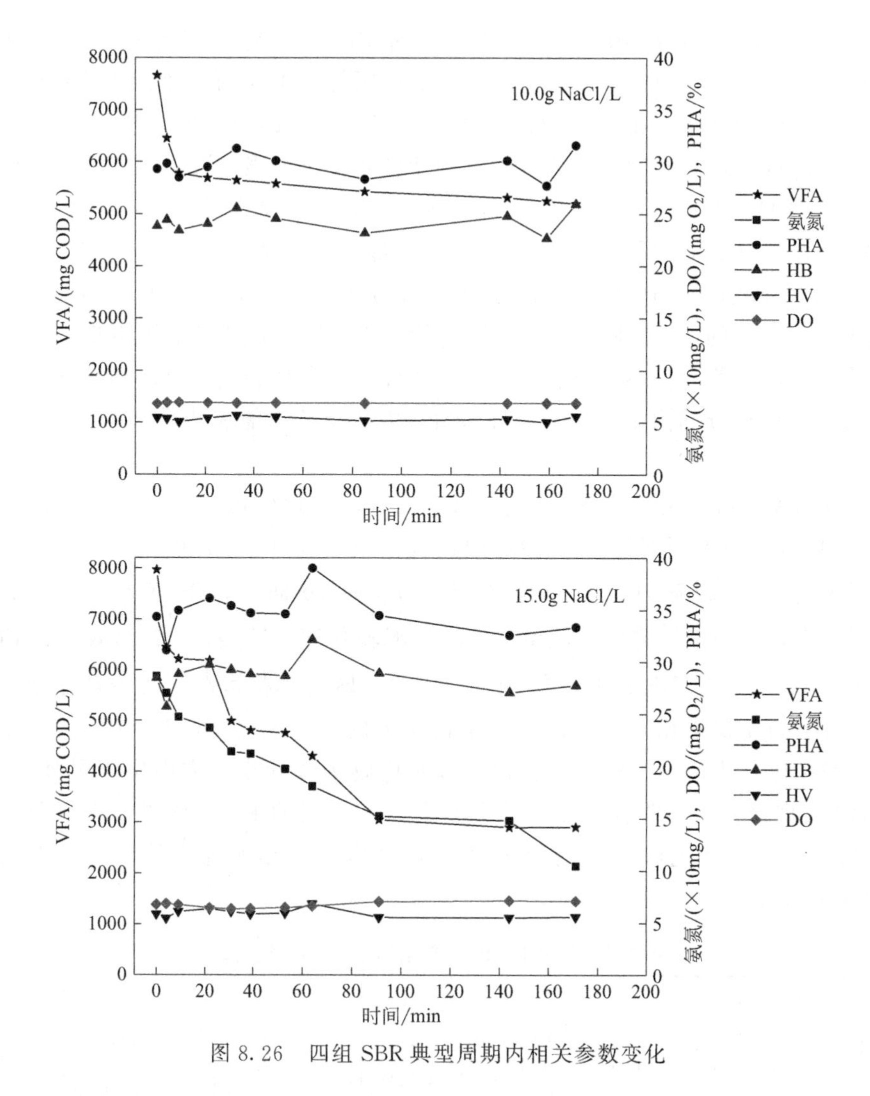

图 8.26　四组 SBR 典型周期内相关参数变化

稳，至末期消耗率达到 52.93%。可见此时底物中碳源和氨氮仍处于剩余状态，说明菌体并没有充分利用吸收的碳源进行生长或合成较高的 PHA，由此推断菌群在无盐环境中的底物消耗以内源呼吸为主。2# SBR 中各项参数变化最为明显，反应至第 37min，PHA 合成量与底物碳源的消耗都达到突跃点，此时 PHA% 为 31.35%，较初始的 17.64% 有明显提升，底物消耗达 53.93%，氮源消耗达 31.07%，说明在 5.0g/L 的盐度刺激下，微生物菌群在初期以合成 PHA 为主，反应至末期，氮源消耗达 74.55%，碳源仍剩余 52.85%，PHA% 此时只余 13.52%，说明后期在 NaCl 盐度的胁迫下，2# SBR 中的微生物菌群优先选择利用体内已合成的 PHA 进行种群增殖和内源消耗。3# SBR 中的 NaCl 盐度最接近微生物细胞渗透压，因此整个反应期间，底物碳源和氮源的消耗率仅分别为

32.09%和17.85%，混菌在初始和末期的PHA也基本维持稳定，分别为29.30%和31.56%，说明10.0g NaCl/L盐度所筛选的菌群在胞内PHA水平达到稳态后，仅消耗少量能量维持细胞生命活动。4# SBR中的NaCl盐度进一步提升至15.0g/L，此时微生物菌群受到的盐度胁迫感增强，具体表现为底物碳源的消耗和PHA的合成分别有明显下降或提升，突跃点发生在第64min，PHA_{max}为39.02%，反应初期和末期PHA都在34%左右，末期底物消耗率达63.52%，氮源消耗率达63.55%，这些结果说明，在高盐、高负荷环境中，微生物由于高浓度的NaCl刺激，需要提高体内PHA合成量来抵御不良环境，但同时高负荷的底物允许微生物在保持中等PHA合成水平基础上，利用环境中的营养物质进行充分的内源呼吸和菌群繁殖，因此菌群不能表达最大的PHA合成潜力。

产PHA菌群富集阶段各动力学参数见表8.7，比较可知，1# SBR、2# SBR和3# SBR的PHA周期最大合成率维持在同一水平，4# SBR由于受到高盐的胁迫PHA_{max}有微弱提升，PHA转化率（$Y_{P/S}$）方面，2# SBR达到0.4604g COD/COD，其他三组都低于此值。比较污泥转化率（$Y_{X/S}$），1# SBR突跃前底物转化率最高，3# SBR最低，各SBR中PHA转化率都远高于污泥转化率，说明突跃前PHA积累相对于菌体生长是占主导的。除此之外，2# SBR的驯化菌群在PHA比合成速率、污泥生长速率以及底物吸收速率等方面优于另外三组，3# SBR表现最差，说明较低盐度的存在会激发污泥的PHA合成效率以及自身生长效率，接近细胞渗透压的盐浓度让微生物失去环境淘汰的压力，不利于PHA的合成。

表8.7 产PHA菌群富集阶段各动力学参数

项目	NaCl /g/L	$Y_{P/S}$ /(COD/COD)	q_A /[(mg COD PHA/(mg X·h)]	$Y_{X/S}$ /(COD/COD)	$-q_N$ /[(mg COD X /(mg X·h)]	$-q_S$ /[(mg COD /(mg X·h)]	PHA/%
1# SBR	0	0.2334	0.2849	0.0629	0.0768	1.2206	31.03
2# SBR	5.0	0.4604	0.7977	0.0497	0.0861	1.7324	31.35
3# SBR	10.0	0.2274	0.0822	0.0199	0.0072	0.3613	31.56
4# SBR	15.0	0.2562	0.3396	0.0363	0.0482	1.3255	39.02

8.8.2 不同盐度下合成阶段最大产PHA能力比较

（1）不同盐度下批次合成试验PHA含量变化

图8.27表示不同盐度下批次试验中PHA合成量比较。取四组反应器排出的剩余污泥同期进行限制氮磷源的PHA合成批次试验，四组剩余污泥的MLSS

大致均在5000～5500mg/L水平。由图8.27可知，经过0g/L、5.0g/L、10.0g/L及15.0g/L的NaCl浓度驯化，富集菌群在批次试验中面对同浓度底物及盐度的冲击表现差异化严重，四组SBR的最高PHA合成率由高到低依次为：$PHA_{0g\ NaCl/L} > PHA_{10.0g\ NaCl/L} > PHA_{5.0g\ NaCl/L} > PHA_{15.0g\ NaCl/L}$，且0g/L和10.0g/L的盐度环境所富集混合菌群均在第一次补料之后基本达到最高PHA合成水平，5.0g NaCl/L和15.0g NaCl/L富集菌群在第四次补料之后获得最高PHA，两种菌群每次补料之后PHA都会出现缓坡式的上升，但最终合成量仍低于0g NaCl/L和10.0g NaCl/L两组结果。分析认为，批次试验限制氮磷源等营养物质，底物消耗仅被用于细胞内源呼吸和合成PHA，5.0g NaCl/L和15.0g NaCl/L属于低盐刺激及高盐刺激，不利于渗透压平衡，从而抑制细胞活性，不能有效合成PHA，而0g NaCl/L和10.0g NaCl/L都能较好使细胞处于平衡渗透压状态，细胞活性较好，在缺乏生长因子的环境中，可以最大限度激发合成PHA能力。

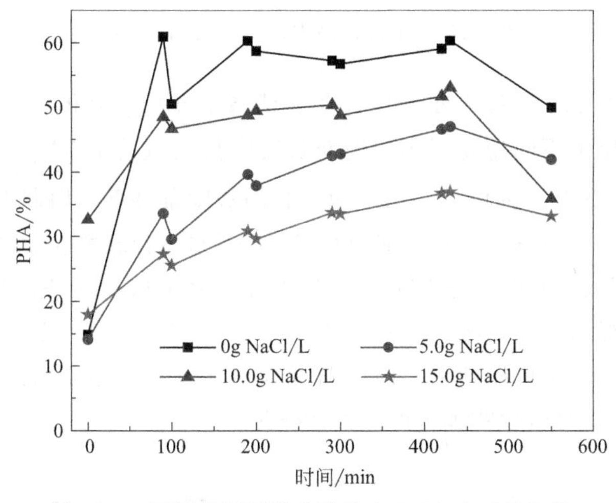

图8.27 不同盐度下批次试验中PHA合成量比较

(2) 不同盐度下批次合成试验PHA单体比例变化

图8.28显示了PHA产品中的HB、HV比例。四种盐度驯化条件下，HB单体比例随着盐度增加而呈上升趋势，分别为63.56%、74.29%、79.74%和82.15%。相对地，HV比例随着盐度增加而下降，与低负荷批次试验相比较，两者底物成分比例完全一致，都是以丁酸和乙酸为主的复合酸碳源，低负荷批次试验显示HB和HV在PHA中的比例不受盐度影响，基本维持在80%和20%，而高负荷发生变化。分析认为，原因主要有两点：一是高负荷环境中由于碳源足量使菌群对底物的选择更加自由，微生物优先利用乙酸和丙酸等更易吸收的小分子酸，对丁酸和戊酸的吸收利用产生滞后，进而促使

PHA产品中HV的比例上升；二是随着盐度升高的生态压力，易于利用乙酸和丁酸等偶数型碳源的菌种获得竞争优势，促使HB的合成比例又随着盐度增加而升高。

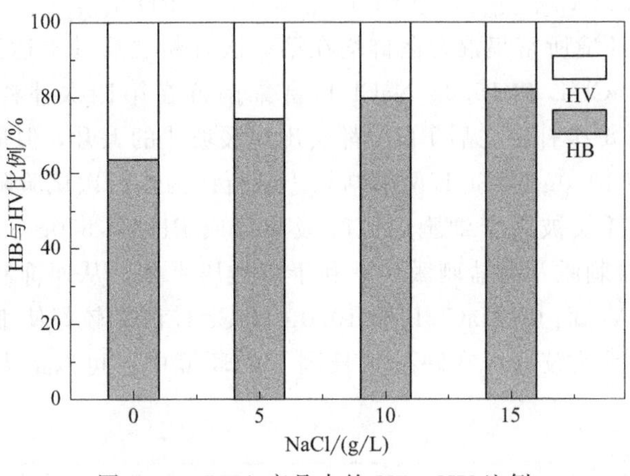

图8.28 PHA产品中的HB、HV比例

(3) 不同盐度下周期及对应批次合成试验PHA_{max}变化

图8.29对比了不同盐度下典型周期及对应批次试验PHA_{max}的变化，可以看出，高负荷环境中，在0～10.0g NaCl/L的盐度条件下，周期PHA最大合成率差别不大，15.0g NaCl/L时周期内获得最高PHA合成率39.02%，无盐条件富集的混合菌群具有最大的PHA合成潜力，批次试验中PHA_{max}达到峰值60.95%，盐度提高不利于批次试验合成PHA，在15.0g NaCl/L的环境，批次PHA最大合成量小于周期结果，由于两者区别在于是否限制氮磷条件，因此表明此时高浓度底物对微生物细胞产生抑制作用。

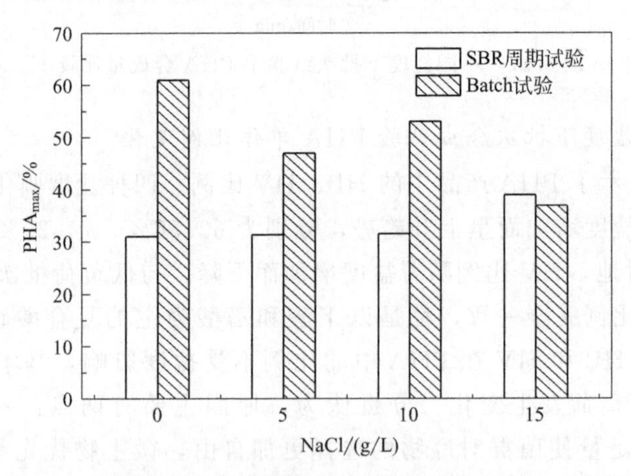

图8.29 不同盐度下典型周期及对应批次试验PHA_{max}的变化

8.8.3　不同盐度下富集菌群耐瞬时盐浓度冲击性能比较

通过耐盐性实验，由图 8.30 可知，在高负荷进水条件下，对于 1# SBR 中未加盐驯化的混合菌群，PHA_{max} 在对应的 0g NaCl/L 环境中达到最大 60.95%，之后 PHA_{max} 随着底物中盐度的增加而下降，抑制率 θ 从 5.0g NaCl/L 时的 −9.13%负向增长到 15.0g NaCl/L 时的−35.62%；对于 2# SBR 中 5.0g NaCl/L 浓度驯化的菌群，底物中 NaCl 浓度增至 10.0g/L 时，PHA_{max} 达 53.22%，θ 正向增加 13.29%，之后盐度提升，θ 转为负增长，但负增长的速度明显变慢，NaCl 浓度为 15g/L 时，PHA_{max} 下降至 45.70%，抑制率 θ 为−2.72%，NaCl 浓度为 20g/L 时，PHA_{max} 降至 44.88%，抑制率 θ 为−4.48%；对于 3# SBR 10.0g NaCl/L 浓度驯化的菌群，PHA_{max} 在对应 10.0g NaCl/L 时最高，达 53.03%，之后盐度提高显示抑制作用，θ 负向增长分别为−21.34%、−18.04%和−33.54%；对于 4# SBR 15.0g NaCl/L 浓度驯化的菌群，当批次试验 NaCl 盐度提升时，混菌表现出较好的耐盐性，θ 负向增加−8.67%、

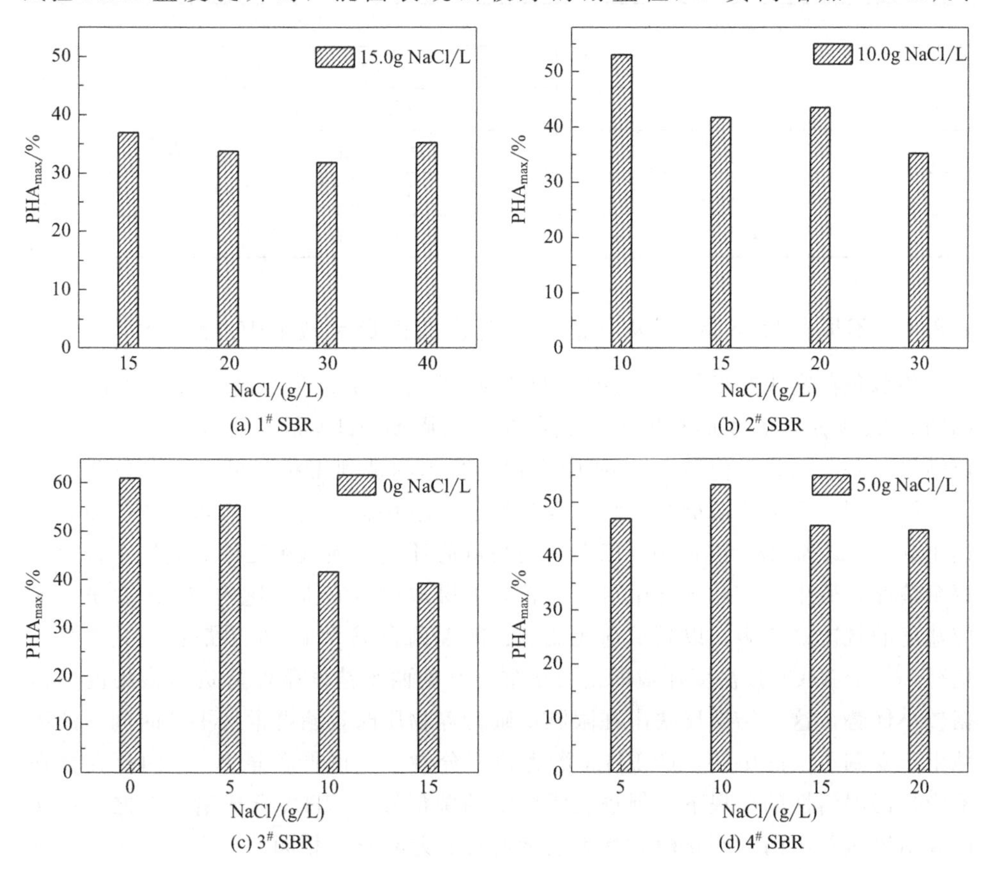

(a) 1# SBR　(b) 2# SBR　(c) 3# SBR　(d) 4# SBR

图 8.30　四组 SBR 富集菌群耐盐性试验

−13.81%和−4.60%。以上数据说明混合菌群经过 NaCl 盐度的驯化后，其耐盐性能都有小幅度的提升，以 2# SBR 为表现最佳，但与低负荷同盐度驯化的混合菌群相比，整体合成 PHA 能力及耐盐性偏弱，再次说明底物浓度过高存在的抑制风险，这对未来活性污泥利用含盐餐厨垃圾发酵产酸液合成 PHA 具有有益的指导意义。

表 8.8 表示同一 NaCl 浓度冲击不同 SBR 混合菌群 PHA_{max} 比较结果。由表 8.8 可知，高负荷进水条件下，当底物中 NaCl 浓度在 0～20.0g/L 范围内时，并不是 NaCl 驯化浓度越高得到的菌群合成 PHA 能力越好，以其中 2# SBR 中的混菌表现效果最好，3# SBR 富集的菌群紧随其后，也凸显出较好的耐盐性能，当 NaCl 浓度提高至 30.0g/L 时，3# SBR 中的混菌依然比 4# SBR 表现出更好的 PHA 合成能力，以上结果说明在高负荷进水时，2# SBR 和 3# SBR 也即 5.0g NaCl/L 和 10.0g NaCl/L 的驯化条件能够得到具有优势的产 PHA 混菌，并在面对较高浓度 NaCl 冲击时得到较好的 PHA 合成量。

表 8.8 同一 NaCl 浓度冲击不同 SBR 混合菌群 PHA_{max} 比较结果

NaCl/(g/L)	比较结果
5.0	$1^{\#}_{PHA_{max}} > 2^{\#}_{PHA_{max}}$
10.0	$2^{\#}_{PHA_{max}} > 3^{\#}_{PHA_{max}} > 1^{\#}_{PHA_{max}}$
15.0	$2^{\#}_{PHA_{max}} > 3^{\#}_{PHA_{max}} > 1^{\#}_{PHA_{max}} > 4^{\#}_{PHA_{max}}$
20.0	$2^{\#}_{PHA_{max}} > 3^{\#}_{PHA_{max}} > 4^{\#}_{PHA_{max}}$
30.0	$3^{\#}_{PHA_{max}} > 4^{\#}_{PHA_{max}}$

8.8.4 不同盐度下高/低两种进水负荷富集菌群合成 PHA 能力比较

将低负荷富集初期第 15 天的周期及对应批次试验结果与高负荷结果相比较，如图 8.31 所示，在不同盐度下，高负荷进水周期 PHA 最大合成率均高于低负荷结果，差距明显。但结合 SBR 中底物碳氮源的被利用状况可知，低负荷时由于碳源限制，微生物菌群对底物的吸收处于竞争状态，促使反应末期碳源吸收率达 100%，氮源消耗也在 90%以上，而高负荷环境下碳氮源充盈，周期末都存在盈余情况，微生物在此环境中可相对较高地摄取能量来提高胞内 PHA 含量。对应盐度的批次试验中，以高负荷无盐驯化的混菌合成 PHA 结果最佳，其次是高负荷 10.0g NaCl/L 盐度环境的富集菌群，其他两组盐度条件低负荷富集混菌占据较小优势，这一结果反映出在限制氮磷营养物质时，菌群世代更替时间短的菌株由于受到更大的威胁，产 PHA 潜力被充分激发；而低含量 NaCl 的存在会在不影响污泥活性的前提下，促进长污泥龄的菌群提升 PHA 合成量。总之，批次试验结果显示出两种驯化模式富集的菌群具有差异化，相同的一点是，不管哪种反应器富集的产 PHA 菌群，都是在各自对应的不良生存环境中才能被激发出最大的合成 PHA 潜力，这对以后指导工程实践中混合菌群最大能力合成 PHA 的条件设置有指导意义。

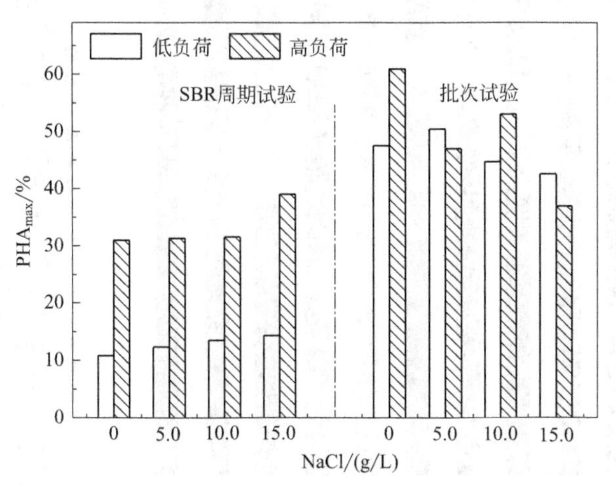

图 8.31　不同盐度下高/低两种进水负荷富集菌群 PHA 合成能力比较

8.8.5　不同盐度下高/低两种进水负荷富集菌群的微生物群落结构比较

本部分对比研究了不同盐度时两种进水负荷下的微生物群落结构变化，试验以低负荷进水样品为一组（包括接种活性污泥——t-1，1# SBR——a-1，2# SBR——b-1，3# SBR——c-1，4# SBR——d-1，四组 SBR 样品都在运行稳定期间取样），标记为 OLR-1，高负荷进水样品为一组（包括接种活性污泥——t-2，1# SBR——a-2，2# SBR——b-2，3# SBR——c-2，4# SBR——d-2，四组 SBR 样品都在运行稳定期间取样），标记为 OLR-2；利用 Usearch 在 97%相似度下进行聚类，对聚类后的序列进行嵌合体过滤后，得到用于物种分类的 OUT，每个 OUT 被认为可代表一个物种。

(1) 高/低进水负荷不同盐度下的微生物细菌群落变化

对两组不同进水负荷下不同盐度的反应器在稳定运行期间取样（OLR-1 组在第 40 天取样，OLR-2 组在第 28 天取样），同时保留接种两组进水负荷时的活性污泥样品，共 10 个样品，对两组进水负荷下样品中的 OTUs 进行门（Phylum）、纲（Class）、目（Order）、科（Family）、属（Genus）分类信息分析，分析其微生物群落结构特征，如图 8.32 所示为高/低进水负荷不同盐度下活性污泥属类水平的种群分布。

由图 8.32 可知，两组进水负荷 10 个样品中共涉及细菌域的副球菌属（*Paracoccus*）、陶厄菌属（*Thauera*）、氢噬胞菌属（*Hydrogenophaga*）、固氮弓菌属（*Azoarcus*）、嗜盐单胞菌属（*Halomonas*）、黄质菌属（*Flavobacterium*）、*Ohtaekwangia* 属、产硫酸杆菌属（*Thiobacillus*）、多形杆状菌属（*Bacteroides*）、

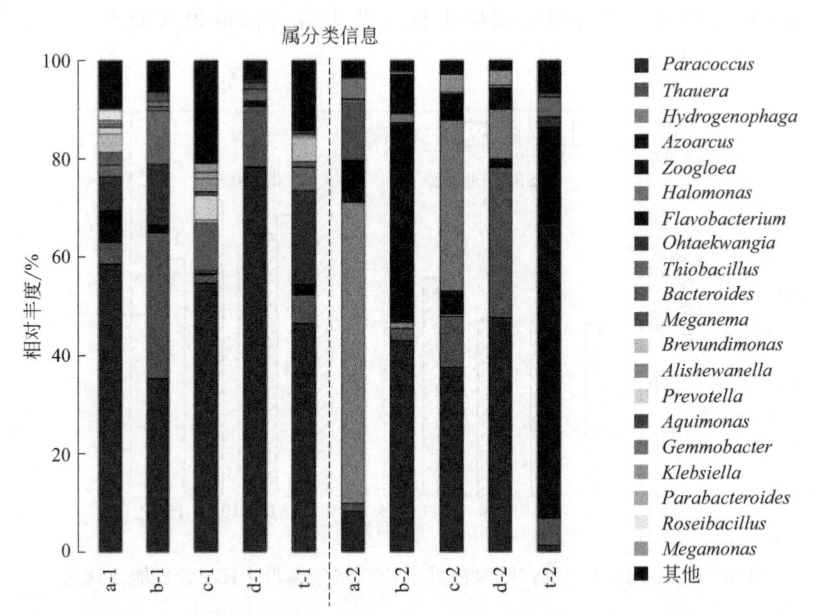

图 8.32 高/低进水负荷不同盐度下活性污泥属类水平的种群分布

Meganema 属、短波单胞菌属（*Brevundimonas*）、*Alishewanella* 属、普雷沃菌属（*Prevotella*）、水单胞菌属（*Aquimonas*）、*Gemmobacter* 属、克雷白杆菌（*Klebsiella*）、副类杆菌属（*Parabacteroides*）、*Roseibacillus* 属、巨单胞菌属（*Megamonas*）19 个菌属以及细菌凝胶团（*Zoogloea*）和未知菌群。

对比 t-1、a-1、b-1、c-1 及 d-1 样品，表示低进水负荷环境中，从接种污泥到不同盐度驯化稳定期间的微生物群落变化，五个样品中的优势菌属都包含副球菌属，相对丰度占比均超过 30%，以 d-1 样品中副球菌属所占比例最高，接近 80%。此环境中 NaCl 浓度也最高，说明副球菌属具有良好的耐盐性能；陶厄菌属被认为是合成 PHA 的优良菌属，其相对丰度并没有随着盐度升高而提升，反而在 b-1 样品即 5.0g NaCl/L 的环境中具有最高相对丰度，推测这一菌属的高相对丰度是导致 2# SBR 的富集菌群具有良好耐盐性能和保持稳定较高 PHA 合成能力的重要因素。另外，变化比较明显的是 *Ohtaekwangia* 属，随着盐度的增加，其相对丰度逐渐减小至 d-1 组消失。可以看出，d-1 样品中的细菌菌属已知种类最少，副球菌属和陶厄菌属构成主要菌种，而这两种菌种都能在恶劣生存环境中合成 PHA，但 4# SBR 富集菌群表现的合成 PHA 能力不是最优的，对比副球菌属和陶厄菌属的相对丰度，再一次说明陶厄菌属是合成 PHA 的关键菌种，提高陶厄菌属的相对丰度比例是快速提升 PHA 合成量的重要因素。对比 t-2、a-2、b-2、c-2 及 d-2 样品，表示高进水负荷环境中，从接种污泥到不同盐度驯化稳定期间的微生物群落变化，可以看出，与接种污泥相比，经过驯化的污泥样品，其微生物菌群发生了明显变化。如接种污泥中相对丰度值超过 50% 的细菌凝胶团，在驯化之后基本消失，这一点与高负荷、短污泥龄的驯化特点有关，与低负荷较为一致的是高负荷驯化后的优势菌属中都有副球菌属，且 NaCl 存在条件下的相对丰度均超过无盐环境，这些说明副球菌属的世代时间短，且在恶劣环境中有较强的生存能力。氢噬胞菌属在 a-2 样品即高负荷、无盐环境中的丰度值超过 50%，说明其是此环境中合成 PHA 的主要菌属，盐度提升后，氢噬胞菌属的丰度急剧下降，几乎可忽略，说明它不是耐盐菌属，对盐度的变化过于敏感。b-2 样品中固氮弓菌属相对丰度值与副球菌属相对丰度值大约相等，两者加和超过 80%，构成次环境中合成 PHA 的主要菌种。c-2 样品中副球菌属、嗜盐单胞菌属和陶厄菌属属于优势菌种，另还有少量的固氮弓菌属。d-2 样品中副球菌属和陶厄菌属及少量嗜盐单胞菌属相对丰度值较高，尤其是陶厄菌属的丰度较其他同负荷样品有很大提升，进一步印证陶厄菌属对不良环境的良好适应能力；结合 PHA 合成情况，可知 4# SBR 富集菌群在合成阶段并没有表现出很好的 PHA 合成能力，证明此时过于丰富的碳源环境对其起到制约作用，没有激发出应有的 PHA 合成潜力。

图 8.33 进一步反映出在微生物属水平上，两次接种污泥及各个不同条件下的反应器中微生物群落结构差异性，与图 8.32 结果一致，可看出副球菌属在除了 t-2、a-2 所代表的活性污泥菌群中，其余各样品中都占有绝对优势，OLR-1 组中的 t-1、a-1、b-1、c-1、d-1 与 OLR-2 组中的 t-2、a-2、b-2、c-2、d-2 有较为明显的区分。

(2) 细菌群落结构的组成对比

以低进水负荷（OLR-1）组和高进水负荷（OLR-2）组分别为统一单位做对比，分析样品信息中主要组成的菌属，如图 8.34 所示，菌属种类与图 8.32 注释一致，OLR-1 组中副球菌属、陶厄菌属、*Ohtaekwangia* 属、产硫酸杆菌属及多形杆状菌属组成了主要菌属，尤其是副球菌属的优势明显，占比超过 50%。OLR-2 中，除了副球菌属占比超过 20%，其他优势菌属如陶厄菌属、氢噬胞菌属、固氮弓菌属、细菌凝胶团和黄质菌属占比均匀，均在 10%左右，OLR-1 组的未知菌属是 OLR-2 组的约 3 倍。总体而言，OLR-1 组中的优势菌属比较明显，在反应器中的占据比例很高，但不影响其微生物多样性的存在，而 OLR-2 组中，由于高进水负荷和短污泥龄的运行特点，反应器中各优势菌属比例均匀，出现几类与 OLR-1 组区别较大的菌属。

(3) 细菌群落结构相关性分析

为全面比较两组进水负荷中细菌多样性的不同，以两种进水负荷下样品的 OTU 数为计算依据，构建韦恩图以反映组间共有以及特有的 OUT 数目，如图 8.35 所示。由图 8.35 可知，不同进水负荷的反应器中，有 325 个 OTU 均出现在两组样品中，占总 OTU 的 26.04%，说明不同进水负荷的运行条件对此 325 个 OTU 代表的微生物种群影响不大；低进水负荷反应器中特有的 OTU

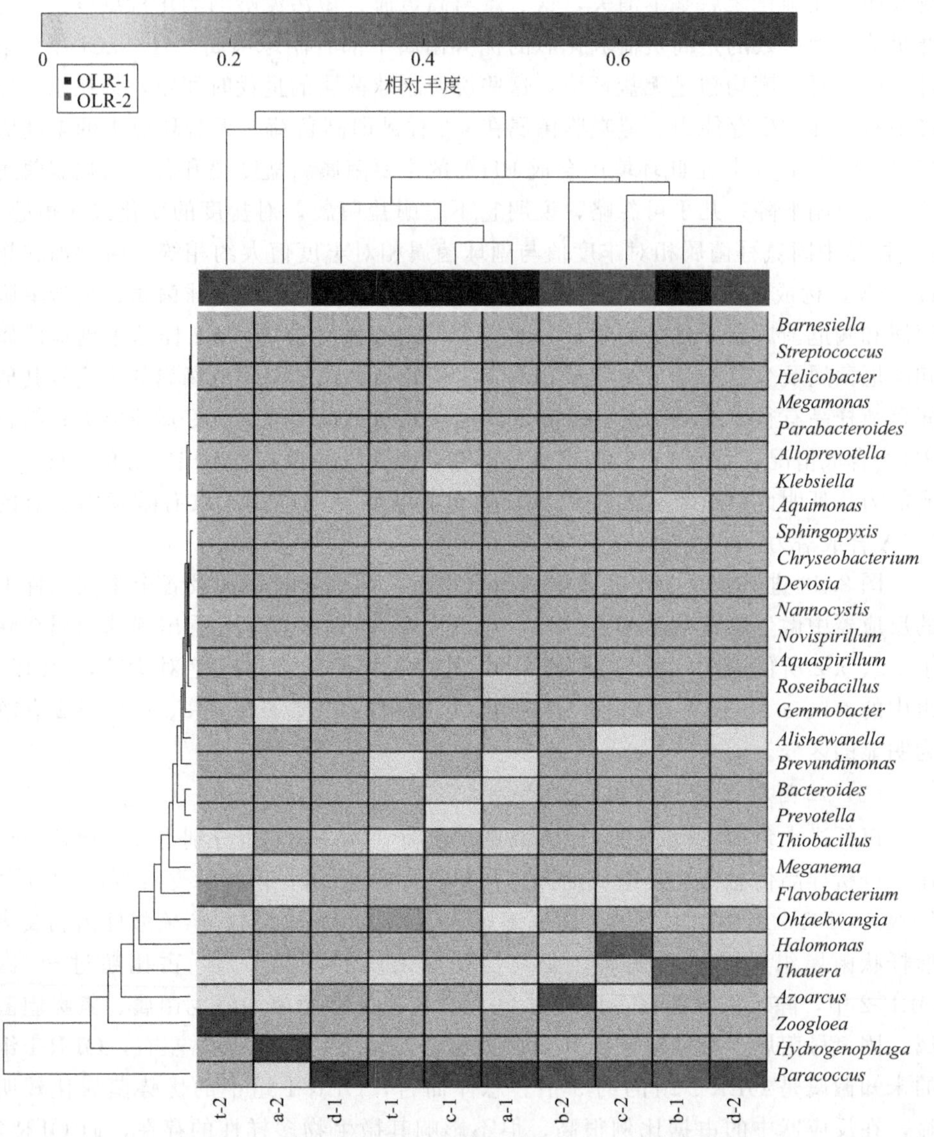

图 8.33 不同样品活性污泥微生物属水平群落结构热图

高达 822 个，远远大于高进水负荷反应器中的 101 个 OTU，说明随着进水负荷的急剧提高，对微生物种群的类别数量影响较大。结合图 8.34 中菌群分布的分析，可以推测在低进水负荷的未知菌属中存在数量很多的菌属，但所占比例都较低。

(4) 细菌群落的多样性差异分析

为进一步展示各样品间物种的多样性差异，使用主坐标分析（Principal Coordinates Analysis，PCoA）的方法展示各个样品间微生物群落结构组成的相

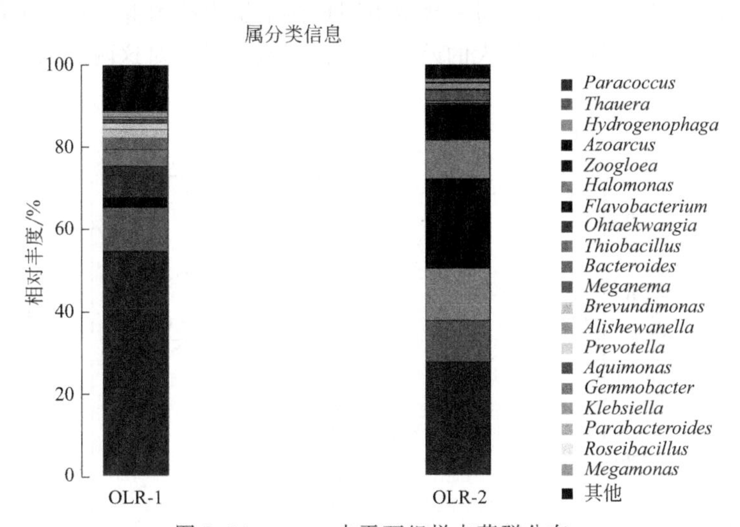

图 8.34 genus 水平两组样本菌群分布

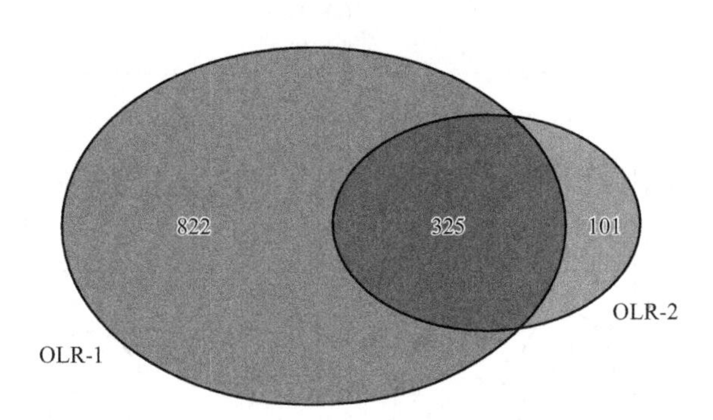

图 8.35 两组样品中细菌群落相关性分析

似性或差异性大小，如图8.36所示。其中图8.36(a) 用于分析菌群结丰度的相似性关系，图8.36(b) 用于分析菌种类别的相似性。由图8.36(a) 可知，对于OLR-1组中的五个样品而言，t-1、a-1和c-1样品团聚在一起，b-1和d-1样品偏离较远，表明其菌群属种的相对丰度与其他三组存在明显的差异性，对应的是5.0g NaCl/L和10.0g NaCl/L的驯化环境，说明低盐和高盐环境对菌群的相对丰度影响较大。由图8.36(b) 可知，只有d-1样品距其他四组样品的团聚较远，说明15.0g NaCl/L的环境对菌群种类产生质的影响，其他四组中的菌群类别差异性不大。对于OLR-2组中的五个样品，图8.36(a) 中以b-2、c-2、d-2为一个团聚，作为接种污泥的t-2和0g NaCl/L环境驯化的活性污泥样品偏离其他三组较远，说明NaCl是否存在对高进水负荷环境下的菌群结构丰度影响较大。图8.36(b) 中对OLR-2组的样品菌种差异性分析，发现只有t-2样品偏离其他四组，表明高负荷驯化后的菌群类别与接种污泥的菌群类别差异性较大。综合比较 OLR-1 和 OLR-2 组，发现同一盐度不同负荷下微生物菌群的相对丰度和菌种类别都距离较远，表明存在较大的差异性，说明驯化模式对这两者的影响是一个重要因素。

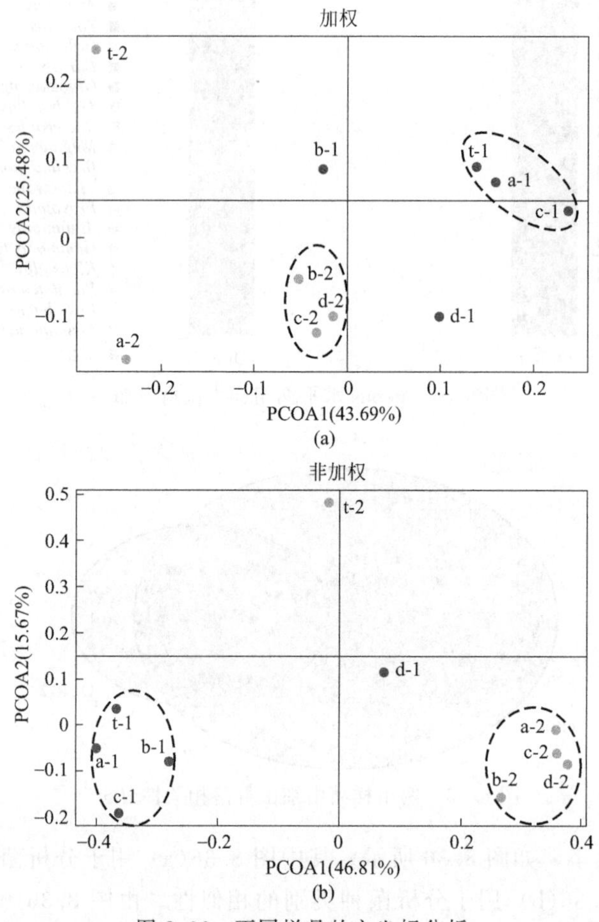

图 8.36 不同样品的主坐标分析

高负荷进水条件下，底物中 NaCl 盐度从 0g/L 变化至 15.0g/L，活性污泥的 EPS 含量分别为 129.78mg/g VSS、138.53mg/g VSS、93.50mg/g VSS、91.01mg/g VSS，不同盐度下 TB-EPS 和 LB-EPS 中 PN 含量总是高于 PS 含量，与低负荷进水不同盐度的各个体系相比，TB-EPS 和 LB-EPS 中 PN、PS 含量都较高，尤其是 PN 的总量。观察四组 SBR 中的活性污泥形态，2# SBR 的菌群显微形态表现最为紧实、团聚，污泥浓度和体积粒径也最大，随着盐度提升，反应器中的活性污泥结构松散，以小聚体为主，但 SVI 沉降性随着盐度提升而更优。四组盐度活性污泥微生物聚集体表面的 Zeta 电位较低负荷进水时表现为负向减小，虽然显微形态不如同浓度低负荷时的污泥更加紧密，但粒径远大于低负荷驯化的污泥。高负荷进水的典型周期试验中，溶解氧没有明显的突跃点，周期内的 PHA 最大合成率变化不大，均在 30%左右，2# SBR 即 5.0g NaCl/L 盐度驯化的菌群周期内的 PHA 转化率、污泥转化率及 PHA 比合成速率、污泥比合成速率表现最好，说明这个环境下的混合菌群能够充分利用底物营养物质进行 PHA 合成和菌体生长，3# SBR 中的盐度最接近细胞渗透压，各项动力学参数数值也最小。在对应的批次试验中，限制氮源和磷源，1# SBR 即无盐环境中的菌群获得最高的 PHA 合成率，达 60.95%，其次是 3# SBR，PHA 合成率为 51.69%，2# SBR 和 4# SBR 分别为 46.98%、36.94%，这个结果说明，在底物充盈的高负荷进水条件下，无盐、低盐或者接近细胞渗透压的盐度环境可以筛选出产 PHA 潜力较高的菌群，当此部分菌群面对缺少生长因子的恶劣环境时，可以充分激发出合成 PHA 的能力，而 4# SBR 中 15.0g NaCl/L 的盐度环境对菌群合成 PHA 有抑制作用。高进水负荷四种盐度条件下，HB 单体比例随着盐度增加而呈上升趋势，分别为 63.56%、74.29%、79.74%和 82.15%。

耐瞬时盐浓度冲击试验中，经过 5.0g NaCl/L 盐度驯化的菌群表现出良好的耐盐性能，底物中 NaCl 浓度增至 10.0g/L 时，PHA_{max} 提升至 53.22%，之后盐度增加，PHA_{max} 表现为负向增长；其他三组都在对应驯化盐浓度的批次试验中取得 PHA_{max}，盐度继续提升，PHA_{max} 均表现为负增长。高/低两种进水负荷下不同盐度富集的混合菌群产 PHA 能力比较，周期内高进水负荷 PHA 最大合成率均高于低负荷结果，但结合菌群对底物中碳氮源的利用，低负荷更有利于充分吸收底物中的营养能源；对应的批次试验中，除了无盐环境下高负荷富集菌群较低负荷有明显优势外，其他盐度环境下的最大合成 PHA 能力差距较小；低负荷进水不同盐度驯化的混合菌群 PHA 合成能力的稳定性和耐受瞬时盐浓度冲击性能都优于高负荷结果，相一致的是两种负荷下都是 5.0g NaCl/L 的盐度驯化环境所富集菌群具有最好的菌体生长和 PHA 合成效率。高通量测序结果表明，低负荷下具有更好的微生物多样性，但各盐度下优势菌属比较集中，且随着盐度增加，优势菌属的相对丰度会提升，2# SBR 中的陶厄菌属相对丰度最高，此时菌群的产 PHA 各项指数也达到最优；高进水负荷由于世代更替时间短和盐度的共同作用，使得各个盐度下优势菌属区别较大；两种负荷条件下，副球菌属表现出绝对优势的相对丰度。

第9章

实际餐厨垃圾厌氧产酸及合成PHA研究

本章采用序批式厌氧发酵的工艺模式，以实际配制的餐厨垃圾为发酵底物，控制发酵条件进行产酸过程，将不同盐度下的产酸发酵液用于合成PHA试验研究，考察富集产PHA菌群利用实际含盐的餐厨垃圾产酸发酵液合成PHA的能力，以期为将来的实际工程提供数据和工艺支撑。

9.1 实际餐厨垃圾厌氧产酸工艺

9.1.1 餐厨垃圾及接种污泥

餐厨垃圾由如下组成（质量分数）：米饭（35%）、猪肉（16%）、白菜（45%）、豆腐（4%）等，米饭取自哈尔滨工业大学二校区天香食堂，猪肉、白菜及豆腐取自地利生鲜超市，四种成分蒸熟混合，按照1∶1的质量比加入自来水，放入搅拌机，搅拌混匀后得到配制的实际餐厨垃圾，表9.1列出了加水搅拌后的餐厨垃圾性质。厌氧发酵试验前取混匀后的餐厨垃圾再次加水调节含固率至10.5%。

表9.1 加水搅拌后的餐厨垃圾性质

SCOD /(mg/L)	TS /(g/L)	VS /(g/L)	VFA /(mg/L)	VS/TS /%
32128.53	138.29	135.31	1015.26	97.84

从表9.1可以看出，餐厨垃圾中的VS/TS较高，说明餐厨垃圾中的有机物含量相对较高。试验接种污泥取自课题组厌氧小组的稳定厌氧污泥，自然沉淀5天后去掉上清液使用。接种污泥TS为2.83%，VS为59.75%，SCOD为2409.64mg/L，pH值为7.27，餐厨垃圾和接种污泥的比例采取4∶1。采用元

素分析仪对接种污泥及餐厨垃圾进行分析，结果如表9.2所示。

表9.2 餐厨垃圾及污泥元素组成

项目	C/%	H/%	N/%	C/N
餐厨垃圾	48.34	7.59	4.18	11.56
接种污泥	28.85	4.75	5.98	4.82

试验自配餐厨垃圾的性质与哈尔滨工业大学食堂餐厨垃圾的性质接近，王佳君等测定了天香食堂的餐厨垃圾，发现其C、N、H等含量分别为51.38%、2.93%和6.75%，C/N比为17.51，性质与本研究配制的餐厨垃圾相似，说明本研究采用的配制餐厨垃圾与实际餐厨垃圾性质接近，可代表实际情况研究。

9.1.2 餐厨垃圾产酸发酵液性质及预处理

厌氧发酵连续进行96h，期间每24h采集发酵液样品进行挥发性脂肪酸和氨氮（以氯化铵计）的含量检测，餐厨垃圾发酵液VFA和氨氮含量检测见表9.3。产酸液预处理：将发酵罐中96h的批式产酸液取出装入50mL离心管，以8000r/min的速度离心10min，留取上清液，调节pH值为（7.0±0.5），稀释3倍用于合成PHA的底物。

表9.3 餐厨垃圾发酵液VFA和氨氮含量检测 单位：mg/L

参数	乙醇	乙酸	丙酸	异丁酸	丁酸	异戊酸	戊酸	COD	氨氮
0	0	1015.27	0	0	0	0	0	1082.95	65.07
24h	1427.43	2929.22	1154.36	0	3532.64	128.49	0	14534.99	132.20
48h	1476.15	3222.52	978.65	0	3532.64	128.49	111.82	15556.72	483.36
72h	1573.44	3456.76	2022.34	191.03	5114.27	225.06	0	20135.71	514.35
96h	1702.81	4098.18	2459.33	225.47	5551.62	285.58	97.55	22931.30	1325.11
COD占比(96h)	15.50%	19.06%	16.23%	1.79%	44.01%	2.54%	0.87%		

9.2 不同盐度下混菌利用实际餐厨垃圾酸化产物合成PHA研究

底物配制：为探究不同盐度的实际餐厨垃圾产酸液对于活性污泥微生物合成PHA的影响，将稀释3倍后的产酸液搅匀分成三份（每份1L），分别添加2.5g、5.0g、10.0g的NaCl，配制成2.5g NaCl/L、5.0g NaCl/L及10.0g NaCl/L的底物。通过研究表明，低进水负荷下5.0g NaCl/L驯化的混合菌群含有较高丰度的产PHA优势菌属，有较好的菌体生长、PHA合成能力，且耐瞬时盐浓度冲击性能较好，可以保持较高的 PHA 合成率，因此选择 5.0g NaCl/L 驯化富集到的混合菌群。

9.2.1 不同盐度对于产酸液碳源利用的影响

通过 GC 检测结果可知，产酸液底物中可被微生物吸收用来进行合成 PHA、内源呼吸代谢及菌体生长等过程的碳源种类包括：乙醇小分子及乙酸、丙酸、丁酸、异戊酸、戊酸等挥发性脂肪酸小分子，并且丁酸、乙酸及乙醇的总含量达 78.57%，属于典型的偶数型碳源。如图 9.1 所示为不同盐度下产酸发酵液的碳源利用情况，每隔一段时间的峰值表示一个周期开始补料，谷点表示一个周期结束。可以看出，2.5g NaCl/L 和 5.0g NaCl/L 的盐度条件下，每周期结束时反应器内的碳源都基本被混合菌群摄取约 82%，均剩余 650mg COD/L 左右。10.0g NaCl/L 的盐度环境中，混合菌群每周期碳源消耗率平均为 47%，剩余 1800mg COD/L 左右。纵观批次试验的 550min，三组反应器每周期进水的碳源 COD 水平都有微小下降趋势，结合每周期的剩余碳源量，可推断实际发酵液在试验进行的放置过程中有一部分挥发被消耗，导致每周期进水的 COD 值有所降低。

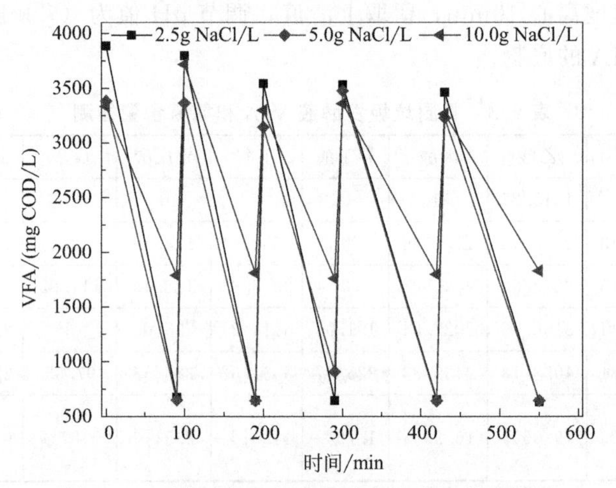

图 9.1 不同盐度下产酸发酵液的碳源利用情况

9.2.2 不同盐度对于混合菌群菌体生长的影响

图 9.2 表示不同盐度下底物中氨氮利用情况，变化比较明显的是：三组反应器每周期进水的氨氮总量不在稳定水平，除个别周期突然升高外（可能由于混合不均匀所致），总体呈梯度下降趋势，表明其中的氨氮在放置过程中被消耗，推测原因是发酵液中含有一部分兼性微生物，即使经过离心操作，依然留存在作为底物的上清液中，在发酵液等待利用期间，氨氮被兼性微生物消耗掉一部分，同样的原因可用来解释进水氨氮（以氯化铵计）远小于发酵液稀释前初始氨氮浓度的 1/3。经过

计算，2.5g NaCl/L 反应器内的氨氮利用率，五个周期分别为 61.93%、91.13%、100%、92.49%和 98.10%，对应的消耗量为 14.60～20.00mg/L；5.0g NaCl/L 反应器内的氨氮利用率，五个周期分别为 36.06%、63.03%、90.13%、100%和 100%，对应的消耗量为 8.10～22.70mg/L；10.0g NaCl/L 反应器内的氨氮利用率，五个周期分别为 23.26%、98.10%、85.59%、100%和 100%，对应的消耗量为 6.49～30.82mg/L。以上数据说明，三组反应器的混合菌群在第一个周期内对于发酵液底物仍处于适应阶段，菌体不能利用大量氨氮进行快速生长；从第二个周期开始，三组反应器内的混合菌群对氨氮的利用率都达到较高水平，说明此时菌群已经较好地适应了新底物，能够进行大量增殖活动。

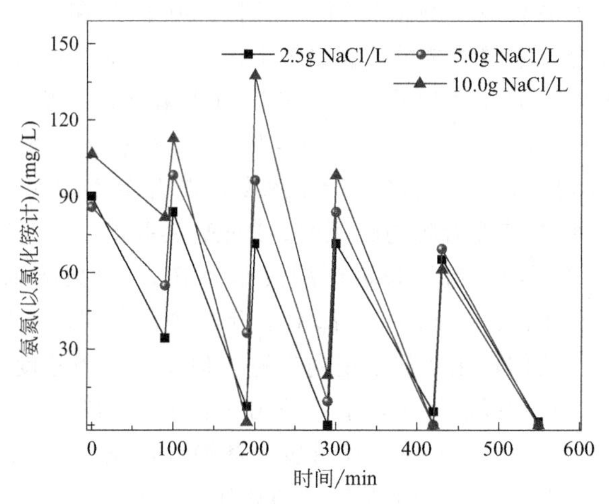

图 9.2　不同盐度下底物中氮源利用情况

从图 9.3 可以看出，在面对新底物和盐度的双重生态压力冲击下，10.0g

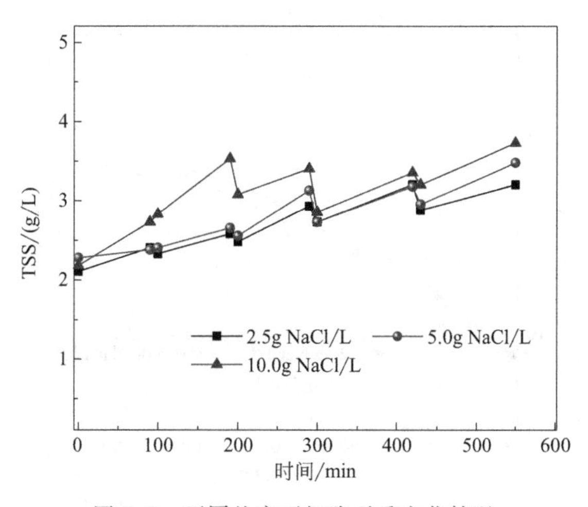

图 9.3　不同盐度下细胞干重变化情况

NaCl/L 的细胞干重变化明显区别于另外两组，其菌体细胞增长明显快于其他两组，因此从批次的第二周期开始，在氨氮总量大于其他两组的基础上，对氨氮的摄取效率也接近100%。从图9.3中可以得出结论，10.0g NaCl/L 的高盐环境可以刺激菌体细胞生长速率，加快增长，结合图9.1中对碳源的利用情况，可知此环境中的微生物细菌处于氮源限制阶段。

9.2.3 不同盐度对于PHA合成的影响

图9.4显示了不同盐度下PHA合成率的变化情况。从图9.4可以看出，2.5g NaCl/L 盐度下菌群利用产酸发酵液的PHA最高合成率达到峰值33.43%，其他两组的PHA最高合成率数值相当，分别为30.91%和30.60%，三组盐度下每周期的PHA合成率增加缓慢，在趋势上区别不明显。表9.4列出不同盐度下各动力学参数比较，从中可以看出不同盐度对于菌群利用发酵液对于PHA转化率、污泥转化率、PHA比合成速率、污泥比合成速率及底物吸收速率的影响。由表9.4中的数据可知，无论哪个NaCl浓度，混合菌群的$Y_{P/S}$都大于$Y_{X/S}$，说明以餐厨垃圾产酸发酵液为底物碳源时，PHA积累相对于菌体细胞生长是都是占主导的，这也正说明了餐厨垃圾产酸液作为PHA合成碳源的优势；同时，随着NaCl浓度的增加，$Y_{P/S}$和$Y_{X/S}$都呈上升趋势，说明盐度的增加对于混合菌群的PHA合成及菌体转化率都是正向促进。但是，三组盐度下的q_A和$-q_N$变化区别不明显，且底物吸收速率随着盐度升高，从1.0178mg COD/(mg X·h)降至0.4597mg COD/(mg X·h)，有明显下降趋势，原因与三组盐度下的污泥浓度逐渐增加有关；同时盐度增加刺激了菌体快速生长与合成PHA的速率，另外可看出，低盐度下微生物混菌对发酵液底物的利用率不高，推断除了菌体生长和PHA合成外，有比较多的碳源被消耗在内源呼吸代谢过程。

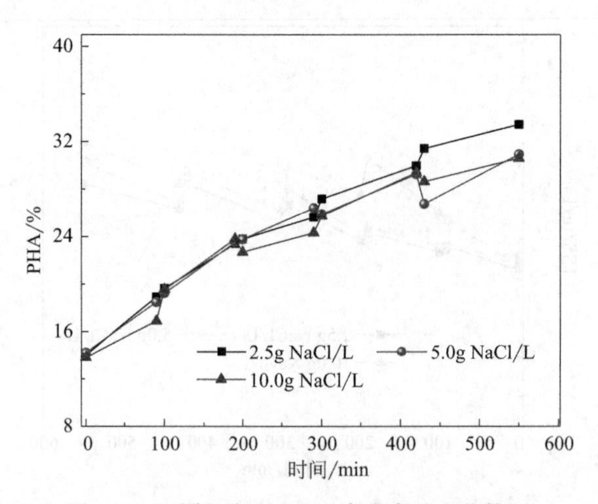

图9.4 不同盐度下PHA合成率的变化情况

表 9.4　不同盐度下各动力学参数比较

参数	$Y_{P/S}$ /(COD/COD)	q_A /[mg COD PHA/(mg X·h)]	$Y_{X/S}$ /(COD/COD)	$-q_N$ /[mg COD X/(mg X·h)]	$-q_S$ /[mg COD/(mg X·h)]	PHA_{max} /%
Ⅰ	0.0918	0.0879	0.0756	0.0762	1.0178	33.43
Ⅱ	0.1343	0.1066	0.0874	0.0703	0.8417	30.91
Ⅲ	0.2260	0.1018	0.1734	0.0782	0.4597	30.60

注：1. Ⅰ、Ⅱ、Ⅲ分别代表发酵液底物中 NaCl 浓度为 2.5g/L、5.0g/L、10.0g/L 的批次实验。

2. PHA_{max} 为混合菌群在批次实验最大的 PHA 合成率；$Y_{P/S}$、$Y_{X/S}$、q_A、$-q_N$、$-q_S$ 分别代表 PHA 转化率、污泥转化率、PHA 合成速率、比污泥生长速率及底物吸收速率，为五个周期的平均值。

通过图 9.5 可以看出，以餐厨垃圾产酸液作为底物时，不同盐度下 HB 和 HV 单体比例变化不大，此结果与第 4 章中试验结果表现一致，从碳源组成类型可以解释这个现象，本次餐厨垃圾厌氧发酵控制条件属于丁酸型发酵，底物组成中丁酸占比 44.01%，与第 4 章中所配底物的丁酸占比相接近，并且 5.0g NaCl/L 驯化得到的混合菌群也以利用丁酸为主，已知偶数型碳源在微生物体内被合成 PHB，因此以丁酸型发酵产酸液为碳源得到的 PHA 产品中 PHB 比例较高，而盐度表现为仅刺激微生物的菌体生长和 PHA 合成，基本对 PHA 单体构成没有影响。

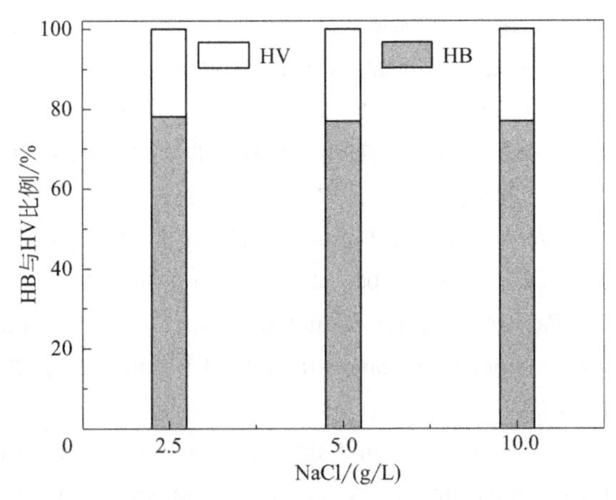

图 9.5　不同盐度对于 PHA 单体组成的影响

参考文献

[1] 盛欣英. 以剩余污泥为原料合成聚羟基脂肪酸酯的研究 [D]. 济南：山东大学，2012.

[2] 支丽玲，马鑫欣，刘奇欣. 好氧颗粒污泥形成过程中群感效应的作用研究 [J]. 中国环境科学，2020，40（5）：2148-2156.

[3] 魏风军，张俊楠. 全生物降解材料 PHA 在包装行业及禁塑替代中的应用浅析 [J]. 今日印刷，2020（08）：55-57.

[4] 潘兰佳，李杰，林清怀. 贪铜菌利用混合餐厨废油合成聚羟基丁酸酯 [J]. 生物技术通报，2021，37（4）：127.

[5] 张婷，张彩丽，宋鑫宇. PBAT 薄膜的制备及应用研究进展 [J]. 中国塑料，2021，35（7）：115.

[6] Hunter T. The role of regulatory frameworks and state regulation in optimising the extraction of petroleum resources: A study of Australia and Norway [J]. The Extractive Industries and Society，2014，1（1）：48-58.

[7] 韦佳敏，刘文如，程洁红. 反硝化除磷的影响因素及聚磷菌与聚糖菌耦合新工艺的研究进展 [J]. 化工进展，2020，39（11）：4608-4618.

[8] 鞠峰，张彤. 活性污泥微生物群落宏组学研究进展 [J]. 微生物学通报，2019，46（8）：2038-2052.

[9] 孙新新，郑家珍，王艳青. 一株聚β-羟基丁酸 PHB 高产菌株的分离与鉴定 [J]. 安徽农业科学，2015（6）：8-10.

[10] 李懋，王朝云，吕江南. 可生物降解材料聚羟基脂肪酸酯（PHA）的合成与应用概述 [J]. 环境科学与管理，2009，34（12）：144-148.

[11] 许辅乾. 嗜热螯台球菌产聚羟基脂肪酸酯的研究 [D]. 广州：华南理工大学，2014.

[12] Kamm B，Gruber P R，Kamm M. Biorefineries-industrial processes and products [M]. Wiley Online Library，2007.

[13] 杨永富，耿碧男，宋皓月. 合成生物学时代基于非模式细菌的工业底盘细胞研究现状与展望 [J]. 生物工程学报，2021，37（3）：874-910.

[14] Ragauskas A J，Williams C K，Davison B H，et al. The path forward for biofuels and biomaterials [J]. Science，2006，311（5760）：484-489.

[15] Tsiropoulos I，Faaij A P C，Lundquist L，et al. Life cycle impact assessment of bio-based plastics from sugarcane ethanol [J]. Journal of Cleaner Production，2015，90：114-127.

[16] Lee D H. Bio-based economies in Asia: Economic analysis of development of bio-based industry in China，India，Japan，Korea，Malaysia [J]. International Journal of Hydrogen Energy，2016，41（7）：4333-4346.

[17] 王颖，陈国强. 合成生物学技术在聚羟基脂肪酸酯 PHA 生产中的应用 [J]. 中国科学：生命科学，2015（10）：12-20

[18] Balaji S, Gopi K, Muthuvelan B. A review on production of poly β -hydroxybutyrates from cyanobacteria for the production of bio plastics [J]. Algal Research, 2013, 2 (3): 278-285.

[19] Kind S, Neubauer S, Becker J, et al. From zero to hero-Production of bio-based nylon from renewable resources using engineered Corynebacterium glutamicum [J]. Metabolic Engineering, 2014, 25: 113-123.

[20] Huysveld S, De Meester S, Van linden V, et al. Cumulative Overall Resource Efficiency Assessment (COREA) for comparing bio-based products with their fossil-derived counterparts [J]. Resources, Conservation and Recycling, 2015, 102: 113-127.

[21] Muizniecea I, Dace E, Blumberga D. Dynamic Modeling of the Environmental and Economic Aspects of Bio-Resources from Agricultural and Forestry Wastes [J]. Procedia Earth and Planetary Science, 2015, 15: 806-812.

[22] Zia K M, Noreen A, Zuber M, et al. Recent developments and future prospects on bio-based polyesters derived from renewable resources: A review [J]. International Journal of Biological Macromolecules, 2016, 82: 1028-1040.

[23] Kleerebezem R, Van Loosdrecht M C. Mixed culture biotechnology for bioenergy production [J]. Current opinion in biotechnology, 2007, 18 (3): 207-212.

[24] Morgan-Sagastume F, Hjort M, Cirne D, et al. Integrated production of polyhydroxyalkanoates (PHAs) with municipal wastewater and sludge treatment at pilot scale [J]. Bioresource Technology, 2015, 181: 78-89.

[25] 章婷婷，刘霞，何群彪. 城市污水污泥处置技术及资源化利用研究进展 [J]. 轻工科技，2019 (6): 94-95.

[26] 张金华，裴叶. 污水处理厂脱氮除磷工艺的运行控制 [J]. 中国资源综合利用，2010, 28 (8): 58-60.

[27] 李冬娜，马晓军. 污泥厌氧发酵产酸机理及应用研究进展 [J]. 生物质化学工程，2020, 54 (2): 51-60.

[28] 陈玮. 利用活性污泥混合菌群合成聚羟基烷酸酯的研究 [D]. 哈尔滨：哈尔滨工业大学，2010.

[29] Basset N, Katsou E, Frison N, et al. Integrating the selection of PHA storing biomass and nitrogen removal via nitrite in the main wastewater treatment line [J]. Bioresource Technology, 2016, 200: 820-829.

[30] Chang H F, Chang W C, Chuang S H, et al. Comparison of polyhydroxyalkanoates production by activated sludges from anaerobic and oxic zones of an enhanced biological phosphorus removal system: effect of sludge retention time [J]. Bioresour Technol, 2011, 102 (9): 5473-5488.

[31] Jiang Y, Chen Y, Zheng X. Efficient Polyhydroxyalkanoates Production from a Waste-Activated Sludge Alkaline Fermentation Liquid by Activated Sludge Submitted to the Aerobic Feeding and Discharge Process [J]. Environmental Science & Technology, 2009, 43: 7734-7741.

[32] Urtuvia V, Villegas P, González M, et al. Bacterial production of the biodegradable plastics polyhydroxyalkanoates [J]. International journal of biological macromolecules, 2014, 70: 208-213.

[33] Tamis J, Lužkov K, Jiang T, et al. Enrichment of Plasticicumulans acidivorans at pilot-scale for PHA production on industrial wastewater [J]. Journal of Biotechnology, 2014, 192: 161-169.

[34] Reddy M V, Mohan S V. Influence of aerobic and anoxic microenvironments on polyhydroxyalkanoates (PHA) production from food waste and acidogenic effluents using aerobic consortia [J]. Bioresource Technology, 2012, 103 (1): 313-321.

[35] 郑裕东，钟青华. 厌氧-好氧驯化活性污泥生物合成 PHA 的研究 [J]. 环境科学研究，2001，14 (2)：41-44.

[36] Venkateswar Reddy M, Nikhil G N, Venkata Mohan S, et al. Pseudomonas otitidis as a potential biocatalyst for polyhydroxyalkanoates (PHA) synthesis using synthetic wastewater and acidogenic effluents [J]. Bioresour Technol, 2012, 123: 471-479.

[37] Janarthanan O M, Laycock B, Montano-Herrera L, et al. Fluxes in PHA-storing microbial communities during enrichment and biopolymer accumulation processes [J]. New Biotechnology, 2016, 33 (1): 61-72.

[38] Fernández-Dacosta C, Posada J A, Kleerebezem R, et al. Microbial community-based polyhydroxyalkanoates (PHAs) production from wastewater: Techno-economic analysis and ex-ante environmental assessment [J]. Bioresource Technology, 2015, 185: 368-377.

[39] Tamis J, Marang L, Jiang Y, et al. Modeling PHA-producing microbial enrichment cultures—towards a generalized model with predictive power [J]. New Biotechnology, 2014, 31 (4): 324-334.

[40] Wu W, Lai S Y, Jang M F, et al. Optimal adaptive control schemes for PHB production in fed-batch fermentation of Ralstonia eutropha [J]. Journal of Process Control, 2013, 23 (8): 1159-1168.

[41] Dimou C, Kopsahelis N, Papadaki A, et al. Wine lees valorisation: Biorefinery development including production of a generic fermentation feedstock employed for poly (hydroxybutyrate) synthesis [J]. Food Research International, 2015, 73: 81-87.

[42] Wang Y, Jiang X L, Peng S W, et al. Induced apoptosis of osteoblasts proliferating on polyhydroxyalkanoates [J]. Biomaterials, 2013, 34 (15): 737-3746.

[43] Valentino F, Karabegovic L, Majone M, et al. Polyhydroxyalkanoate (PHA) storage within a mixed-culture biomass with simultaneous growth as a function of accumulation substrate nitrogen and phosphorus levels [J]. Water Research, 2015, 77: 49-63.

[44] Flavigny R M G, Cord-Ruwisch R. Organic carbon removal from wastewater by a

PHA storing biofilm using direct atmospheric air contact as oxygen supply [J]. Bioresource Technology, 2015, 187: 182-188.

[45] Duque A F, Oliveira C S S, Carmo I T D, et al. Response of a three-stage process for PHA production by mixed microbial cultures to feedstock shift: impact on polymer composition [J]. New Biotechnology, 2014, 31 (4): 276-288.

[46] Valentino F, Riccardi C, Campanari S, et al. Fate of β -hexachlorocyclohexane in the mixed microbial cultures (MMCs) three-stage polyhydroxyalkanoates (PHA) production process from cheese whey [J]. Bioresource Technology, 2015, 192: 304-311.

[47] Venkateswar Reddy M, Venkata Mohan S. Influence of aerobic and anoxic microenvironments on polyhydroxyalkanoates (PHA) production from food waste and acidogenic effluents using aerobic consortia [J]. Bioresource Technology, 2012, 103 (1): 313-321.

[48] 郭子瑞. 基于动态间歇排水瞬时补料的活性污泥合成 PHA 新工艺研究 [D]. 哈尔滨: 哈尔滨工业大学, 2016.

[49] Moralejo-Garate H, Kleerebezem R, Mosquera-Corral A, et al. Impact of oxygen limitation on glycerol-based biopolymer production by bacterial enrichments [J]. Water Research, 2013, 47 (3): 1209-1217.

[50] 刘莹. 混合菌群利用粗甘油合成聚羟基烷酸酯 (PHA) 的研究 [D]. 哈尔滨: 哈尔滨工业大学, 2018.

[51] Temudo M F. Directing product formation by mixed culture fermentation [J]. Applied Sciences, 2008.

[52] Chua H, Yu P, Ho L. Coupling of waste water treatment with storage polymer production [J] . Applied biochemistry and biotechnology, 1997, 63 (1): 627-635.

[53] Serafim, Lemos, Oliveira, et al. Optimization of polyhydroxybutyrate production by mixed cultures submitted to aerobic dynamic feeding conditions [J]. Biotechnology and Bioengineering, 2004, 87 (2): 145-160.

[54] Majone M, Massanisso P, Carucci A, et al. Influence of storage on kinetic selection to control aerobic filamentous bulking [J] . Water Science and Technology, 1996, 34 (5-6): 223-232.

[55] Albuquerque M G E, Eiroa M, Torres C, et al. Strategies for the development of a side stream process for polyhydroxyalkanoate (PHA) production from sugar cane molasses [J]. Journal of Biotechnology, 2007, 130 (4): 411-421.

[56] Zhang M, Wu H, Chen H. Coupling of polyhydroxyalkanoate production with volatile fatty acid from food wastes and excess sludge [J] . Process Safety and Environmental Protection, 2014, 92 (2): 171-178.

[57] Queirós D, Rossetti S, Serafim L S. PHA production by mixed cultures: A way to valorize wastes from pulp industry [J] . Bioresource Technology, 2014, 157: 197-205.

[58] 刘煜. 活性污泥合成PHA的工艺条件优化 [D]. 广州：广州大学，2020.

[59] 潘兰佳，李杰，林清怀. 废油脂生物合成聚羟基脂肪酸酯的研究进展 [J]. 生物技术通报，2020，36 (7)：190-199.

[60] Amulya K，Reddy M V，Rohit M V，et al. Wastewater as renewable feedstock for bioplastics production: understanding the role of reactor microenvironment and system pH [J]. Journal of Cleaner Production，2016，112：4618-4627.

[61] Dionisi D，Beccari M，Di Gregorio S，et al. Storage of biodegradable polymers by an enriched microbial community in a sequencing batch reactor operated at high organic load rate [J]. Journal of Chemical Technology and Biotechnology，2005，80 (11)：1306-1318.

[62] Jia Q，Wang H，Wang X. Dynamic synthesis of polyhydroxyalkanoates by bacterial consortium from simulated excess sludge fermentation liquid [J]. Bioresource technology，2013，140：328-336.

[63] 种宇轩，任连海，王攀. 利用煎炸废油合成PHA的工艺条件探讨 [J]. 绿色科技，2016 (10)：65-67.

[64] Johnson K，Jiang Y，Kleerebezem R，et al. Enrichment of a mixed bacterial culture with a high polyhydroxyalkanoate storage capacity [J]. Biomacromolecules，2009，10：670-676.

[65] Chen Z，Huang L，Wen Q，et al. Efficient polyhydroxyalkanoate (PHA) accumulation by a new continuous feeding mode in three-stage mixed microbial culture (MMC) PHA production process [J]. Journal of biotechnology，2015，209：68-75.

[66] Majone M，Beccari M，Dionisi D，et al. Role of storage phenomena on removal of different substrates during pre-denitrification [J]. Water Science & Technology A Journal of the International Association on Water Pollution Research，2001，43 (3)：151-158.

[67] Queirós D，Serafim L S，Rossetti S. Use of hardwood sulphite spent liquor for acclimating a polyhydroxyalkanoate storage capacity of a mixed microbial culture [J]. New Biotechnology，2014，31：100-101

[68] Obruca S，Benesova P，Petrik S，et al. Production of polyhydroxyalkanoates using hydrolysate of spent coffee grounds [J]. Process Biochemistry，2014，49 (9)：1409-1414.

[69] Chen Y，Li X，Zheng X，et al. Enhancement of propionic acid fraction in volatile fatty acids produced from sludge fermentation by the use of food waste and Propionibacterium acidipropionici [J]. Water Research，2013，47 (2)：615-622.

[70] 刘东. 甘油基混合培养物合成PHA及其模拟与在线监测 [D]. 重庆：重庆大学，2016.

[71] 赵国强，李亚丽，武双. 基于低成本碳源微生物合成聚羟基脂肪酸酯的研究进展 [J]. 高分子通报，2020.

[72] Filipa P，Maria A G E，Maria R AM，et al. Dynamic metabolic modelling of

volatile fatty acids conversion to polyhydroxyalkanoates by a mixed microbial culture [J]. New Biotechnology, 2014, 31 (4) 335-344.

[73] Jiang Y, Marang L, Tamis J, et al. Waste to resource: Converting paper mill wastewater to bioplastic [J]. Water Research, 2012, 46 (17): 5517-5530.

[74] Waller J L, Green P G, Loge F J. Mixed-culture polyhydroxyalkanoate production from olive oil mill pomace [J]. Bioresource Technology, 2012, 120: 285-289.

[75] Elain A, Grand A, Corre Y M, et al. Valorisation of local agro-industrial processing waters as growth media for polyhydroxyalkanoates (PHA) production [J]. Industrial Crops and Products, 2016, 80: 1-5.

[76] Jorge R, Robbert K, Lema J M, et al. Modeling product formation in anaerobic mixed culture fermentations [J]. Biotechnology & Bioengineering, 2006, 93 (3): 592-606.

[77] Lee W S, Chua A S M, Yeoh H K, et al. Strategy for the biotransformation of fermented palm oil mill effluent into biodegradable polyhydroxyalkanoates by activated sludge [J]. Chemical Engineering Journal, 2015, 269: 288-297.

[78] Bengtsson, Werker, Christensson, et al. Production of polyhydroxyalkanoates by activated sludge treating a paper mill wastewater [J]. Bioresource Technology, 2008, 99 (3): 509-516.

[79] 邓毅. 废水产酸合成聚羟基烷酸酯工艺稳定运行研究 [D]. 哈尔滨：哈尔滨工业大学，2012.

[80] Chinwetkitvanich S, Randall C W, Panswad T. Effects of phosphorus limitation and temperature on PHA production in activated sludge [J]. Water Science & Technology A Journal of the International Association on Water Pollution Research, 2004, 50 (8): 135-143.

[81] Deka P, Hoque R R. Chemical characterization of biomass fuel smoke particles of rural kitchens of South Asia [J]. Atmospheric Environment, 2015, 108: 125-132.

[82] Krishna C, Loosdrecht M C M V. Effect of temperature on storage polymers and settleability of activated sludge [J]. Water Research, 1999, 33 (10): 2374-2382.

[83] Fang F, Liu X W, Xu J, et al. Formation of aerobic granules and their PHB production at various substrate and ammonium concentrations [J]. Bioresource Technology, 2009, 100 (1): 59-63.

[84] 王玉洁，罗灏，何洁鑫. 混合菌群合成聚羟基烷基酸酯（PHA）研究进展 [J]. 广东工业大学学报，2015，32（2）：137-143.

[85] 张建华，王淑莹，张淼. 不同反应时间内碳源转化对反硝化除磷的影响 [J]. 中国环境科学，2017，37（3）：989-997.

[86] 蔡萌萌，蔡宏，单羿. 活性污泥合成 PHAs 单体组分的调控方法 [J]. 化工学报，2007，58（10）：2427-2431.

[87] 高溢璟. 基于 ASM2 的活性污泥模型研究与应用 [D]. 重庆：重庆大学，2010.

[88] 陈庆彩，史江红，吴唯. 细胞自动机模拟活性污泥法污水处理过程 [J]. 环境科学学报，2011，31（9）：1908-1918.

[89] Morales N, Figueroa A M, Mosquera-Corral J L, et al. Aerobic granular-type biomass development in a continuous stirred tank reactor [J]. Separation and Purification Technology, 2012, 89: 199-205.

[90] Val del Río A, Figueroa M, Arrojo B, et al. Aerobic granular SBR systems applied to the treatment of industrial effluents [J]. Journal of Environmental Management, 2012, 95: 88-92.

[91] Verawaty M, Pijuan M, Yuan Z, et al. Determining the mechanisms for aerobic granulation from mixed seed of floccular and crushed granules in activated sludge wastewater treatment [J]. Water Research, 2012, 46: 761-771.

[92] Beun J J, Dircks K, Van Loosdrecht M C M, et al. Poly-β -hydroxybutyrate metabolism in dynamically fed mixed microbial cultures [J]. Water Research, 2002, 36(5): 1167-1180.

[93] Ten E, Jiang L, Zhang J, et al. 3-Mechanical performance of polyhydroxyalkanoate (PHA) -based biocomposites [J]. Biocomposites, 2015, 39-52.

[94] Ocampo-López C, Colorado-Arias S, Ramírez-Carmona M. Modeling of microbial growth and ammonia consumption at different temperatures in the production of a polyhydroxyalkanoate (PHA) biopolymer [J]. Journal of Applied Research and Technology, 2015, 13(5): 498-503.

[95] 覃晶晶，江小林. 污水处理中 Monod 方程的简化及其线性化方程 [J]. 市政技术，2006, 24(2): 75-76.

[96] 孙培德，王如意. 活性污泥法污水处理厂生物-水力耦合建模及校验研究 [J], 2007. 27(9): 10-15.

[97] 徐向阳，祁华宝，王其于. 厌氧颗粒污泥还原脱氯与降解五氯酚（PCP）的研究 [J]. 浙江大学学报：农业与生命科学版，2001, 27(2): 145-150.

[98] Liu Y, Wang Z W, Tay J H. A unified theory for upscaling aerobic granular sludge sequencing batch reactors [J]. Biotechnology advances, 2005, 23(5): 335-344.

[99] Hafuka A, Sakaida K, Satoh H, et al. Effect of feeding regimens on polyhydroxybutyrate production from food wastes by Cupriavidus necator [J]. Bioresource Technology, 2011, 102(3): 3551-3553.

[100] Liu H Y, Hall P V, Darby J L, et al. Production of polyhydroxyalkanoate during treatment of tomato cannery wastewater [J]. Water Environment Research A Research Publication of the Water Environment Federation, 2008, 80(4): 367.

[101] Mozumder M S I, Goormachtigh L, Garcia-Gonzalez L, et al. Modeling pure culture heterotrophic production of polyhydroxybutyrate (PHB) [J]. Bioresource Technology, 2014, 155(0): 272-280.

[102] 张梦霖. 废水生物处理反应器的光谱定量分析方法研究 [D]. 合肥：中国科学技术大学，2009.

[103] Ezzat M A, El-Bary A A. Effects of variable thermal conductivity on Stokes' flow of a thermoelectric fluid with fractional order of heat transfer [J]. International

Journal of Thermal Sciences, 2016, 100: 305-315.

[104] Ray S, Prajapati V, Patel K, et al. Optimization and characterization of PHA from isolate Pannonibacter phragmitetus ERC8 using glycerol waste [J]. International Journal of Biological Macromolecules, 2016, (3): 58-62.

[105] Gao S, Huang Y, Yang L, et al. Evaluation the anaerobic digestion performance of solid residual kitchen waste by $NaHCO_3$ buffering [J]. Energy Conversion and Management, 2015, 93: 166-174.

[106] 王琪，周卫强，杨小凡. 聚羟基脂肪酸酯改性材料研究应用进展 [J]. 当代化工，2020, 49(12): 2795-2799.

[107] 刁晓倩，翁云宣，付烨. 生物降解塑料应用及性能评价方法综述 [J]. 中国塑料，2021, 35(8): 152.

[108] 罗容聪. 聚羟基脂肪酸酯的应用——3-羟基脂肪酸甲酯作用燃料的潜能开发 [D]. 汕头：汕头大学，2008.

[109] 李凯楠，李晓冬，胡书春. 聚吡咯在芳纶Ⅲ纤维表面的原位合成及产物吸波性能研究 [J]. 化工新型材料，2020, 48(8): 130-136.

[110] 陈向玲，王朝生，王华平. PET/PHA 共混纺丝研究 [J]. 合成纤维工业，2011, 34(1): 49-51.

[111] 相恒学，王世超，闻晓霜. 聚(3-羟基丁酸酯-co-3-羟基戊酸酯)改性及纤维成形 [J]. 高分子通报，2013(10): 136-144.

[112] 史圣洁. 聚羟基丁酸戊酸共聚酯(PHBV)/超支化聚酰胺酯(HBPEA)共混体系基本性能研究及其纤维成形 [D]. 上海：东华大学，2010.

[113] 刘煜. 活性污泥合成 PHA 的工艺条件优化 [D]. 广州：广州大学，2020.

[114] 姜莉莉，朱宝伟，李昌丽. 微生物转化粗甘油制备高附加值产品的研究进展 [J]. 生物质化学工程，2021, 55(5): 60-66.

[115] 王冬祥，王晨，王世杰. 粗甘油高值化利用研究现状及发展趋势 [J]. 化工进展，2020, 39(8): 3041-3048.

[116] 申瑞霞，赵立欣，冯晶. 生物质水热液化产物特性与利用研究进展 [J]. 农业工程学报，2020, 36(2).

[117] 汪孝岚，梁峙. 城市生活垃圾处理工艺现状及其展望 [J]. 广东化工，2012, 39(15): 130-131.

[118] 朱葛夫，潘小芳，宁静. 碳氮比对猪粪与玉米秸秆混合厌氧消化产沼气性能的影响 [J]. 农业工程学报，2018, 34(S1): 93-98.

[119] 喻尚柯. 生物炭对剩余污泥与城市生物质废弃物联合厌氧消化的影响 [D]. 重庆：重庆大学，2019.

[120] Gao W, Chen Y, Zhan L, et al. Engineering properties for high kitchen waste content municipal solid waste [J]. Journal of Rock Mechanics and Geotechnical Engineering, 2015, 7(6): 646-658.

[121] Tian H, Duan N, Lin C, et al. Anaerobic co-digestion of kitchen waste and pig manure with different mixing ratios [J]. Journal of Bioscience and Bioengineering, 2015, 120(1): 51-57.

[122] Yang F, Li G, Shi H, et al. Effects of phosphogypsum and superphosphate on compost maturity and gaseous emissions during kitchen waste composting [J]. Waste Management, 2015, 36: 70-76.

[123] 王权，宫常修，蒋建国. NaCl 对餐厨垃圾厌氧发酵产 VFA 浓度及组分的影响 [J]. 中国环境科学，2014，34 (12)：3127-3132.

[124] 桂许维，罗艺芳，李振轮. 餐厨垃圾协同剩余污泥发酵产酸的生物过程与影响因素研究进展 [J]. 生物工程学报，2021，37 (4)：1-13

[125] Xiao X, Huang Z, Ruan W, et al. Evaluation and characterization during the anaerobic digestion of high-strength kitchen waste slurry via a pilot-scale anaerobic membrane bioreactor [J]. Bioresource Technology, 2015, 193: 234-242.

[126] Albuquerque, Carvalho G, Kragelund C, et al. Link between microbial composition and carbon substrate-uptake preferences in a PHA-storing community [J]. The ISME Journal, 2013, 7 (1): 1-12.

[127] Lanham A B, Ricardo A R, Albuquerque M G E, et al. Determination of the extraction kinetics for the quantification of polyhydroxyalkanoate monomers in mixed microbial systems [J]. Process Biochemistry, 2013, 48 (11): 1626-1634.

[128] Passanha P, Kedia G, Dinsdale R M, et al. The use of NaCl addition for the improvement of polyhydroxyalkanoate production by Cupriavidus necator [J]. Bioresource Technology, 2014, 163 (163C): 287-294.

[129] 阮敏，孙宇桐，黄忠良. 污泥预处理-厌氧消化体系的能源经济性评价 [J]. 化工进展，2022，41 (3)：1503-1516.

[130] Yang X, Du M, Lee D J. Enhanced production of volatile fatty acids (VFA) from sewage sludge by β-cyclodextrin [J]. Bioresource Technology, 2012, 110: 688-691.

[131] Kshirsagar P R, Kulkarni S O, Nilegaonkar S S, et al. Kinetics and model building for recovery of polyhydroxyalkanoate (PHA) from Halomonas campisalis [J]. Separation and Purification Technology, 2013, 103: 151-160.

[132] 吉艳. 聚 (3-羟基丁酸 3-羟基戊酸 3-羟基己酸) 在皮肤组织工程材料中的应用研究 [D]. 汕头：汕头大学，2008.

[133] 张小玲，王芳，刘珊. 剪切力对好氧颗粒污泥的影响及其脱氮除磷特性研究 [J]. 安全与环境学报，2011 (04)：56-60.

[134] 杨冠. 好氧颗粒污泥的培养及除污性能的研究 [D]. 兰州：兰州理工大学，2009.

[135] Park S J, Kang K H, Lee H, et al. Propionyl-CoA dependent biosynthesis of 2-hydroxybutyrate containing polyhydroxyalkanoates in metabolically engineered Escherichia coli [J]. J Biotechnol, 2013, 165 (2): 93-98.

[136] 倪丙杰. 好氧颗粒污泥的培养过程、作用机制及数学模拟 [D]. 合肥：中国科学技术大学，2009.

[137] 赵霞. 好氧颗粒污泥系统处理含 PPCPs 污水的效能及微生物群落演替 [D]. 哈尔滨：哈尔滨工业大学，2015.

[138] 唐朝春，刘名，陈惠民. 好氧颗粒污泥的形成及其应用的研究进展 [J]. 工业水处理，2015 (12)：5-9.

[139] Yang X, Du M, Lee D J, et al. Enhancedproduction of volatile fatty acids (VFA) from sewage sludge by β -cyclodextrin [J]. Bioresource Technology, 2012, 110: 688-691.

[140] 黄龙. 混合菌群合成 PHA 工艺影响因子与优化策略研究 [D]. 哈尔滨：哈尔滨工业大学，2013.

[141] Marang L, Jiang T, Van Loosdrecht M C, et al. Impact of non-storing biomass on PHA production: An enrichment culture on acetate and methanol [J]. International journal of biological macromolecules, 2014, 71: 74-80.

[142] 崔有为，冀思远，卢鹏飞. F/F 对嗜盐污泥以乙酸钠为底物生产 PHB 能力的影响 [J]. 化工学报，2015 (4)：1491-1497.

[143] Ciggin A S, Orhon D, Rossetti S, et al. Short-term and long-term effects on carbon storage of pulse feeding on acclimated or unacclimated activated sludge [J]. Water Research, 2011, 45 (10): 3119-3128.

[144] Chang H F, Chang W C, Tsai C Y. Synthesis of poly (3-hydroxybutyrate/3-hydroxyvalerate) from propionate-fed activated sludge under various carbon sources [J]. Bioresour Technol, 2012, 113: 51-57.

[145] Chua A S M, Takabatake H, Satoh H, et al. Production of polyhydroxyalkanoates (PHA) by activated sludge treating municipal wastewater: effect of pH, sludge retention time (SRT), and acetate concentration in influent [J]. Water Research, 2003, 37 (15): 3602-3611.

[146] Albuquerque M G E, Torres C A V, Reis M A M. Polyhydroxyalkanoate (PHA) production by a mixed microbial culture using sugar molasses: Effect of the influent substrate concentration on culture selection [J]. Water Research, 2010, 44: 3419-3433.

[147] Zhou M, Gong J, Yang C, et al. Simulation of the performance of aerobic granular sludge SBR using modified ASM3 model [J]. Bioresource Technology, 2013, 127: 473-481.

[148] Rittmann B E, McCarty P L. Environmental biotechnology [M]. New York: McGraw Hill, 2001.

[149] Dionisi D, Majone M, Papa V, et al. Biodegradable polymers from organic acids by using activated sludge enriched by aerobic periodic feeding [J]. Biotechnology and Bioengineering, 2004, 85 (6): 569-579.

[150] Ray S, Prajapati V, Patel K, et al. Optimization and characterization of PHA from isolate Pannonibacter phragmitetus ERC8 using glycerol waste [J]. International Journal of Biological Macromolecules, 2016: 276-288.

[151] Gurieff N, Lant P. Comparative life cycleas sessment and financia lanalys is of mixed culture poly hydroxyalkanoate production [J]. Bioresource Technology, 2007, 98 (17): 3393-3403.

[152] Valentino F, Morgan-Sagastume F, Campanari S. Carbon recovery from waste water through bioconversion into biodegradable polymers [J]. New biotechnology, 2017, 37: 9-23.

[153] 黄龙. 产 PHA 优势菌群富集机制与三段式混菌工艺优化研究 [D]. 哈尔滨: 哈尔滨工业大学, 2018.

[154] Wen Q, Chen Z, Wang C, et al. Bulking sludge for PHA production: Energy saving and comparative storage capacity with well-settled sludge [J]. Journal of Environmental Sciences, 2012, 24: 1744-1752.

[155] 杨世铭, 陶文铨. 传热学. 4版 [M]. 北京: 高等教育出版社, 2006: 398-399.

[156] 强生, 传热学, 保荣. 高等传热学: 热传导和对流传热与传质 [M]. 上海: 上海交通大学出版社, 1996.

[157] Zhai N, Zhang T, Yin D, et al. Effect of initial pH on anaerobic co-digestion of kitchen waste and cow manure [J]. Waste Management, 2015, 38: 126-131.

[158] Dias J M, Oehmen A, Serafim L S, et al. Metabolic modelling of polyhydroxyalkanoate copolymers production by mixed microbial cultures [J]. Bmc Systems Biology, 2008, 2(15): 59-64.

[159] Kedia G, Passanha P, Dinsdale R M, et al. Addressing the challenge of optimum polyhydroxyalkanoate harvesting: Monitoring real time process kinetics and biopolymer accumulation using dielectric spectroscopy [J]. Bioresource Technology, 2013, 134(134): 143-150.

[160] 张鹏, 吴志超, 敖华军. 污泥的粘度与浓度、温度三者关系式的实验推导 [J]. 环境污染治理技术与设备, 2006, 7(3): 72-74.

[161] 曹秀芹, 袁海光, 赵振东. 黄原胶溶液模拟消化污泥流动性能分析 [J]. 农业工程学报, 2017, 33(15): 260-265.

[162] Tan G Y A, Chen C L, Li L, et al. Start a Research on Biopolymer Polyhydroxyalkanoate (PHA): A Review [J]. Polymers, 2014, 6(3): 706-754.

[163] Albuquerque M G, Eiroa M, Torres C, et al. Strategies for the development of a side stream process for polyhydroxyalkanoate (PHA) production from sugar cane molasses. [J]. Journal of Biotechnology, 2007, 130(4): 411-421.

[164] Majone M, Massanisso P, Carucci A, et al. Influence of storage on kinetic selection to control aerobic filamentous bulking [J]. Water Science & Technology, 1996, 34(5-6): 223-232.

[165] Korkakaki E, Mulders M, Veeken A, et al. PHA production from the organic fraction of municipal solid waste (OFMSW): Overcoming the inhibitory matrix [J]. Water Research, 2016, 96: 74-83.

[166] 岳颖蓉, 方芳, 徐润泽. 甲烷作为电子供体合成聚羟基脂肪酸酯的研究进展 [J]. 应用化工, 2021, 50(4): 1011-1018.

[167] 薛年喜, 贾永乐. 用自调整 S 函数提高神经网络 BP 算法 [J]. 计算机测量与控制, 2003, 11(2): 153-155.

[168] Carvalho G, Oehmen A, Albuquerque M G E, et al. The relationship between

mixed microbial culture composition and PHA production performance from fermented molasses [J]. New Biotechnology, 2014, 31 (4): 257-263.

[169] Jiang Y, Hebly M, Kleerebezem R. Meta bolic modeling of mixed substrate up take for polyhydroxyalkanoate (PHA) production [J]. water research, 2011, 45: 1309-1321.

[170] PardelhaFa G. Constraint-based modelling of mixed microbial populations: Application to polyhydroxy alkanoates production [D]. Lisbon: Universidade NOVAde Lisboa (Portugal), 2013.

[171] JiangY, Marang L, Kleerebezem R. Polyhydroxybuty rate Production From Lactate Using a Mixed Microbial Culture [J]. Biotechnology and Bioengineering, 2011, 108 (9): 2022-2035.

[172] Dias JM, Lemos PC, Serafim LS. Recent advances in polyhydroxyalkanoate production by mixed aerobic cultures: from the substrate to the final product [J]. Macromolecular bioscience, 2006, 6 (11): 885-906.

[173] Johnson K, Kleerebezem R, Van MCM. Influence of the C/N ratioon the performance of polyhydroxybutyrate (PHB) producing sequencing batch reactor satshort SRTs [J]. Water Research, 2009: 2141-2152.

[174] Van Loosdrecht M, Heijnen J. Modelling of activated sludge processes with structured biomass [J]. Water Science and Technology, 2002, 45 (6): 13-23.

[175] Katoh E, Yamawaki H, Fujihisa H. Protonic diffusionin high-pressureiceⅦ [J]. Science, 2002, 295 (5558): 1264-1266.

[176] Serafim L S, Lemos P C, Oliveira R. Optimization of polyhydroxybutyrate production by mixed cultures submitted to aerobic dynamic feeding conditions [J]. Biotechnology and Bioengineering, 2004, 87 (2): 145-160.

[177] Murn leitner E, Kuba T, Van Loosdrecht M. A nintegrated metabolic model for the aerobic and denitrifying biological phosphorus removal [J]. Biotechnology and bioengineering, 1997, 54 (5): 434-450.

[178] Park S J, Kang K H, Lee H. Propionyl-Co A dependent biosynthesis of 2-hydroxybutyrate containing polyhydroxyalkanoates inmetabolically engineered Escherichiacoli [J]. Journal of Biotechnology, 2013, 165 (2): 93-98.

[179] Morgenroth E, Sherden T, Van Loosdrecht M C M. Aerobic granular sludge in a sequencing batch reactor [J]. Water Research, 1997, 31: 31-91.

[180] 吉艳. 聚(3-羟基丁酸 3-羟基戊酸 3-羟基己酸)在皮肤组织工程材料中的应用研究 [D]. 汕头: 汕头大学, 2008.

[181] Xiao X, Huang Z, Ruan W. Evaluation and characterizati on during the anaerobicdigestio no fhigh-strength kitchen waste slurry viaapilot-scale anaer obic membrane bioreactor [J]. Bioresource Technology, 2015, 193: 234-242.

[182] 翟晓娟. 厨余有机垃圾水解酸化动力学分析 [J]. 环境保护与循环经济, 2012 (5): 43-47.

[183] 赵立军. 厨余垃圾组分分选装置及关键部件研究 [D]. 哈尔滨: 东北农业大

学，2013.

[184] Zhai N，Zhang T，Yin D. Effect of initial pH on anaerobicco-digestion of kitchen waste and cow manure [J]. Waste Management，2015，38：126-131.

[185] 蓝俞静. 餐厨垃圾生物降解工艺影响因素与过程分析研究 [D]. 北京：北京工商大学，2013.

[186] Amulya K，Reddy M V，Rohit M V. Wastewater as renewable feedstock for bioplastics production：understanding the role of reactor microenvironment and system pH [J]. Journal of Cleaner Production，2016，112：4618-4627.

[187] 蔡萌萌. 剩余活性污泥中的微生物利用实际废液合成聚羟基烷酸酯 [D]. 哈尔滨：哈尔滨工业大学，2009.

[188] Albuquerque M G，Carvalho G，Kragelund C. Link between microbial composition and carbon substrate-uptake preferences in a PHA-storing community [J]. The ISME Journal，2013，7（1）：1-12.

[189] 肖汉雄，杨丹辉. 基于产品生命周期的环境影响评价方法及应用 [J]. 城市与环境研究，2018，5（1）：88-105.

[190] 林铭香. 牙膏包装生命周期评价 [D]. 广州：暨南大学，2020.

[191] Jacquemin L，Pontalier P Y，Sablayrolles C. Life cycleas sessment（LCA）applied to the processindustry：a review [J]. The International Journal of Life Cycle Assessment，2012，17（8）：1028-1041.

[192] BousteadI. General principles for life cyclea ssessmentdatabases [J]. Journal of Cleaner Production，1993，1（3-4）：167-172.

[193] 翟一杰，张天祚，申晓旭. 生命周期评价方法研究进展 [J]. 资源科学，2021，43（3）：446-455.

[194] 杨建新，王如松，刘晶茹. 中国产品生命周期影响评价方法研究 [J]. 环境科学学报，2001，21（2）：234-237

[195] 丁宁，杨建新. 中国化石能源生命周期清单分析 [J]. 中国环境科学，2015，35（5）：1592-1600.

[196] 杨鸣. 机电产品模块化生命周期评价方法研究及其软件开发 [D]. 上海：上海交通大学，2011.

[197] 刘夏瑶，王洪涛，陈建. 中国生命周期参考数据库的建立方法与基础模型 [J]，2010，30（10）：2136-2141.

[198] Guo X，Yao S，Wang Q. The impact of pack aging recyclableability on environment：Case and scenario analysis of polypropylene express boxes and corrugatedcartons [J]. Science of The Total Environment，2022，822.

[199] Meereboer K W，Misra M，Mohanty A K. Review of recent advances in the biodegradability of polyhydroxyalkanoate（PHA）bioplastics and the ircomposites [J]. Green Chemistry，2020，22（17）：5519-5558.

[200] 闫华，张汝兵，咸漠. 聚氨酯的生物降解研究进展 [J]. 应用与环境生物学报，2018，24（5）：0985-0992.

[201] 魏泽昌，蔡晨阳，王兴. 生物可降解高分子增韧聚乳酸的研究进展 [J]. 材料工程，

2019，47（5）：34-42.

[202] 唐多，翁云宣，刁晓倩．环境友好型材料增韧改性聚乳酸研究进展［J］．中国科学：化学，2020，50（12）：1769-1780.

[203] Astm D. Standard Guide for Exposing and Testing Plastics that Degrade in the Environment by a Combination of Oxidation and Biodegradation［J］. Annual Book of ASTM Standards，2004：748-753.

[204] ANSI/ASTM D5210—1992.

[205] Weaver J E，Wang L，Reyes F L. Understanding terrestrial microbial communities［M］. Berlin：Springer，2019.

[206] 冯磊，寇宏丽，李润东．有机垃圾组分种群增长及修正一级产气动力学研究［J］．环境科学学报，2016，36（5）：1745-1750.

[207] Hafuka A，Sakaida K，Satoh H. Effect of feeding regimens on poly hydroxybuty rate production from food wastes by Cupriavidusnecator ［J］. Bioresource technology，2011，102（3）：3551-3553.

[208] Liu H Y，Hall P V，Darby J L. Production of polyhydroxyalkanoate during treatment of tomato cannery waste water［J］. Water Environment Research，2008，80（4）：367-372.

[209] Jaman K，Amir N，Musa M A. Anaerobic Digestion，Codigestion of Food Waste，and Chicken Dung：Correlation of Kinetic Parameters with Digester Performance and On-Farm Electrical Energy Generation Potential［J］. Fermentation，2022，8（1）：28.

[210] Passanha P，Kedia G，Dinsdale R M. Theuse of NaCl addition for the improvemen to fpolyhydroxy alkanoate production by Cupriavidusnecator［J］. Bioresource-technology，2014，163：287-294.

[211] Mothes G，Ackermann J U，Babel W. Mole Fraction Control of Poly（［R］BFB-3-hydroxybutyrate-co-3-hydroxyvalerate）（PHB/HV）Synthesized by Paracoccus denitrificans［J］. Engineering in life sciences，2004，4（3）：247-251.

[212] Palmeiro-Sá nchez T，Fra-Vá zquez A，Rey-Martí nez N. Transient concentrations of NaCl affect the PHA accumulation in mixed microbialculture［J］. Journal of hazardous materials，2016，306：332-339.

[213] Pernetti M，Palma L D. Experimental evaluation of inhibition effects of saline waste water onactivated sludge［J］. Environmental technology，2005，26（6）：695-704.

[214] 张玉静．餐厨垃圾厌氧水解产挥发性脂肪酸技术研究［D］．北京：清华大学，2013.

[215] Liu Y，Guo L，Liao Q. Polyhydroxyalkanoate（PHA）production with acid or alkali pretreated sludge acid ogenic liquidas carbon source：Substrate meta bolismandmon omer composition ［J］. Process Safety and Environmental Protection，2020，142：156-164.

[216] 王子超，高孟春，魏俊峰．盐度变化对厌氧污泥胞外聚合物的影响［J］．环境科学学报，2016，36（9）：3273-3281.

[217] 陆佳，刘永军，刘喆．有机负荷对污泥胞外聚合物分泌特性及颗粒形成的影响［J］.

化工进展，2018，37(4)：1616-1622.

[218] 崔飞剑. 垃圾渗滤液生物处理过程污泥胞外聚合物的变化及对污泥特性的影响 [D]. 广州：华南理工大学，2016.

[219] 冯叶成，占新民，文湘华. 活性污泥处理系统耐含盐废水冲击负荷性能 [J]. 环境科学，2000，21(1)：106-108.

[220] Serafim L S，Lemos P C，Rui O. Optimization of poly hydroxybutyrate production by mixed cultures submitted to aerobic dynamic feeding conditions [J]. Biotechnology&Bioengineering，2004，87(2)：145-160.

[221] 王佳君，陆洪宇，陈志强. 接种量对餐厨垃圾中温厌氧产甲烷潜能的影响 [J]. 环境工程学报，2017，11(1)：541-545.

[222] 魏莉荣，王纪晗，徐毓东. 嗜盐菌对高盐废水处理的研究进展 [J]. 微生物进展，2021(10)：182.

[223] 陈心宇，李梦怡，陈国强. 聚羟基脂肪酸酯 PHA 代谢工程研究 30 年 [J]. 生物工程学报，2020(11)：1-18.

[224] 袁恺，周卫强，彭超. 微生物发酵法生产聚羟基脂肪酸酯的研究进展 [J]. 生物工程学报，2021，37(2)：384-394.